河南省"十四五"普通高等教育规划教材

高等学校人工智能通识教育系列教材

大数据与人工智能导论

主 编 李 建 李松阳 薛 峰 王艳阁
副主编 韩利华 辛焦丽 邬 迎 李晓玲

中国教育出版传媒集团
高等教育出版社·北京

内容提要

本书以教育部高等学校教学指导委员会印发的《新时代大学计算机基础课程教学基本要求》和2024年11月全国高等院校计算机基础教育研究会发布的《人工智能通识课程体系规范》为指引，深入浅出地介绍新一代信息技术的基本理论体系，阐述大数据技术的概念与处理流程，介绍人工智能的关键技术及其在各行各业的应用。旨在培养学生理解和掌握新一代信息技术驱动下的计算机科学基本知识和计算思维能力，建立科学系统的人工智能认知和概念，培养学生基本人工智能素养，初步学会使用大数据技术和人工智能工具解决专业领域的基本问题。

本书配套授课电子课件、微视频、习题答案、教学大纲、教学计划等，在超星学习通中建设有课程网站，便于学生自学和教学。

本书适合作为普通高等学校非计算机专业人工智能通识教育课的教材。

图书在版编目（CIP）数据

大数据与人工智能导论 / 李建等主编；韩利华等副主编. -- 北京 ：高等教育出版社，2025. 8.-- （高等学校人工智能通识教育系列教材）. -- ISBN 978-7-04 -065147-8

Ⅰ. TP274；TP18

中国国家版本馆CIP数据核字第2025FL9331号

Dashuju yu Rengong Zhineng Daolun

策划编辑	武林晓	责任编辑 武林晓	封面设计 赵 阳	版式设计 杜微言
责任绘图	裴一丹	责任校对 刘丽娴	责任印制 高 峰	

出版发行	高等教育出版社	网 址	http://www.hep.edu.cn
社 址	北京市西城区德外大街 4 号		http://www.hep.com.cn
邮政编码	100120	网上订购	http://www.hepmall.com.cn
印 刷	山东新华印务有限公司		http://www.hepmall.com
开 本	787mm×1092mm 1/16		http://www.hepmall.cn
印 张	22.75		
字 数	430千字	版 次	2025 年 8 月第 1 版
购书热线	010-58581118	印 次	2025 年 8 月第 1 次印刷
咨询电话	400-810-0598	定 价	49.90元

物 料 号 65147-00

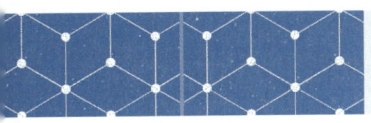

新形态教材网使用说明

大数据与
人工智能导论

主　编
李　建　李松阳
薛　峰　王艳阁

副主编
韩利华　辛焦丽
邬　迎　李晓玲

1　计算机访问http://abooks.hep.com.cn/1273661或手机微信扫描下方二维码进入新形态教材网。

2　注册并登录后，计算机端进入"个人中心"，单击"绑定防伪码"，输入图书封底防伪码（20位密码，刮开涂层可见），完成课程绑定；或手机端单击"扫码"按钮，使用"扫码绑图书"功能，完成课程绑定。

3　在"个人中心"→"我的学习"或"我的图书"中选择本书，开始学习。

大数据与
人工智能导论

主编 李建 李松阳 薛峰 王艳阁　副主编 韩利华 辛焦丽 邬迎 李晓玲

出版单位 高等教育出版社

开始学习　　收藏

　　受硬件限制，部分内容可能无法在手机端显示，请按照提示通过计算机访问学习。

　　如有使用问题，请直接在页面单击答疑图标进行咨询。

http://abooks.hep.com.cn/1273661

近年来，以人工智能、大数据技术等为代表的新一代信息技术迅猛发展，世界新一轮科技革命和产业变革蓄势待发，新一代信息技术不仅成为推动社会高质量发展的动力源，也是决定产业国际竞争力的关键。新一代信息技术作为新质生产力的重要体现，涵盖多个前沿领域，人工智能技术为社会带来智能决策支持和自动化处理能力，大数据技术提供了海量数据的分析与挖掘，云计算技术实现了资源的高效共享和按需服务，物联网技术连接了物理世界与虚拟世界。这些技术相互融合，共同构建了一个智能化、网络化、数字化的社会，对经济社会发展产生了深远影响。

在 2024 年政府工作报告中，"人工智能 +"行动首次被明确提及，这标志着人工智能技术在国家战略中的重要地位。为贯彻落实党中央、国务院关于发展人工智能的决策部署及 2024 年 6 月工业和信息化部印发的《人工智能人才培养行动计划（2024—2026 年）》等文件精神，进一步推进以人工智能为驱动力的课程、教材、教师、实践等基础要素改革，加快构建高校人工智能通识课程高质量发展和"人工智能 +"高水平赋能的课程体系，全面提高人工智能通识课程教育教学质量。我们编写了这本通识教育课程教材。

通过通识教育课程面向大学一年级新生普及新一代信息技术方面的知识，提升学生的新一代信息技术素养，为各专业的学生提供以人工智能、大数据技术为代表的新一代信息技术支持，从而更好地培养出跨学科专业且有创新力、创造力的复合型人才。

本书共分为三篇 12 章。三篇分别是：信息技术基础、大数据技术及其应用、人工智能及其应用；12 章分别是：信息与社会、计算系统与平台、程序设计与问题求解、从虚拟现实到元宇宙、数据模型与结构、数据库技术、大数据技术及处理流程、人工智能初探、机器学习与深度学习、自然语言处理、计算机视觉及应用、人工智能生成技术及应用。本书适用高校非计算机专业一年级第 1 学期或第 2 学期选用。建议课时为理论课 32 课时，或者 32 课时（理论）+

16 课时（实践）。建议课时分配如下表。

纯理论 32 课时教学方案		理论 + 实践 48 课时教学方案	
教学内容	学时	教学（实践）内容	学时
第 1 章　信息与社会	4	第 1 章　信息与社会	4
第 2 章　计算系统与平台	2	第 2 章　计算系统与平台（操作系统实验 2 课时）	2+2
第 3 章　程序设计与问题求解	4	第 3 章　程序设计与问题求解（程序设计实验 4 课时）	4+4
第 4 章　从虚拟现实到元宇宙	2	第 4 章　从虚拟现实到元宇宙	2
第 5 章　数据模型与结构	2	第 5 章　数据模型与结构（数据结构实验 2 课时）	2+2
第 6 章　数据库技术	2	第 6 章　数据库技术	2
第 7 章　大数据技术及处理流程	4	第 7 章　大数据技术及处理流程（爬虫技术应用实验 2 课时）	4+2
第 8 章　人工智能初探	2	第 8 章　人工智能初探	2
第 9 章　机器学习与深度学习	2	第 9 章　机器学习与深度学习	2
第 10 章　自然语言处理	2	第 10 章　自然语言处理（Jieba 分词实验 2 课时）	2+2
第 11 章　计算机视觉及应用	2	第 11 章　计算机视觉及应用	2
第 12 章　人工智能生成技术及应用	2	第 12 章　人工智能生成技术及应用（AIGC 应用实验 4 课时）	2+4
复习、测试	2	复习、测试	2
合计（课时）	32	合计（课时）	32+16

　　为方便教学，本书提供了立体化的教学资源，包括教学课件、微视频、习题答案、教学大纲、教学计划等，并在超星学习通中建设有课程网站。

　　本书由李建、李松阳、薛峰、王艳阁担任主编，韩利华、辛焦丽、邬迎、李晓玲担任副主编，李元好、张丛、郭欣、董本松参与编写。其中李建、韩利华、李松阳、董本松编写了第 8、9、10、11、12 章，薛峰、李晓玲、郭欣、李元好、张丛编写了第 1、2、3、4 章，王艳阁、辛焦丽、邬迎编写了第 5、6、7 章，郑州经贸学院计算机科学与技术专业 21 级金百川参与了案例设计和验证工作。

　　本教材受郑州经贸学院教材建设项目资助，在编写过程中参考了部分国内外教材、官网资源、开源社区资源、视频网站资源等，在此向有关作者表示感谢。

由于编者水平所限，加之新一代信息技术发展迭代迅速，书中难免存在疏漏及不足之处，敬请广大同行和读者批评指正，提出宝贵意见，主编的邮箱是15981949876@163.com。

编者

2025 年 1 月于郑州

目　录

第二篇 大数据技术及其应用

第一篇
信息技术基础

　　随着信息技术的快速发展，云计算、物联网、大数据、人工智能、虚拟现实等新一代信息技术已经渗透到人们生活的各个方面。能够利用新一代信息技术解决实际问题，这是新时代对大学生人才素质的基本要求。

第 1 章　信息与社会

21 世纪是信息时代，是以电子信息技术为基础，以信息资源为基本发展资源，以信息服务性产业为基本社会产业，以数据数字化和网络化为基本社会交往方式的新型社会。在这样的社会中，人们要活动和发展，必须对信息进行数字化处理，因此了解信息及其表示方法、信息安全等内容显得尤为重要。

1.1　信息与信息革命

创建一切宇宙万物的最基本单位是信息。信息与信息技术的变革对人类社会产生了深远的影响，这些影响不仅改变了我们的生活方式，还推动了社会各个领域的进步。

1.1.1　信息

哈特莱（R. V. Hartley）在 1928 年撰写的《信息传输》一文中，首次将信息作为科学术语出现。1948 年，数学家香农（Shannon）在题为《通信的数学理论》的论文中，给出了信息的经典定义：信息是用以消除随机不确定性的内容。这一定义被人们广泛认为是信息的经典性定义，此后许多研究者从各自的研究领域出发，对信息给出了不同的定义。例如，经济管理学家认为"信息是提供决策的有效数据"；而电子学家和计算机科学家认为"信息是电子线路中传输的以信号作为载体的内容"。

目前，人们把信息定义为：信息是对客观世界中各种事物的运动状态和变化的反映，是客观事物之间相互联系和相互作用的表征，表现的是客观事物运动状态和变化的实质内容。在学习中，需要注意数据和信息的联系和区别。

数据（data）是反映客观事物的一组可以记录、识别的符号。它是信息的具体表现形式，不仅指数字，还包括文字、表、图等。

信息（information）源于事物，它具有抽象性，常指加工后的数据，是数据的本质含义。

数据和信息之间是相互联系的，数据是反映客观事物属性的记录，是信息的具体表现形式。数据经过加工处理之后成为信息；而信息需要经过数字化转变成数据才能存储和传输。数据是信息的载体，信息是数据的内涵。我们收集数据的目的是将其加工成信息供人们使用，如果不将数据加工成信息，就失去了收集和保存数据的意义。例如一座图书馆即使藏书再多，如果没有读者来看书学习，这些书也只是一堆数据。

不是所有的数据都是信息，数据 = 信息（有价值）+ 数据冗余（噪声）。所以并非数据量越大，数据价值越高。网络上的资料经过加工整理，得到有用的信息才有价值，否则可能就是海量的数据垃圾。

数据和信息可以相互转化，数据经过加工处理可能成为信息，而信息被使用过或经过一段时间后就会变为数据。例如，明天的天气预报是信息，昨天的天气就成了数据，如果收集某地过去 10 年的天气预报并加以分析，就能得到这一地区 10 年来天气变化的规律，就又得到了新的信息。

1.1.2　信息技术

信息技术是人类在认识自然、协调与自然关系的过程中，为了延长自身信息器官的功能，争取更多更好的生存发展机会而产生和发展起来的，信息技术的天职就是扩展人的信息器官功能，提高或增强人的信息获取、存储、处理、传输、控制能力。信息技术就是能够提高或扩展人类信息能力的方法和手段的总称。这些方法和手段主要是指完成信息产生、获取、检索、识别、变换、处理、控制、分析、显示及利用的技术。

信息技术的发展是无止境的。目前为止，信息技术经历了古代信息技术、近代信息技术和现代信息技术等几个长期的发展过程。

1. 古代信息技术

古代信息技术以人工为主要特征，这一时期的信息技术主要用于满足政治、军事、经济和贸易的需要，从远古时期到 19 世纪 20 年代，信息技术经历了从简单到复杂的缓慢发展过程。人们最初只能以手势、表情、动作、声音表达基本感情，后来探索出结绳、壁画、树皮、竹简、烽火台、角号、信号标等简单的信息存储与传输技术。随着语言与文字的创造、邮驿通信系统的建立、纸张与印刷术的发明，古代信息技术走向了一个又一个新阶段。

古代信息技术基本上是在人工条件下实现的，它与农业社会的生产力水平相对应。由于自给自足的经济模式、森严的等级制度和封闭隔绝的交通，使得人们的信息活动范围狭窄、效率低下。

2. 近代信息技术

近代信息技术主要以电信为主要特征。自19世纪30年代至20世纪30年代，由于企业、银行、运输业、商业之间的经济活动频繁，以及政治和军事活动的需求，科学技术取得很多重大的突破，信息技术获得了历史性的飞跃。在物理学一系列重大成就的基础上，特别是在电子学和电子技术的推动下，"电"作为一个新的主角步入了信息技术领域。

近代信息技术是在电信革命的基础上实现的，它与工业社会的生产力水平相对应。电报、电话、传真的发明大大加快了信息传输速度，使信息能在瞬间传遍全球。摄影技术、录音技术、静电复印技术为真实有效地再现信息提供了条件。广播、电视的出现则为信息的大众化传播提供了良好的途径。

3. 现代信息技术

现代信息技术以网络为重要特征。20 世纪 40 年代以来，从最富创造力的电子计算机问世，到已渗入人类生活方方面面的高速信息传输网络的建设，信息技术得到了空前的发展。现代信息技术的综合性很强，它涵盖的单元技术十分广泛。但从根本上看，它是以微电子技术为主要基础，以电子计算机技术和通信技术为主要标志的。

微电子技术是实现信息高速传递和交换的一种良好手段，是信息技术发展的重要基础。微电子技术与信息技术结合还产生了一门重要的技术——电子信息技术。微电子技术也是其他高新技术的基础，其渗透力极强，影响范围广泛，可以应用于生产、生活、科研等诸多领域。

电子计算机技术既是现代信息技术的开端，也是其核心所在。在信息技术发展的过程中，尽管信息传输技术、信息存储技术等都在不断进步，但信息处理一直是在人的参与之下，或者说完全是由人脑来完成的。然而，计算机的出现从根本上改变了人类处理信息的手段，突破了人类大脑及感觉器官在加工处理信息方面的局限性，人类借助计算机可脱离人脑有效地加工处理信息。

通信技术的飞速发展为迅速、准确、有效地传输信息提供了坚实的基础。特别是计算机与通信的结合，不仅使现代通信系统在计算机的控制下实现了传输的自动化和高效化以及各种通信方式一体化，而且使计算机借助通信线路实现了网络化，同时也使信息技术进入了信息传输、处理、存储综合化的新境界。现代信息技术的最显著成就是建立了不断完善的、面向全社会的信息网络，它与信息社会的生产力水平相对应。现代信息技术在高新技术群体中居于先导与核心的地位，已成为当今世界发展科学技术、提高生产力、繁荣经济和发展社会的巨大力量。

现代信息技术的核心技术是计算机技术、通信技术、网络技术，其技术特性主要有以下几个方面。

1. 数字化

在信息处理和传输领域，二进制数字信号是现实世界中最容易被表达且物理状态最稳定的信号。数字化就是将信息用电磁介质按二进制编码的方法加以处理和传输，它将原先用纸张或其他媒介存储的信息转变为由计算机处理和传输的信息。这一转变改变了传统的记录、存储模式，将信息存储方式转变为磁介质上的电磁信号，为压缩信息存储空间、改进信息组织方式、提高信息更新速度、进行信息远程传递提供了基础；将多种信息形式，如文字、符号、图形、声音、影像等有机地结合在一起，为进行信息的统一处理和传输奠定了基础；将信息组织形式由顺序的方式转变为可按其本身的逻辑关系组成相互关联的网络结构，为提高信息检索效率提供了基础。

2. 网络化

计算机技术与通信技术的结合将人类带入了全新的网络环境，它把分布在各地的具有独立处理能力的众多计算机系统、传输介质和相应设备连接起来，以实现资源（硬件、软件、数据）共享。网络通信协议技术保证各种数字化信息在网络交流中能安全、可靠地到达指定地点。信息网络的发展异常迅速，从局域网到广域网，再到国际互联网和有"信息高速公路"之称的高速信息传输网络，已成为现代社会中信息传递的神经中枢，同时也为建立和发展其他信息网络提供了平台。

3. 高速化

速度越来越快，容量越来越大，无论是计算机的发展还是通信的发展均是如此。计算机已拥有巨大的存储能力和极快的处理功能，世界各国竞相推出的超级并行计算机，能把每一步运算分配给单独的处理器，两台乃至上千台处理器可同时工作，不仅运算速度快，还能同时处理大量不同信息。现代通信技术除采用数据压缩技术外，还要求信息通道具有很高的带宽，光纤通信技术则是解决带宽的有效手段。

4. 智能化

信息技术注重吸收社会科学等其他学科的理论和方法，表现最为突出的是人工智能理论与方法的深化与应用。在通信领域，将出现类似大脑一样具有思维能力的智能通信网，当网络提供的某种服务因故障中断时，它可以自动诊断故障并恢复原来的服务。在多媒体领域，将出现计算机支持的协同工作环境及智能多媒体，届时对文字、符号、图形、声音、影像进行识别和处理更加便捷。在信息系统领域，智能信息系统的出现将提供智能的人机界面，用户与系统之间可用自然语言交互，系统具有很强的推理、检索和学习功能。

5. 个人化

信息技术将实现以个人为目标的通信方式，充分体现可移动性和全球性。它应该实现以下目标，被简称为5W，即无论何人（whoever）在任何时候（whenever）和任何地方（wherever）都能自由地与世界上其他任何人（whomever）进行任何形式（whatever）的通信。个人通信的理想境界应该是：通信到个人、以个人的身份代码进行呼叫或被呼叫，通信是透明的；无论是室内或室外、静止或移动（包括汽车、火车、轮船、飞机等高速移动），都能随时随地通信；个人使用的手持设备将像钢笔、手表一样不可或缺，具有高自然度和清晰度，价格便宜，耗电量小，小巧轻便，操作简单；既能提供语音通信，也能处理数据和其他任务。个人通信需要依赖全球性的大规模网络容量和智能化的网络功能。

1.1.3 信息革命

自从人类出现以来，便开始了信息文明因素的原始积累，这一过程推动了人类文明的不断升华和划时代飞跃。信息革命不仅为人类提供了新的生产手段，促进了生产力的飞速发展和组织管理方式的变化，还引发了产业结构和经济结构的重大调整。这些变化将进一步影响人们的价值观念、社会意识以及社会结构，从而大大推动人类文明的进程。

人类历史已先后经历过五次重大的信息革命，包括语言的产生，文字的创造，造纸和印刷术的发明，电报、电话和电视的发明，计算机和互联网的诞生。

1. 第一次信息革命——语言的产生

在最初的原始人群中，人们只能通过简单的动作和声音来互相传递信息，通过不断的磨炼和积累，促使了器官的进化和完善，最终人们创造了语言并开始使用它，从而推动了交流和交往，更重要的是扩大了人们的记忆领域，刺激了大脑的进化，并促进了人类最初思维能力的升华。语言的产生是从猿进化到人的一个重要标志，它是信息交换的第一载体，也是人类历史上的第一次信息革命。语言结束了人们仅以动作作为表达交流意图的手段，使得人们的思想、经验得以广泛传播，并进一步促进了人脑的发展。

2. 第二次信息革命——文字的创造

新石器时代中期以后，我国出现了象形文字，大约距今五六千年。古埃及人在约公元前3300年开始使用象形文字进行书写。公元前1600年的殷商时期中国人创造了甲骨文，公元前220年秦始皇统一了汉字。这两者皆为现代汉字和简化汉字的发展奠定了基础。文字的创造是最重要的信息革命之一，在文字成为信息的载体之后，信息的存储和传递首次脱离了时间和空间的限制，极大促进了信息的流动。文字作为记录信息的符号和代码，是人类信息交流的第二载体。文字使口语传递的信息固定下来，存储在文字里，可以长期保存并逐步积累，最终加以系统化形成知识。其伟大意义在于，它完成了人类文明从以天然物质为载体到以人工符号为载体的飞跃，使人类进入有史文明时代，它实现了人类抽象思维能力由第一信号系统到第二信号系统的跨越，加速了人类文明的进步与变革。

3. 第三次信息革命——造纸和印刷术的发明

公元 105 年，我国汉朝的蔡伦发明了一套较为完善的造纸方法，使造纸技术有了飞跃性的进步，并流传至世界各地。东汉末年，我国劳动人民在总结石刻和印章经验的基础上创造了拓印术，后在隋朝发展成为雕版印刷。公元 1041—1048 年北宋庆历年间，毕昇发明了活字印刷术，为现代印刷术和印刷机的发展奠定了基本原理，成为印刷术上的一次革命，它使人类文化传播上升到批量阶段，推动着人类信息大量生产、规模复制、加速交流和广泛传播，极大地促进了人类文明进步。造纸术和印刷术传入欧洲后，在欧洲文艺复兴运动中成为科学复兴的重要手段，它们与火药和指南针一起，被马克思认为是对资本主义的发展起到了重要的推动作用。这次信息革命把人类社会带进了工业时代。

4. 第四次信息革命——电报、电话和电视的发明

1837 年，美国人摩尔斯和两个英国工程师库克、怀斯顿几乎同时发明了电报，使得人类历史上第一次有可能克服距离的障碍而达到通信的目的。1876 年，贝尔发明了第一部实用电话，其所采用的电声和声电变换技术，为后来各种各样的电子录音设备奠定了基础。到了 20 世纪 20 年代，英国科学家贝德尔正式发明了电视机。电报、电话、电视逐步取代信件传递成为主要通信手段。这是一次信息传递手段的革命性变革，成千上万倍加快了信息传递的速度，使信息能够瞬间传遍全球，实现信息传递的"实时化"。这一变革使人们获得信息的能力显著提升，同时也催化了科学技术的迅猛发展，推动了工业社会的全面革新，使人类文明在短短几十年时间内超越了以前几个世纪。

5. 第五次信息革命——计算机和互联网的诞生

1946 年，第一台电子计算机在美国诞生，标志着第五次信息革命的开始。1969 年，美国人发明了互联网。1971 年，第一个微处理芯片成功问世。以计算机的数据处理技术与新一代通信技术的有机结合为开端，人类迎来了数字计算和数字化的新时代。电子计算机使劳动工具从体力的延伸发展到脑力的延伸，而计算机网络在社会生产、生活中的广泛应用，引起了从生产工具到劳动对象再到生产的组织管理的一系列变革，这已不单是一种科技现象，更是一种经济、政治、文化、社会现象，极大地促进了生产力的飞跃。至此，人类历史上的第五次信息革命正式形成。

进入 21 世纪以来，随着以云计算、物联网、大数据、移动互联网等新一代信息技术的迅猛发展，使人类社会迈入了以数字化、网络化、智能化为特征的第六次信息革命阶段。

每一次信息革命都有一个显著的特征：第一次信息革命的显著特征是人性化，第二次信息革命是符号化，第三次信息革命是载体化，第四次信息革命是实时化，第五次信息革命是

数字化，第六次信息革命则是智慧化。同时，由于新一代信息技术的特点，第六次信息革命还呈现出融合化和协同化的特征。

1.2 数制与进制转换

计算机所表示和使用的数据可分为两大类：数值数据和非数值数据。数值数据用于表示量的大小、正负，如整数、小数等。非数值数据用于表示符号、标记、汉字、图形、声音数据等。由于计算机只能处理二进制数据，因此需要把人类熟知的数字、文字、图画、声音、活动图像等数据转换为 0 和 1 组成的二进制编码，计算机才能区别它们、存储它们并对它们进行综合处理。本节主要介绍数制的相关概念，以及各种常用数制及其之间的转换。

1.2.1 数制的相关概念

数制，也称为记数制，是一种用一组固定的符号和统一的规则来表示数值的方法。人们常用的数制有：十进制，用于日常计算；六十进制，使用钟表计时时，一小时等于六十分钟，一分钟等于六十秒；十六进制，早年我国曾使用过 1 市斤等于 16 两；二进制，在计算机中使用。

以最常用和最熟悉的十进制记数法为例：其加法规则是"逢十进一"。任意一个十进制数值可用 0、1、2、3、4、5、6、7、8、9 共 10 个数字符号组成的数字符串来表示，数字符号又称为数码。

学习数制需要了解以下基本概念。

1. 数位

数位：指数字符号在一个数中所处的位置。以小数点为中心，小数点左边第一位的数位为 0，第二位的数位为 1，右边第一位为 -1，右边第二位为 -2，以此类推。如在十进制 736.59 中，3 所在的数位为 1，9 所在的数位为 -2。数位 $i=-m\sim n-1$，其中 m、n 为自然数。（在十进制中，3 处在十位，9 处在百分位，但在后面常用数制中，一般用数位表示）

2. 基数

一个数制中所包含的数字符号的个数称为该数制的基数（radix），用 R 表示。例如：十进制有十个数字符号，所以基数为 10。

3. 位权

任何一个 R 进制的数都是由一串数码表示的，其中每一位数码所表示的实际值大小，除数码本身的数值外，还与它所处的位置（数位）有关，由位置决定的值就叫位权（或称权）。

位权用基数 R 的数位 i 次幂 R^i 表示。

常用进制的基数、规则、数码、数位、位权如下。

十进制（decimal）：基数 $R=10$，"逢十进一，借一当十"，它含有十个数码：0、1、2、3、4、5、6、7、8、9。权为 10^i（i 为其数位）。

二进制（binary）：基数 $R=2$，"逢二进一，借一当二"，任意一个二进制数可用 0、1 两个数字符的数字字符串来表示。权为 2^i（i 为其数位）。

八进制（octal）：基数 $R=8$，"逢八进一，借一当八"，任意一个八进制数可用 0、1、2、3、4、5、6、7 八个数字符组合的数字字符串来表示，权为 8^i（i 为其数位）。

十六进制（hexadecimal）：基数 $R=16$，"逢十六进一，借一当十六"。任意一个十六进制数可以用 0、1、2、3、4、5、6、7、8、9、A、B、C、D、E、F 十六个数字符组合的数字字符串来表示，其中 A、B、C、D、E、F 分别表示数码 10、11、12、13、14、15，权为 16^i（i 为其数位）。

为区分不同数制，数有两种表示形式，一种是对于任一 R 进制的数 N，记作：$(N)_R$。如 $(11011)_2$、$(365)_8$、$(4A5D)_{16}$，分别表示二进制数 11011、八进制数 365 和十六进制数 4A5D。不含括号及下标的数，默认为十进数，如 369。另一种表示形式是在一个数的后面加上字母 D（十进制）、B（二进制）、O（八进制）、H（十六进制），用于表示其前面的数的进位制，如 10110B 表示二进制数 10110；653O 表示八进制数 653。

在十进制数 736.59 中，第一个数 7 处于百位（数位为 2），代表七百，第二个数 3 处于十位（数位为 1），代表三十，第三个数 6 处于个位（数位为 0），代表六，第四个数 5 处于十分位（数位为 −1），代表十分之五，而第五个数 9 处于百分位（数位为 −2），代表百分之九。因此，十进制数 736.59 可以写成：

$$736.59D = 7 \times 10^2 + 3 \times 10^1 + 6 \times 10^0 + 5 \times 10^{-1} + 9 \times 10^{-2}$$

上式称为数值的按权展开式，其中 10 为基数，i 为数位，10^i 称为十进制的位权。

4. 数值的按权展开

类似十进制数值的表示，任一 R 进制数的值都可表示为各位数码本身的值与其权的乘积之和。

例如：$101.01B = 1 \times 2^2 + 0 \times 2^1 + 1 \times 2^0 + 0 \times 2^{-1} + 1 \times 2^{-2} = 4 + 1 + 0.25 = 5.25D$

$A2BH = 10 \times 16^2 + 2 \times 16^1 + 11 \times 16^0 = 2\ 560 + 32 + 11 = 2\ 603D$

这种过程称为数值的按权展开。

1.2.2　计算机常用数制的表示方法

计算机中采用的数制是二进制，这是因为二进制具有如下特点。

（1）状态简单，容易实现：二进制仅使用0和1两个数字，这种简单的状态表示方式非常适合计算机内部逻辑电路（如晶体管只有开和关两种状态）的实现。

（2）运算简单：与十进制相比，二进制只有两个符号0和1，运算时"逢二进一"或"借一当二"即可，以加法为例，二进制加法规则仅有四条：0+0=0，1+0=1，0+1=1，1+1=10（逢二进一）。这种简单的运算规则使得计算机在进行算术运算时更加高效。

（3）稳定性好，可靠性高：二进制数的表示方式可以通过低电平和高电平来实现，这种表示方式在技术上容易实现且具有较高的稳定性和可靠性。

（4）适合逻辑运算：二进制中的0和1正好分别表示逻辑代数中的假值（false）和真值（true）。二进制数代表逻辑值容易实现逻辑运算。

二进制在计算机中应用广泛，但对人类却不太友好，如十进制数2578，写成二进制为101000010010，数字冗长且书写繁复，容易出错且不便阅读。因此，在计算机技术文献和相关书写中，常用十六进制数表示。

计算机常用的进制有二进制、八进制、十六进制，它们与人们常用的十进制的对应关系如表1.1所示。

表1.1　四种常用进制的对应表

十进制	二进制	八进制	十六进制
0	0000	0	0
1	0001	1	1
2	0010	2	2
3	0011	3	3
4	0100	4	4
5	0101	5	5
6	0110	6	6
7	0111	7	7
8	1000	10	8
9	1001	11	9
10	1010	12	A
11	1011	13	B
12	1100	14	C
13	1101	15	D
14	1110	16	E
15	1111	17	F

1.2.3 常用数制之间的转换

微视频
1–1：数
制与进制
转换

对于各种数制间的转换重点要求掌握二进制整数与十进制整数之间的转换。

1. 二进制、八进制、十六进制数转换成十进制数

利用按权展开的方法，可以把一个任意数制的数转换成十进制数。下面是将二进制、八进制、十六进制数转换为十进制数的例子。

【例 1–1】将二进制数 10110.101（即 10110.101B）转换成十进制数。

分析：因为是二进制数，则基数是 2，所以权是 2 的数位次方，按权展开时，用数位上的数字乘以这个数位上的权。具体转换如下：

$$10110.101B = 1 \times 2^4 + 0 \times 2^3 + 1 \times 2^2 + 1 \times 2^1 + 0 \times 2^0 + 1 \times 2^{-1} + 0 \times 2^{-2} + 1 \times 2^{-3}$$

$$= 16 + 0 + 4 + 2 + 0 + 0.5 + 0 + 0.125 = 22.625D$$

因为 0 乘以任何数结果为 0，所以数位上的数字为 0 时，可以不写这一项。即：

$$10110.101B = 1 \times 2^4 + 1 \times 2^2 + 1 \times 2^1 + 1 \times 2^{-1} + 1 \times 2^{-3} = 16 + 4 + 2 + 0.5 + 0.125 = 22.625D$$

【例 1–2】将二进制数 1011010 转换成十进制数。

$$1011010B = 1 \times 2^6 + 1 \times 2^4 + 1 \times 2^3 + 1 \times 2^1 = 64 + 16 + 8 + 2 = 90D$$

【例 1–3】将十六进制数 3D9 转换成十进制数。

$$3D9H = 3 \times 16^2 + 13 \times 16^1 + 9 \times 16^0 = 768 + 208 + 9 = 985D$$

由上述例子可见，掌握数制的概念，利用按权展开法，可以将任一 R 进制的数转换成十进制数。

2. 十进制数转换成二进制数

对于十进制的整数部分和小数部分，在转换二进制时，方法不同，下面分别进行讨论。

1）十进制整数转换为二进制整数——除 2 取余法

把十进制整数转换成二进制整数的方法是采用"除 2 取余法"。具体步骤是：把十进制整数除以 2，得到一个商和一个余数；再将所得的商除以 2，得到一个新的商和余数；这样不断地用 2 去除所得的商，直到商等于 0 为止。然后将第一次得到的余数为最低有效位，最后一次得到的余数为最高有效位，由高到低进行排列，即为转换后的二进制整数。

【例 1–4】将十进制整数 100（即 100D）转换成二进制整数。

除 2 取余法

在此运算中，一直都是除 2 取余，只是本次除法运算的被除数须用上次除法所得的商来取代，这是一个重复过程。所以 100D=1100100B。

用类似于将十进制整数转换成二进制整数的方法可将十进制整数转换成八进制整数、十六进制整数，只需将除数改成 8 或 16 即可。

2）十进制小数转换为二进制小数——乘 2 取整法

把十进制小数转换成二进制小数的方法是采用"乘 2 取整法"。具体步骤是：将已知的十进制数的纯小数（不包括整数部分）反复乘以 2，反复取整数，取过整数后，将整数部分归 0，得到一个新的纯小数，重复前面步骤，直到乘积的小数部分为 0，或将小数点后的位数取到要求的精度为止。取整数的过程是由高位到低位。

例如，0.3125D 转换为二进制小数过程如下：

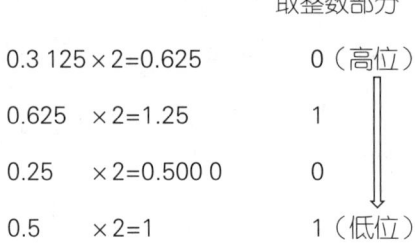

所以，0.3125D=0.0101B。

一个十进制数转换为二进制数，整数部分用除 2 取余法转换为二进制整数，小数部分用乘 2 取整法转换为二进制小数，如 211.6875D=1101 0011.1011B。

并非所有的十进制小数都能用有限位的二进制小数来表示。例如将 0.63D 转换为二进制数。因为，小数部分乘以 2 会无限循环下去，故只能取近似值。

3. 二进制数与八进制、十六进制数间的相互转换

1）二进制数与八进制数间的相互转换

因为二进制的进位基数是 2，而八进制的进位基数是 8，2^3=8。所以三位二进制数对应一位八进制数。

八进制转换成二进制的方法：把每个八进制数字改写成等值的 3 位二进制数，且保持高低位的次序不变。例如：

1516.62 O → 001 101 001 110. 110 010 B → 1 101 001 110.110 01 B

二进制数转换成八进制数的方法：整数部分从低位向高位每 3 位用一个等值的八进制数来替换，不足 3 位时在高位补 0 凑满 3 位；小数部分从高位向低位每 3 位用一个等值八进制数来替换，不足 3 位时在低位补 0 凑满 3 位。例如：

10 100 110 111.011 01 B → 010 100 110 111.011 010 B → 2467.32O

2）二进制数与十六进制数间的相互转换

因为二进制的基数是 2，而十六进制的基数是 16，$2^4=16$。所以四位二进制数对应一位十六进制数。

二进制数与十六进制数相互转换的方法类似于二、八进制数相互转换的方法，只要将上面 3 位二进制数一组改为 4 位二进制数一组即可。

例如，将二进制数 101111001001111.101011 换算成十六进制数的方法为：
0101 1110 0100 1111. 1010 1100
  5   E   4   F   A   C
所以，101111001001111.101011 B=5E4F.AC H。

将十六进制数 37F1B.2E 转换为二进制数的方法为：

37F1B.2E H → 0011 0111 1111 0001 1011. 0010 1110 B

所以，37F1B.2E H=110111111100011011.0010111 B

由以上讨论可知，二进制与八进制、十六进制的转换比较简单、直观。因此，在程序设计中，通常将书写起来很长且容易出错的二进制数用更为简洁的八进制数或十六进制数来表示。

至于十进制转换成八进制、十六进制的过程则与十进制转换成二进制完全类似，只要将基数 2 改为 8 或 16 即可。

各种进制互相转换如图 1.1 所示。

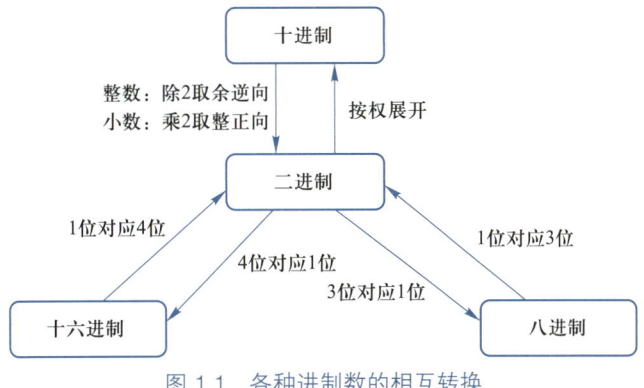

图 1.1 各种进制数的相互转换

1.3 计算机信息编码

计算机既能处理数值数据，也可以处理如字符、汉字、图形、图像、声音等各种类型的数据。编码，是用少量简单的基本符号，选用一定的组合规则，以表示出大量复杂多样的信息。

由于计算机只能识别二进制形式的数，因此计算机信息编码实际上就是将文本、图像等各种类型的数据转换为计算机能够识别、处理和存储的二进制形式。通过对信息进行编码，计算机能够在数据传输、存储和处理过程中，准确地表示和解释各种不同类型的信息。

常见的信息编码有：BCD 码、ASCII 码、汉字编码和多媒体信息编码等。

1.3.1 BCD 码

人们日常使用的是十进制数，而计算机内部采用的是二进制数，为了便于人机交互，常常用一组特定的 4 位二进制编码来表示 1 位十进制数字符号，这种编码称为二进制编码的十进制数。最常用的是 8421 码，又称为 BCD（binary coded decimal）码。

十进制和 BCD 码的对应关系如表 1.2 所示。

表 1.2 十进制数和 BCD 码的对应关系

十进制数	BCD 码	十进制数	BCD 码
0	0000	5	0101
1	0001	6	0110
2	0010	7	0111
3	0011	8	1000
4	0100	9	1001

BCD 码有 10 个符号 0000 到 1001，分别对应十进制数的 0 到 9，在形式上变成了 0 和 1 组成的二进制形式，而实际上它还是逢十进一，表示的是十进制数。BCD 码和二进制不同，并且它们之间不能直接转换。

例如，486.21 的 BCD 码是 0100 1000 0110.0010 0001。

1.3.2 ASCII 码

ASCII 码（America standard code for information interchage，美国标准信息交换码），是西文编码方式，被国际化组织指定为国际标准。

国际通用的是 7 位（$b_7b_6b_5b_4b_3b_2b_1$）ASCII 码，因为 $2^7=128$，所以它对大、小写英

文字母、阿拉伯数字、标点符号及控制符等特殊符号等 128 个字符进行编码，7 位 ASCII 码表如表 1.3 所示。其中 $b_7b_6b_5$ 表示列，$b_4b_3b_2b_1$ 表示行，用列和行组成一个 7 位二进制数，这就是行列所对应字符的 ASCII 码值。如 "A" 的 ASCII 码值为 1000001B，由于二进制不便记忆，所以可以将其转换为十进制，即 65D 用于记忆。同理，"a" 的 ASCII 码值为 1100001B=97D。

表 1.3　常用的 7 位 ASCII 码表

$b_4b_3b_2b_1$	$b_7b_6b_5$							
	000	001	010	011	100	101	110	111
0000	NUL	DLE	SP	0	@	P	`	p
0001	SOH	DC1	!	1	A	Q	a	q
0010	STX	DC2	"	2	B	R	b	r
0011	ETX	DC3	#	3	C	S	c	s
0100	EOT	DC4	$	4	D	T	d	t
0101	ENQ	NAK	%	5	E	U	e	u
0110	ACK	SYN	&	6	F	V	f	v
0111	BEL	ETB	,	7	G	W	g	w
1000	BS	CAN	(	8	H	X	h	x
1001	HT	EM	)	9	I	Y	i	y
1010	LF	SUB	*	:	J	Z	j	z
1011	VT	ESC	+	;	K	[	k	{
1100	FF	S	,	<	L	\	l	|
1101	CR	GS	–	=	M	]	m	}
1110	SO	RS	.	>	N	^	n	~
1111	SI	US	/	?	O	–	o	DEL

从表 1.3 中可以看出，从 A 到 Z、从 a 到 z 和从 0 到 9 的 ASCII 码值均为 +1 趋势，所以 "A" < "B"；而且字符型数字 < 大写字母 < 小写字母，如 "0" < "D" < "d"。

1.3.3　汉字编码

汉字是象形文字，其形状和笔画差异很大，而且比西文字符数量多得多，常用汉字就有 3 000~6 000 个，这就决定了汉字字符的编码方案必须完全不同于西文字符的编码方案。

在计算机系统中，汉字的输入、内部处理、存储和输出各环节对汉字编码有不同的要求。汉字系统对每个汉字规定了输入计算机的代码，即汉字的外部码，键盘输入汉字是输入汉字的外部码。计算机为了识别汉字，要把汉字的外部码转换成汉字的内部码，以便进行处理和存储。为了以点阵的形式输出汉字，还要将汉字的内部码转换为汉字的字形码。此外，在计算机和其他系统或设备间需要进行信息、数据交流时还必须采用统一的交换码。

1. 外部码（输入码）

外部码是计算机输入汉字的代码，代表某一个汉字的一组键盘符号。外部码也称为汉字输入码。目前汉字输入编码的方案很多，如汉语拼音码、五笔字型、区位码等。汉字输入码主要分为音码、形码、音形码和数字码几大类。

（1）音码：根据汉字的读音（汉语拼音）进行编码的方法。常见的音码有标准拼音（全拼）、全拼双音、双拼双音等。拼音码的优点是简单易学，适合非专业录入人员使用，但缺点是同音字多，重码率高，需要增加选择操作，可能影响输入速度。

（2）形码：以汉字的字形结构为基础的输入编码。常用的形码有五笔字型、郑码、表形码等。形码的优点是重码率低，输入速度快，但需要经过专门训练，记忆字根和拆字规则，前期学习成本较高。

（3）音形码：结合汉字的字音和字形进行编码的方法，也称为混合码或结合码。这种编码方式兼顾了音码和形码的优点，降低了重码率，同时保持了较快的输入速度，适合专业录入人员使用。

（4）数字码：使用一串数字来表示汉字的方法，如电报码、区位码等。数字编码的优点是规则简单，但难以记忆，主要适用于特定部门或特定用途。

这些输入码各有特点，适用于不同的使用场景和用户需求。随着科技的发展还有其他方式输入汉字，如语音输入、手写输入、光学字符识别（OCR）等。

2. 交换码

交换码是专为不同的汉字信息系统间进行汉字交换而设计的编码。当计算机之间或与终端之间进行信息交换时，要求它们之间传送的汉字代码信息完全一致，我国在 1980 年制定了《信息交换用汉字编码字符集　基本集》（GB 2312—80），并将其作为国家标准，该编码字符集被称为国标码。

国标码共收集了 7 445 个图形字符，其中汉字 6 763 个，一般符号、数字、拉丁字母、希腊字母、汉语拼音等 709 个。

3. 内部码

汉字内部码也称为内码或机内码。当计算机输入外部码时，通常要转成内部码，才能进行存储、运算、传送，内部码统一了各种不同的汉字输入码在计算机内部的表示。一般用两个字节表示一个汉字的内码。内部码经常是用汉字在字库中的物理位置表示。

4. 字形码（输出码）

汉字字形码又称汉字输出码或汉字发生器的编码，是为了输出汉字，对汉字字形经过点阵数字化后的一串二进制数。

汉字字形码是表示汉字字形的字模数据。

汉字的字形码用于在显示或打印汉字时产生字形，通常用点阵、矢量和曲线函数等方式表示。用点阵表示字形时，汉字字形码称为这个汉字的字形点阵码。例如，16×16 点阵码，其中每个字节的一位（bit）代表一个点，当该位为"0"时，对应的点为"白"色，为"1"时，对应的点为"黑"色，此时，每个汉字占 32 个字节。因为点阵中的每个点需要一个二进制的位来存储，所以点阵字形码占用存储空间计算方法是：字节数 = 点阵行数 × 点阵列数 ÷ 8。一般来说，表现汉字时使用的点阵越大，汉字字形愈清晰美观，但每个汉字点阵所占的存储空间也越大。

5. 汉字编码之间的关系

所有的汉字编码共同构成了汉字在计算机中的存储和传输的基础。汉字编码之间的关系如图 1.2 所示。

图 1.2　汉字编码之间的关系

1.3.4　多语种的混合编码

人类有近 6 800 种不同的语言，不同国家和地区制定了不同标准来显示自己的语言，一般使用 2 个字节代表一个符号，称为 ANSI 编码。例如，在简体中文系统里，ANSI 编码对应于 GBK 编码；在韩文系统中，ANSI 编码实际上是 EUC-KR 编码。由于不同国家或地区的 ANSI 编码互不兼容，在国际交流中，无法将属于两种语言的文字存储在同一段 ANSI 编码的文本中，比如用英文浏览器查看中文网站时，就可能无法显示正确的中文内容。因此出现了统一码 Unicode，它为每种语言中的每个字符设定了统一并且唯一的二进制编码，用于满足跨语言、跨平台进行文本转换、处理的要求。Unicode 有 UCS-2 和 UCS-4 两种编码，UCS-4 即每个字符占用 4 个字节，因为英文字母只需要 1 个字节，所以前 3 个字节都为 0，这对其存储和传输都非常浪费。

UTF-8 是针对 Unicode 的一种可变长度字符编码。它可以用来表示 Unicode 标准中的任何字符，而且其编码中的第一个字节仍与 ASCII 码相容，使得原来处理 ASCII 码字符的软件无须或只进行少部分修改后，便可继续使用。因此，它逐渐成为电子邮件、网页及其他存储或传送文字的应用中优先采用的编码。

UTF-8 使用 1~4 字节为每个字符编码。

（1）一个 ASCII 码字符只需 1 字节编码（Unicode 范围由 U+0000~U+007F）。

（2）带有变音符号的拉丁文、希腊文、西里尔字母、亚美尼亚语、希伯来文、阿拉伯文、叙利亚文等字母则需要 2 字节编码（Unicode 范围由 U+0080~U+07FF）。

（3）其他语言的字符（包括中日韩文字、东南亚文字、中东文字等）包含了大部分常用字，使用 3 字节编码。

（4）其他极少使用的语言字符使用 4 字节编码。

UTF-8 有兼容性强、效率高和无字节序问题的优点，使其成为了广泛使用的字符编码标准，尤其是在需要处理多种语言和字符集的场景中表现尤为出色。

1.3.5　多媒体信息的数字化

1. 声音信息的数字化

人类所接收到的声音是以波的形式传播的。自然界中的声音呈现出连续变化的特性，其本质上属于一种模拟量。由于计算机能处理的信息形式是数字信号，即由一系列离散的数字所构成，所以要使计算机能存储和处理声音，就需要使用数字音频技术将模拟音频数字化。

音频信息数字化的优点是传输时抗干扰能力强，存储时重放性能好，易处理，能进行数据压缩，可纠错，容易混合。将音频信息数字化的关键步骤有采样、量化和编码，如图 1.3 所示。

（1）采样就是在时间轴上把连续信号每隔一段时间抽取出一个幅度样本，把连续的模拟量用一个个离散的点来表示，使其成为时间上离散的脉冲序列。每秒对声音采样的次数称为采样频率。目前常用的采样频率为 16 kHz、22.05 kHz、44.1 kHz、48 kHz 等。采样频率越高，音质越好，相应的存储数据量越大。22.05 kHz 只能达到 FM 广播的声音品质，44.1 kHz 则是理论上的 CD 音质界限，48 kHz 则更为精确。根据奈奎斯特采样定理，采样频率高于输入的声音信号中最高频率的两倍就可从采样中恢复原始波形。由于人耳所能听到的频率范围为 20 Hz~20 kHz，在实际采样过程中，常将 44.1 kHz 作为高质量声音的采样频率。如果达不到这么高的频率，声音还原的效果就要差一点。声音采样的过程为：声波→模拟信号→数字信号→保存为文件。

（2）采样后将音频信息数字化的过程称为量化。量化是指将采样得到的样本值在幅值上以一定的级数离散化，将幅值分成若干等级，再用足够的二进制位对量化的等级进行表示，然后把落入某个等级内的样本值归为一类，并用相同的量化二进制来表示的过程。量化位数（即采样精度）表示每个采样点的数据表示范围。目前常用的有 8 位、16 位和 32 位，分别表示有 2^8、2^{16}、2^{32} 个等级。不同的采样数据位数决定了不同的音质，采样位数越高，存储数据量越大，音质也越好。

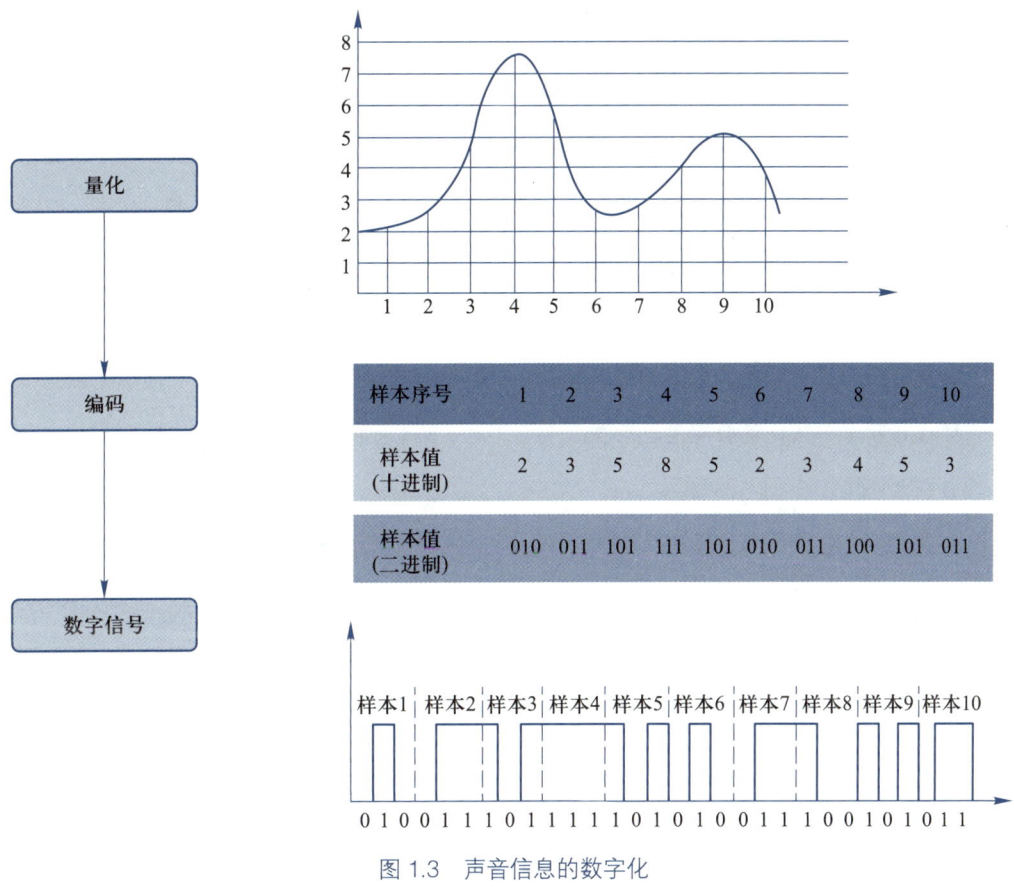

图 1.3　声音信息的数字化

（3）编码是指把量化后的信号转换成代码的过程，也就是将已经量化的信号幅值用二进制数码表示。编码后，每一组二进制数码代表一个采样的量化等级，然后把它们排列起来，得到由二进制脉冲组成的信息流。数码率又称为比特率，是单位时间内传输的二进制序列的比特数，通常以 kbps 为单位。显然，采样频率越高，量化比特数越大，数码率就越高，所需要的传输带宽就越宽。常见的如电话质量的音频信号采用 8 kHz 采样，8 b 量化，数码率为 64 kbps；AM 广播采用 16 kHz 采样，14 b 量化，数码率为 224 kbps；CD 播放器音频标准采用 44.1 kHz 采样，16 b 量化，每声道数码率为 705.6 kbps。

2. 图像信息的数字化

图像是由大量不同颜色的点来表示信息的。与文本相比，图像的信息量更大，也是多媒体领域研究的重点。

目前，计算机绘制的数字图像有两大类：位图和矢量图。

位图图像是目前最常用的图像表示方法，是指在空间和亮度上已经离散化了的图像，可用于任何图像。可以把一幅位图图像理解为一个矩阵，矩阵中的任一元素都对应图像上的一个点，在内存中对应于该点的值为它的灰度。这个数字矩阵的元素就称为像素，像素的灰度层次越多则图像越逼真。一般数码照片都是用位图图像来表示。

位图图像的主要优点是色彩丰富、清晰、美观、逼真，能很好地表现自然界的景象。显示位图图像要比显示矢量图形快，位图可装入内存直接显示。位图图像的主要缺点是存储容量大，因为位图必须把屏幕上显示的每一个像素的信息存储起来。一般同样的一幅画，位图的容量往往是矢量图的 3 倍以上。分辨率对位图图像的影响也比较大，图像在放大过程中会失真。

矢量图像并不存储图像数据的每一个点，而是存储图像数据的轮廓部分。显示图像时从文件中读取指令并转化为屏幕上的形状。例如，一个圆形图案只存储圆心的坐标位置和半径长度，以及圆形边线和内部颜色。

矢量图像的主要优点是在进行放大、缩小或旋转等操作时不会失真，因为它是通过执行一条一条的指令，生成图形。此外，与位图图像相比，矢量图像需要的内存空间相对较小，但其色彩梯度和表现力远远比不上位图图像。位图图像可与原始图像达到几乎完全一致，而矢量图像则需要经过人工处理。

图像数字化是指把真实的图像转换成计算机能够接收的存储格式，图像数字化的关键步骤也分为采样、量化和编码。

（1）采样就是指要用多少个点来描述一张图像。先将二维空间上连续的图像离散化，也就是将图像从水平、垂直方向划分为若干个小格，每一个小格被称为一个像素或像素点。一幅图像就被采样成由有限个像素点构成的集合。将单位尺寸内的像素点数目称为分辨率，它是表示图像大小的一个参数，一般表示为"水平分辨率 × 垂直分辨率"的形式。例如分辨率为 1 920×1 080 的图像就表示这幅图像由 2 073 600 个像素点组成。分辨率越高，图像越清晰。

（2）量化是指要用多大范围的数值来表示一个像素点。每个像素呈现不同的颜色（彩色图片）或层次（黑白图片）。如果是一个黑白图像，则每个像素点只需要 1 位，即可以用 0

或 1 表示黑或白；如果是彩色图像，则每个像素点可采取 3 字节，每字节 8 个二进制位，来分别表示一个像素的三原色：红、绿、蓝，这就是常说的 24 位真彩色图像，总共能够表示 2^{24} 种不同颜色。

（3）对每个像素进行编码，也就是用一串二进制数来表示像素点，然后按行组织起一行中所有像素的编码，再按顺序将所有行的编码连起来，就构成了整幅图像的编码。一幅图像占用的存储空间为"分辨率 × 像素点位数"，如一张分辨率为 3 264×2 448 的 24 位真彩图像占用的存储空间为 3 264×2 448×24÷8÷1 024÷1 024 ≈ 22.86 MB。这个数据相对比较大，在图像存储时需要考虑压缩的问题。

3. 视频信息的数字化

随着计算机网络和多媒体技术的发展，视频信息技术已经成为生活中不可或缺的一部分，并渗透到工作、学习、娱乐等各个方面。与图像不同，视频是活动的图像，是由一系列的帧组成的，每帧是一幅静止的图像，并且每幅图像都是使用位图文件形式表示的。正如像素是数字图像的最小单元一样，帧是视频的最小和最基本的单元。当以一定的速率将一幅幅图像投射到屏幕上时，由于人眼的视觉暂留效应，就会产生动态画面的感觉。

先用摄像机之类的视频捕捉设备，将外界影像的颜色和亮度信息转变为电信号，再记录到存储介质（如内置硬盘），这就是数字视频。播放时，视频信号被转换为帧信息，并以 30 幅每秒的速度投射到显示器上，使人类的眼睛认为它是在连续不间断地变化。电影播放的帧率大约是 24 帧每秒。如果用示波器（一种测试工具）来观看，未投影的模拟电信号看起来就像脑电波的扫描图像，由一些连续的、锯齿状的"山峰和山谷"组成。为了存储视觉信息，模拟视频信号的"山峰和山谷"必须通过数字 / 模拟（D/A）转换器转换为数字信号的"0"或"1"，这个转换过程就是视频捕捉（或采集过程）。如果要在电视机上观看数字视频，则需要用数字到模拟的转换器将二进制信息解码成模拟信号，才能进行播放。

数字视频的数据量非常大，例如，一段时长为 1 分钟，分辨率为 640×480 的视频（30 帧 / 秒，24 位真彩色），未经压缩的视频数据量为：

$$视频数据量 = 640×480×24×30×60 \text{ b} = 640×480×24×30×60/8 \text{ B}$$

$$= 1 658 880 000 \text{ B} ≈ 1.54 \text{ GB}$$

如此庞大的数据量，无论是存储、传输还是处理都是很困难的，因此必须要对视频数据进行压缩。视频压缩是计算机处理图像和视频以及网络传输的重要基础。目前 ISO 制定的两个主要压缩标准是 JPEG 和 MPEG。

JPEG 是 ISO/IEC 制定的静态图像压缩标准。它采用离散余弦变换（DCT）技术，平衡了图像质量与文件大小，广泛应用于照片、网页图片等领域。JPEG 压缩既采用了有损压缩的方法，又采用了很多无损压缩的技术，是目前静态图像中压缩比最高的格式之一。

MPEG 是 ISO/IEC 制定的动态图像压缩标准，专门针对视频和音频的时序压缩需求设计。

1.4 新一代信息技术与社会变革

新一代信息技术是国家七大战略性新兴产业之一。随着科技的飞速发展，新一代信息技术将以前所未有的速度重塑我们的社会、经济和生活方式。

1.4.1 "云物大智移"新一代信息技术

随着新一代信息技术的发展，逐渐形成了"云物大智移"的概念。"云物大智移"是指云计算、物联网、大数据、人工智能、移动互联网这五项技术。

1. 云计算

云计算的目标是对资源的有效管理。管理的资源主要有计算资源、网络资源、存储资源三种。将以上三种资源通过信息技术实现虚拟化，形成资源池，达到不限时间以及空间，按需分配的效果。使用云计算可以对应用软件进行弹性管理（即云化软件部署），将通用的应用软件（如数据库、运行环境）封装好、标准化，在需要的时候调取自动部署即可。云主要有：公有云、私有云、混合云。

典型应用如某公司以现有的服务器为基础，通过增加内存、固态硬盘（SSD）和磁盘，并采用服务器虚拟化、网络虚拟化技术，集成一个计算、网络、存储的超融合资源池，实现内部私有云架构，这样简化了现有 IT 基础架构，服务器资源利用率提升了近一倍，维护时间减少了一半，并提高了系统的可用性和数据的安全性。

2. 物联网

物联网（internet of things，IoT）是一个基于互联网、传统电信网等信息承载体，按约定的协议，将任何物体与网络相连接，物体通过信息传播媒介进行信息交换和通信，以实现智能化识别、定位、跟踪、监管等功能。互联网是实现资源共享和信息传递的信息网络，物联网是互联网的延伸和拓展，物联网链接的不仅仅是计算机系统，还有嵌入式智能设备及各种类型的传感器，如穿戴设备、环境监控设备、虚拟现实设备、车联网设备等。物联网主要应用在如下几个方面。

（1）智能仓储：智能仓储是物流过程的一个环节，智能仓储的应用，保证了货物仓库管理各个环节数据输入的速度和准确性，确保企业及时准确地掌握库存的真实数据，合理保持和控制企业库存。

（2）智慧物流：智慧物流是一种以信息技术为支撑，在物流的运输、仓储、包装、装卸搬运、流通加工、配送、信息服务等各个环节实现系统感知。通过全面分析、及时处理及自我调整功能，实现具有物流规整智慧、发现智慧、创新智慧和系统智慧的现代综合性物流系统。

（3）智能交通：以图像识别为技术核心，综合利用射频技术、标签等手段，自动采集和实时传送交通流量、驾驶违章情况、行驶路线、车牌号信息、道路占有率、驾驶速度等数据，相应系统会对采集到的信息进行汇总分类，并借助识别与控制能力进行分析处理，快速识别机动车牌号和其他高档车辆，以便为交通状况监测提供详细的数据支持。

（4）智能家庭：在智能家庭场景中，物联网的迅速发展让人们的生活更加便捷和舒适。人们可以利用无线设备来操控众多电器的运行状态，还可以实现迅速定位家庭成员的位置等功能。借助智能音箱可以向家里的联网空调、互联网电视机、智能风扇、智能冰箱、智能电饭煲等家电发出指令，从而完成相应的操作。

3. 大数据

大数据又称海量数据，是指其规模或复杂程度超出了传统数据处理应用软件能力的数据集。它也可以定义为来自各种来源的大量非结构化或结构化数据。

在许多领域，由于数据集过度庞大，科学家经常在分析处理数据时遭遇限制和阻碍。这些领域包括气象学、基因组学、神经网络学习、复杂的物理模拟以及生物和环境研究。这种限制也对网络搜索、金融与经济信息学产生影响。数据集大小增长的部分原因来自信息持续从各种来源被广泛收集，这些来源包括搭载感应设备的移动设备、高空感测科技（遥感）、软件记录、相机、麦克风、无线射频识别（RFID）和无线感测网络。

大数据技术是一种能够处理海量、多样、实时数据的体系化技术，它能够从数据中挖掘有价值的信息和知识，帮助人们做出更明智的决策。随着技术的不断进步和应用领域的拓展，大数据技术将在未来发挥更加重要的作用。大数据技术的核心组成部分包括数据采集、存储、处理、分析和可视化等方面。

（1）数据采集：通过各种传感器、应用程序和服务收集数据。

（2）数据存储：利用分布式存储系统，如 Hadoop HDFS 等，存储海量数据。

（3）数据处理：使用批处理或流处理技术，如 Apache Spark、Apache Flink 等，对数据进行清洗、转换和整合。

（4）数据分析：运用数据挖掘、机器学习等技术，从数据中提取有价值的信息和模式。

（5）数据可视化：通过图表、图像等形式，直观展示数据分析结果。

4. 人工智能

人工智能是指具备感知、理解、行动和学习能力的信息技术系统。它由多种技术组成，使计算机能够理解世界（如计算机成像、声音处理、传感器处理、生物特征识别），分析并解释收集到的信息（如自然语言处理、知识阐释），做出明智决策并提出行动建议（如推理引擎、专家系统），并汲取经验教训（包括机器学习）等。智能机器是内嵌人工智能的计算机和应用程序智能系统，它将不同机器、流程和人员紧密联系起来。机器学习作为人工智能的一个分支，主要应用于自动驾驶汽车、智能家居、虚拟医疗、智能手机私人助理、智能音箱等领域。

5. 移动互联网

移动互联网是将移动通信与互联网两者相结合的产物，其工作原理为用户端借助移动端来对因特网的信息进行访问，并获取一些所需要的信息，进而使人们可以享受一系列的信息服务带来的福利。移动互联网的核心是互联网，因此一般认为移动互联网是桌面互联网的补充和延伸，应用和内容仍是移动互联网的根本所在。简单来说，就是利用移动终端（手机、平板电脑）来代替计算机上网，获取用户所需的内容以及服务，如浏览新闻、购物等。其主要应用于移动电子阅读、移动支付、移动电子商务、手机搜索、移动定位服务等方面，借此为用户提供个性化信息。

1.4.2 新一代信息技术对社会带来的变革

随着信息技术的迅速发展和普及，它对社会所带来的变革也愈发明显。信息技术的广泛应用不仅改变了人们的生活方式和工作方式，也对经济、教育、医疗等领域产生了深远影响。

1. 经济领域

新一代信息技术的快速发展和应用促进了全球范围内的经济一体化，加快了企业的生产效率和创新速度，极大提高了企业的竞争力，也为各行业带来了新的商机和创新机会。如云计算、人工智能等技术的应用，使得各行业可以更好地进行数据分析和管理，提高生产效率和竞争力。通过互联网和电子商务平台，企业可以快速实现跨境贸易和交流，推动了全球化进程，使各国之间的信息交流更加频繁，市场资源的配置效率大大提高，为全球经济增长提供了强大动力。

2. 教育领域

新一代信息技术对教育领域的变革具有重要影响。信息化社会的信息量剧增，通过计算机网络教育平台和远程教育系统等新的信息手段，人们能够随时随地获取教育资源，实现个性化学习和远程学习。教师可以通过在线教育平台与学生进行交流和互动，提供个性化的教学服务，满足学生的多样化需求。同时，信息技术也为教育带来了更多的教学资源和工具，学生可以通过互联网获得丰富的学习资料和参考书籍，提高学习效果。虚拟实验室、在线作业和学习管理系统等工具的应用，使得学习更加直观、有趣。新一代信息技术的应用，推动了教育领域模式的变革，可以更好地满足学生和企业的需求，提供了更广阔的发展空间和更加个性化、高效、便捷的服务，使得学习更加丰富和多样化。

3. 医疗卫生领域

新一代信息技术在医疗卫生领域的应用，为患者、医生和医院提供了更加便捷、可靠的医疗服务模式，有助于提高医疗质量、优化医疗服务、降低医疗费用，从而实现更加全面、有效、普惠的医疗保障。另外新一代信息技术在疾病预防、诊断和治疗方面也发挥了重要作用。通过数据分析和人工智能技术，医疗机构可以更好地进行疾病的诊断和预测，提高疾病治疗的准确性和效果。远程手术、虚拟现实技术等创新应用也为医疗领域带来了更多的可能，使得医疗更加精准、高效和便利。

1.4.3　新一代信息技术带来的消极影响

新一代信息技术是推进社会进步和科技创新的关键力量，但同时它也带来了以下一些负面影响，我们必须有足够清醒的认识，设法消除其不利影响。

（1）信息泛滥。一方面是信息急剧增长，另一方面是人们消耗大量的时间却找不到有用的信息，信息的增长速度超出了人们的承受能力，导致信息泛滥的出现。

（2）信息污染。一些错误信息、虚假信息、污秽信息等混杂在各种信息中，使人们对错难分，真假难辨；如果不加分析，便容易上当受骗，受其毒害。

（3）信息犯罪。一些不法分子利用信息技术手段及信息系统本身的安全漏洞进行犯罪活动，如信息窃取、信息欺诈、信息攻击和破坏等，造成了社会危害。

1.5　信息安全与隐私保护

随着互联网时代的到来，网络已渗透到我们生活的方方面面，人们在使用互联网的时候，往往会将自己的许多真实资料保存在网络之中。在正常情况下我们的隐私信息会被加密，但泄露风险仍无法完全杜绝，因此信息安全与隐私保护显得尤为重要。

1.5.1　信息安全的定义

信息安全是指信息网络的硬件、软件及其系统中的数据受到保护，不因偶然或者恶意的原因而遭到破坏、更改、泄露，确保系统连续可靠正常地运行，信息服务不中断。信息安全的任务是保护信息财产，以防止偶然的或未授权者对信息的恶意泄漏、修改和破坏，从而避免信息变得不可靠或无法处理等。

1.5.2　信息安全的威胁

信息安全的威胁包括多种类型，这些威胁不仅来自技术故障和人为错误，还包括恶意攻击和网络犯罪，具体的安全威胁类型包括信息泄露、破坏信息的完整性、拒绝服务、非法使用、窃听、业务流分析、假冒、旁路控制、授权侵犯、特洛伊木马、陷阱门、抵赖、重放、计算机病毒、人员不慎、媒体废弃、物理侵入等。主要可以概括为以下几个方面。

（1）技术威胁：包括新技术带来的安全挑战，如云计算、大数据、物联网等新兴技术带来的新安全需求。

（2）数据安全威胁：数据窃取或泄露、数据损毁和数据非法利用是常见的数据安全威胁。

（3）物理和环境威胁：包括不安全环境的威胁、软硬件故障、人为操作错误、网络攻击、计算机病毒和木马等。

（4）网络威胁：如勒索软件攻击和网络钓鱼等，这些威胁正变得越来越复杂和有针对性。

（5）特定领域的安全威胁：如车联网的信息泄露和数据跨境，对国家安全产生潜在威胁。

有效的信息安全措施需要从技术、管理和人员培训等多个方面进行综合应对。

1.5.3　隐私保护及措施

信息技术的隐私保护及措施主要有以下几个关键方面。

（1）加强网络安全意识和采用安全认证技术：通过加强网络安全教育和培训，提高用户的网络安全意识，并应用传输层安全协议（TLS/SSL）等安全认证技术，确保数据在传输过程中的机密性、完整性和可靠性。

（2）加密和密钥管理：对重要个人信息采用加密算法进行处理，通过验证数据完整性和数字签名来确保数据的真实性和来源可靠，并合理管理和保护密钥，确保个人信息只能被授权人访问。

（3）强化密码策略：用户应使用复杂、独特且经常更新的密码，避免使用过于简单的密码或在多个平台使用相同的密码。

（4）增强网络安全措施：网络管理员应及时对系统进行漏洞修复和补丁更新，以防止黑客攻击。

（5）规范网络政策法规：国家和组织应制定相关的网络政策法规，明确个人信息的保护责任，加强对隐私泄露的打击和处罚力度。

（6）隐私设置：在计算机操作系统和应用程序中设置密码锁屏、开启硬件加密等功能，限制个人信息获取和使用，并选择性地授权应用程序访问个人信息。

在互联网时代，保护存储在本地设备及云端的数据安全尤为重要，采取适当措施确保数据不被未经授权访问。通过上述措施的综合应用，可以有效提升计算机网络中的隐私保护水平，保护个人隐私和社会公共利益。

1.5.4 避免个人信息泄露

在使用信息化设备时，避免个人信息泄露主要包括以下几个方面。

（1）不注册来源不明的网站。

（2）不扫描来历不明的二维码。

（3）淘汰的电子产品信息销毁要彻底。

（4）有个人信息的纸张处理时要抹掉隐私信息。

（5）不在社交软件上泄露过多个人信息。

（6）慎用公共场所免费 Wi-Fi。

（7）不随意点击短信和邮件中的链接。

（8）不同软件不用同一组账号密码。

🔲 1.6 本章小结

伴随着信息技术的迅速发展和普及，极大地改变了人们的生活方式、工作方式以及社会的组织结构。通过本章的学习，应重点掌握以下内容。

（1）信息是对客观世界中各种事物的运动状态和变化的反映，是客观事物之间相互联系和相互作用的表征，表现的是客观事物运动状态和变化的实质内容。信息技术是能够提高或扩展人类信息能力的方法和手段的总称。这些方法和手段主要是指完成信息产生、获取、检索、识别、变换、处理、控制、分析、显示及利用的技术。

（2）人类历史上已先后经历过五次重大的信息革命，包括语言的产生、文字的创造、造纸和印刷术的发明、电报电话和电视的发明、计算机和互联网的诞生。

（3）非十进制数与十进制数的转换方法。

（4）BCD 码、ASCII 码。

（5）汉字编码及多媒体信息的数字化过程。

（6）新一代信息技术：云、物、大、智、移的基本概念。

（7）信息安全是指信息网络的硬件、软件及其系统中的数据受到保护，不因偶然或者恶意的原因而遭到破坏、更改、泄露，确保系统连续可靠正常地运行，信息服务不中断。

本章习题

一、单选题

1. 信息技术的奠基人是（　　）。

A. 图灵　　　　　　　B. 冯·诺依曼　　　　C. 香农　　　　　　　D. 巴贝奇

2. 下列进制和其对应的符号错误的是（　　）。

A. 二进制——B　　　B. 八进制——P　　　C. 十进制——D　　　D. 十六进制——H

3. 下列数中，最大的数是（　　）。

A. 1100100 B　　　　B. 143 Q　　　　　　C. 100　　　　　　　D. 65 H

4. 十六进制数 60 A.25 H 转换为二进制数为（　　）。

A. 01101010.00100101B　　　　　　　B. 11001010.10101B

C. 011000001010.00100101B　　　　　D. 11001010.10001010B

5. 西文字符 "b" 的 ASCII 码值是（　　）。

A. 65　　　　　　　　B. 66　　　　　　　　C. 97　　　　　　　　D. 98

6. 物联网的缩写为（　　）。

A. IoT　　　　　　　B. ITO　　　　　　　C. ToI　　　　　　　D. TIO

7. 下列（　　）不属于新一代信息技术。

A. 大数据　　　　　　B. 文字编辑排版　　　C. 物联网　　　　　　D. 云计算

8. 下列（　　）不属于新一代信息技术的消极影响。

A. 信息采集　　　　　B. 信息泛滥　　　　　C. 信息污染　　　　　D. 信息犯罪

二、判断题

1. 信息技术就是计算机技术。 （　　）

2. （258）Q 表示一个八进制数。 （　　）

3. 在任何进制中，1 加 1 都等于 2。 （　　）

4. 西文字符 "A" 小于 "a"。 （　　）

5. BCD 码虽然由 0 和 1 组成，但并不是二进制。 （　　）

6. 字形点阵码属于外部码。 （　　）

7. UTF-8 编码的长度是可变的。 （　　）

8. 信息安全仅仅关注于防止黑客攻击。 （　　）

三、填空题

1. 数据是信息的_____，信息是数据的_____。

2. 第三次信息革命的特征是_____和_____的发明。

3. （7236.58）D 的数制是_____进制、基数是_____，基本符号有_____个，分别是_____，其中，3 所在的数位是_____，3 的权是_____。

4. （358）D=（_____）B=（_____）Q=_____）H

5. （42.875）D=（_____）B

6. 西文字符 "A" 的 ASCII 码值是_____H。

四、简答题

1. 信息和数据的区别和联系有哪些？

2. 简述人类历史上五次信息革命的标志及特征。

3. 新一代信息技术主要包括哪些方面？

4. 在信息化社会，如何进行隐私保护？

第2章 计算系统与平台

随着科技的不断进步，计算系统和平台经历了巨大的变革。从早期的单计算机系统到现代的云计算平台，计算机的发展不仅改变了人们处理信息的方式，也极大地影响了社会的各个方面。本章将探讨计算系统与平台的发展历程，以及它们如何塑造当今世界。

2.1 计算系统与平台的发展

人们每天都在使用计算系统与平台，小到智能手机、平板电脑、个人计算机，大到服务器和各类云计算系统。计算系统与平台是指提供计算能力的计算机系统及其支撑网络，由硬件、软件及网络等组成，是各类信息化系统设计和开发的基础，具有一定的标准性和公开性。硬件的基础是中央处理器（central processing unit，CPU），软件的基础是操作系统。因此，通常用计算机系统的 CPU 性能和该系统使用的操作系统来表征计算系统与平台的性能。

计算系统与平台的发展经历了从简单到复杂、从功能单一到多样化、从单处理器系统到多处理器系统集成融合的过程。

2.1.1 单处理器系统

20 世纪 80 年代，个人计算机已经开始大批量生产。在硬件方面，英特尔（Intel）公司生产的产品系列 8086/8088、80286、80386 和 80486 实际上已经成为微型机 CPU 的重要标准；在软件方面，微软公司开发的 MS-DOS 已成为微型机操作系统的重要标准。因此，以 8086和 MS-DOS 为组合的微型机成为硬件和软件开发中的事实标准，也是早期广泛使用的一种个人计算系统与平台。因为这种计算系统与平台使用单台计算机实现，所以也称为单处理器系统。台式机、笔记本电脑、平板电脑、智能手机等都属于这个范畴。

（1）台式机是主机和显示器各自独立并分开放置的一种计算机。相对于笔记本电脑和平板电脑，台式机体积较大，主机与显示器之间通过线缆连接，一般需要放置在桌上或者专门的工作台上，因此命名为台式机。

（2）笔记本电脑，简称笔记本，又称便携式电脑、手提电脑、掌上电脑，其特点是将主机和显示器整合成一体，机身小巧，携带方便。随着集成电路技术的快速发展，笔记本电脑的体积越来越小，质量越来越轻，功能越来越强。目前，全球市场上有很多品牌的笔记本电脑，如联想、苹果、惠普、戴尔等。

（3）平板电脑，也称为便携式电脑，其机身小巧、方便携带，以触摸屏作为基本的输入方式。它的触摸屏不再需要传统的键盘和鼠标，允许用户通过触控笔或数字笔来进行书写和操作，还可以通过手写识别、语音识别、虚拟键盘或者外接键盘来实现输入。2010年1月，苹果公司发布了第一代平板电脑iPad；2012年6月，微软发布了Surface平板电脑。

（4）智能手机，是指具有独立操作系统、触摸显示屏，可以由用户自行安装软件、游戏等第三方服务商提供的程序，并可以通过移动通信网络来实现无线接入的手机设备的总称。从2019年开始，智能手机逐渐融入人工智能、5G通信等技术，目前已经成为用途最为广泛且生活中必不可少的随身携带产品。

2.1.2　多处理器系统

人类对计算机性能的需求是永无止境的，人类在工程设计和自动化、能源勘探、医学、军事及基本理论研究等领域内对计算机提出了极高的具有挑战性的要求。例如，要求在不到2小时内完成对接下来48小时内的天气预测。传统的基于单处理器系统的计算模式已经难以适应日益增长的应用需求，基于多计算机协作的计算模式的出现成为必然。这种多处理机系统从早期的同构并行计算系统演化为后来的异构并行计算系统，再从分布式异构的网格计算系统演化到如今的集中式云计算系统，呈螺旋式发展。各种类型的多处理机系统的出现，为并行计算、分布式计算提供了强有力的平台支持。

1. 并行计算系统

并行计算（parallel computing）是指同时使用多种计算资源解决计算问题的过程，是提高计算机系统计算速度和处理能力的一种有效手段。它的基本思想是用多个处理器来协同处理同一问题，即将被求解的问题分解成若干部分，各部分均由一个独立的处理器来并行计算。

并行计算系统既可以是专门设计的、含有多个处理器的超级计算机，也可以是以某种方式互连的若干台独立计算机构成的集群。通过并行计算系统完成数据处理，再将处理的结果返回给用户。

根据并行计算系统使用的CPU的差异性，可以将并行计算系统分为同构并行计算系统和异构并行计算系统。

1）同构并行计算系统

同构并行计算系统是指由多个相同的处理器或计算机通过网络连接起来所构成的一个多处理机系统。传统的同构并行计算系统通常在一个给定的机器上使用一种并行编程模型，不能满足多于一种并行性的应用需求。

在同构并行计算系统上，由于存在不适合其执行的并行任务，这些任务在同构并行计算系统上将花费大量的额外开销。由此可见，如果将大部分任务（或子任务）映射在不合适其执行的机器上运行，将引起计算系统机器性能严重下降，并使编程人员的优化调度失去意义。研究和开发支持多种内在并行应用的多处理机系统是摆在科技工作者面前的重大挑战，其目的是提高计算效率，使应用程序的执行性能能够接近其理论峰值。

2）异构并行计算系统

异构并行计算系统是由一组异构机器通过高速网络连接起来、配以异构计算支撑软件所构成的一个多处理机系统。

一个异构并行计算系统通常包括若干异构的计算节点、互连的高速网络、通信接口及编程环境等。异构并行计算系统支持具有多内在并行性的应用。它在分析计算任务并行性类型基础上，将具有相同类型的代码段划分到同一子任务中，然后根据不同并行性类型将各子任务分配到最适合执行它的计算资源上加以执行，达到使总的执行时间最少。显然，异构并行计算系统可以提高应用程序实际执行性能与其理论峰值性能的比值。

3）典型的并行计算系统

2003 年，曙光 4000L 超级计算机登上全国十大科技进展的榜单。曙光 4000L 由 40 个机柜组成，峰值速度可以达到 3 万亿次每秒浮点计算。在用户需要的情况下，该系统还可扩展为 80 个机柜，峰值速度达到每秒 6.75 万亿次浮点运算。

2009 年 9 月，我国首台千兆次超级计算机系统"天河一号"研制成功。2010 年 11 月"天河一号"在全球超级计算机前 500 强排行榜中位列第一。

由国防科学技术大学研制的超级计算机系统"天河二号"，以峰值计算速度 5.49×10^{16} 次每秒、持续计算速度 3.39×10^{16} 次每秒双精度浮点运算的优异性能，成为 2013 年全球最快超级计算机系统。"天河二号"多计算机并行计算系统的平台架构如图 2.1 所示。

图 2.1 "天河二号"平台架构

由 IBM 公司研发的超级计算机系统 Summit（顶点），位于美国能源部橡树岭国家实验室。在 2019 年 11 月发布的全球超级计算机 500 强榜单中，该系统以每秒 14.86 亿次的浮点运算速度获得冠军。

2. 网络计算系统

网络计算系统是一种分布式计算系统，为各类研究者提供汇集全球各地大量个人计算机和服务器的强大运算能力，主要包括网格计算平台、云计算平台等。

1）网格计算平台

网格计算平台（grid computing platform）是 2018 年公布的计算机科学技术名词。它是一种基于互联网的分布式计算平台。它通过系统软件，把分布在不同地理位置的计算资源有效地集成和管理起来，能够屏蔽计算、存储或软件资源的异构性，向开发人员提供单一的系统视图，以及全局一致、安全友好的编程接口。

2）云计算平台

云计算（cloud computing）作为一种新型的网络计算服务模式，将计算和数据资源从用户桌面或企业内部迁移到 Web 上，几乎所有 IT 资源都可以作为云服务来提供，如应用程序、编程工具、计算能力、存储容量等。

云计算平台也称为云平台，是基于硬件资源和软件资源的服务，提供计算、网络和存储功能。在云计算平台中，用户只需通过网络终端（如智能手机、计算机等）即可使用云计算平台提供的各种服务，包括软件、存储、计算等。因此，云计算平台不仅能够降低企业对 IT 设备的成本支出，同时可以大规模节省企业预算，通过以一种比传统 IT 更经济的方式提供 IT 服务。

由于云计算的发展理念符合当前低碳经济与绿色计算的总体趋势，它也被世界各国政府、企业所大力倡导与推动，正在带来计算领域、商业领域的巨大变革。有关云计算平台的详细介绍参见 2.5 节。

2.2　计算机系统及原理

微视频 2-1：计算机系统及原理

2.2.1　计算机系统的基本组成

计算机系统由硬件（hardware）和软件（software）两大部分组成。

硬件是各种物理部件的有机组合，是看得见摸得着的实体，是计算机工作的物理基础。硬件系统主要由运算器、控制器、存储器、输入设备、输出设备和各种外部设备组成。当然，大型计算机的硬件组成比微型机复杂得多。但无论什么类型的计算机，都有负责完成相同功能的硬件部分。

软件是各种程序、数据和文档的集合，用于指挥全系统按要求进行工作。其中，程序向计算机硬件指出应如何一步一步地进行规定的操作，数据是程序处理的对象，文档是软件设计报告、操作使用说明和相关技术资料等，它们都是软件不可缺少的组成部分。软件系统是在计算机上运行的所有软件的总称。

硬件是软件工作的基础，离开硬件，软件无法运行；软件扩充和完善硬件功能，有了软件的支持，硬件功能才能得到充分的发挥。两者相互依存，只有将硬件和软件结合成统一的整体，才能称其为一个完整的计算机系统。在个人计算机系统中，硬件和软件的功能有时候没有明确的分界线。软件实现的某些功能可以用硬件来实现，称为硬化或固化；同样，硬件实现的某些功能也可以用软件来实现，称为硬件软化。例如，个人计算机的系统引导程序是固化在芯片中的。

2.2.2　计算机硬件系统

计算机硬件主要由运算器、控制器、存储器、输入设备和输出设备等部件组成，运算器和控制器组成了计算机的核心部件——中央处理器。

现代计算机的设计组成是由冯·诺依曼提出的，他提出了三条基本思想。

（1）采用二进制数的形式表示程序和数据。

（2）将程序和数据存放在存储器中。

（3）计算机硬件由控制器、运算器、存储器、输入设备和输出设备五大部分组成。

计算机工作原理的核心是"程序存储"和"程序控制"，就是通常所说的"存储程序控制"原理，即将问题的解决步骤编写成程序，程序连同它所处理的数据都用二进制表示并预先存放在存储器中。程序运行时，CPU从内存中一条一条地取出指令和相应的数据，按指令操作码的规定，对数据进行运算处理，直到程序执行完毕为止。

人们把按照这一原理设计的计算机称为冯·诺依曼型计算机，其结构如图2.2所示。从1946年世界上第一台计算机问世至今，计算机的设计和制造技术有很大发展，但仍然采用冯·诺依曼型计算机的基本思想。

下面对构成计算机的常用硬件进行具体介绍。

1. 运算器

运算器是计算机处理数据信息的加工厂，主要功能是对二进制数进行算术或逻辑运算，所以，也称为算术逻辑部件。参加运算的数（称为操作数）全部是在控制器的统一指挥下从内存储器中取到运算器里，绝大多数任务都由运算器完成。由于在计算机内各种运算均可归结为相加和移位这两个基本操作，所以运算器的核心是加法器。为了暂时存放操作数，暂时保留每次运算的中间结果，运算器还需要若干个寄存数据的寄存器。若寄存器既保存本次运算结果而又参与下次的运算，记录多次累加的和，这样的寄存器又称为累加器。

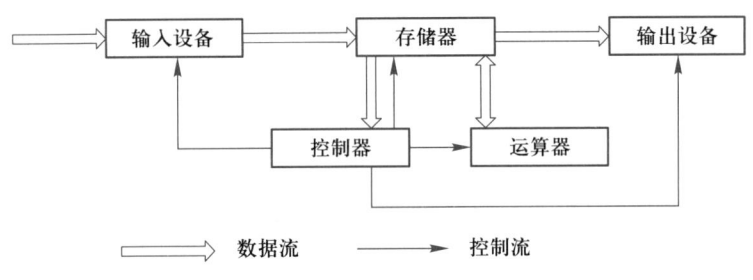

图 2.2 计算机的基本逻辑结构

2. 控制器

控制器是计算机的神经中枢，由它指挥计算机各个部件自动、协调地工作，就像人的大脑指挥躯体一样。控制器的主要部件包括指令寄存器、译码器、时序节拍发生器、操作控制部件和指令计数器。控制器的基本功能是根据指令计数器中指定的地址从内存取出一条指令，对其操作码进行译码，再由操作控制部件有序地控制各部件完成操作码规定的功能。控制器也记录操作中各部件的状态，使计算机能有条不紊地自动完成程序规定的任务。

3. 存储器

存储器是计算机的记忆装置，主要用来保存程序和数据，所以，存储器应该具备存数和取数功能。存数是指往存储器里"写入"数据；取数是指从存储器里"读取"数据。读写操作也称对存储器的访问。存储器分为内存储器（内存）和外存储器（外存）两类。CPU 只能直接访问存储在内存中的数据。外存中的数据只有先调入内存后，才能被中央处理器访问和处理。

4. 输入设备

输入设备是用来向计算机输入命令、程序、数据、文本、图像、音频和视频等信息的。其主要作用是把人们可读的信息转换为计算机能识别的二进制代码输入计算机中，供计算机处理。例如，用键盘输入信息时，敲击它的每个键位都能产生相应的电信号，再由电路板转换成相应的二进制代码送入计算机。目前常用的输入设备有键盘、鼠标、扫描仪、麦克风、摄像头等。

5. 输出设备

输出设备的主要功能是将计算机处理后的各种内部格式的信息转换为人们能识别的形式（如文字、图形、图像和声音等）表达出来。常见的输出设备有显示器、打印机、绘图仪和音箱等。

2.2.3　计算机软件系统

所谓软件是指为方便使用计算机和提高使用效率而设计、开发的程序以及用于使用和维护的有关文档。软件系统可分为系统软件和应用软件两大类。

1. 系统软件

系统软件由一组控制计算机系统并管理其资源的程序组成，其主要功能包括：启动计算机，存储、加载和执行应用程序，对文件进行排序、检索，将程序语言翻译为机器语言等。实际上，系统软件可以视为用户与计算机的接口，它为应用软件和用户提供了控制、访问硬件的手段，这些功能主要由操作系统完成。此外，编译系统和各种工具软件也属此类，它们从另一方面辅助用户使用计算机。

一般来说系统软件可分为操作系统、语言处理系统、服务程序和数据库管理系统。

1）操作系统

操作系统是管理、控制和监督计算机软、硬件资源协调运行的程序系统，由一系列具有不同控制和管理功能的程序组成，它是直接运行在计算机硬件上的、最基本的系统软件，是系统软件的核心。操作系统的主要作用有两个。一是方便用户使用计算机，是用户和计算机的接口。比如用户输入一条简单的命令就能自动完成复杂的功能，这就是操作系统帮助的结果。二是统一管理计算机系统的全部资源，合理组织计算机工作流程，以便充分、合理地发挥计算机的效率。常用的计算机操作系统有 Windows、HarmonyOS、macOS、Linux 等。

2）语言处理系统

机器语言是计算机唯一能直接识别和执行的语言。如果要在计算机上运行高级语言程序就必须配备程序语言翻译程序（翻译程序）。翻译程序本身是一组程序，不同的高级语言都有相应的翻译程序。

3）服务程序

服务程序能够提供一些常用的服务性功能，为用户开发程序和使用计算机提供了方便，如常用的诊断程序、调试程序等。

4）数据库管理系统

数据库是指按照一定联系存储的数据集合，数据库管理系统则是能够对数据库进行加工、管理的系统软件。其主要功能是建立、消除、维护数据库及对数据库中数据进行各种操作。如 FoxPro、Visual FoxPro、Sybase、Oracle、DB2、MongoDB 等都属于数据库管理系统。数据库系统主要由数据库、数据库管理系统以及相应的应用程序组成。

数据库技术是计算机技术中发展最快的、应用最广的一个分支。可以说，在今后的计算机应用开发中大都离不开数据库。因此，了解数据库技术尤其是微机环境中的数据库应用是非常必要的。

2. 应用软件

为解决各类实际问题而设计的程序系统称为应用软件。例如：文字处理、表格处理、电子演示、电子邮件收发等是人们日常生活中常见的问题，WPS Office 办公软件、Microsoft Office 办公软件就是针对上述问题而开发的应用软件。此外，如针对机械设计制图问题的绘图软件（AutoCAD），以及图像处理软件（Photoshop）等都是为了解决某类问题的应用软件。

综上所述，计算机系统由硬件系统和软件系统组成，两者缺一不可。而软件系统又由系统软件和应用软件组成，操作系统是系统软件的核心，对于每个计算机系统来说是不可或缺的。此外，其他的系统软件如语言处理系统，则可根据不同用户的需求配置不同的语言编译系统。

2.2.4 微型计算机的硬件

微型计算机的硬件由中央处理器、总线和主板、存储器、输入设备和输出设备等组成，通过系统总线把中央处理器、存储器、输入设备和输出设备连接起来，实现信息交换。通过总线连接计算机各部件使微型机系统结构简洁、灵活、规范，可扩充性好。下面对构成微型计算机的常用硬件做一些具体介绍。

1. 中央处理器

微型计算机系统的性能指标主要由中央处理器的性能指标决定。中央处理器的性能指标主要有时钟频率和字长。时钟频率以 MHz 或 GHz 表示，通常时钟频率越高其处理数据的速度相对也越快。中央处理器时钟频率从过去的 466 MHz、800 MHz、900 MHz 发展到今天的 1 GHz、2 GHz、3 GHz 以上。

字长表示中央处理器每次处理数据的能力，按字长可分为 8 位、16 位、32 位、64 位 CPU。如 Intel 80286 型号的中央处理器每次能处理 16 位二进制数据，80386 和 80486 型号的中央处理器每次能处理 32 位二进制数据，而 Pentium 4 型号的中央处理器每次能处理

64位二进制数据。

中央处理器大部分使用了美国Intel公司生产的芯片，此外还有美国的AMD等公司的产品，如图2.3所示。

图2.3　CPU

2. 总线和主板

组成计算机的硬件部件有：中央处理器、主存、辅存、输入/输出设备等，要使这些部件能够正常工作，必须要把它们有效地连接起来，形成一个系统。在计算机中，通过总线将它们连接，并作为系统部件之间传送信息的公共通道。

微型计算机中总线分为内部总线和系统总线两种，平时所说的总线指的是系统总线。

内部总线通常是指在CPU内部运算器、控制器与寄存器各组成部分之间相互交换信息的总线。

系统总线指的是CPU、主存、I/O接口之间相互交换信息的总线。

系统总线有数据总线、地址总线和控制总线三类，分别传递数据、地址和控制信息。系统总线的硬件载体就是主板。

主板由印制电路板、CPU插座、控制芯片、CMOS只读存储器、各种扩展插槽、键盘插座、各种连接开关以及跳线等组成，如图2.4所示。

图2.4　计算机主板

3. 存储器

存储器（memory）分为两大类：一类是设在主机的内部存储器（内存），它用于存放当前运行的程序和程序所用的数据，属于临时存储器；另一类是属于计算机外部设备的存储器，称为外部存储器（外存）。外存属于永久性存储器，存放着暂时不用的数据和程序。当需要某一程序或数据时，首先应调入内存，然后运行。

存储器可容纳的二进制信息量称为存储容量。目前，度量存储容量的基本单位是字节（B）。此外，常用的存储容量单位还有：KB（千字节）、MB（兆字节）、GB（吉字节）和TB（太字节）。它们之间的关系为：

1 字节（byte）=8 个二进制位（bit）；

1 KB=1 024 B； 1 MB=1 024 KB； 1 GB=1 024 MB； 1 TB=1 024 GB； 1 PB=1 024 TB； 1 EB=1 024 PB。

1）主存储器（main memory）

内存储器分为随机存取存储器（random access memory，RAM）和只读存储器（read only memory，ROM）两类。

2）辅助存储器（auxiliary memory）

外部存储器也称辅助存储器，简称外存或辅存，属于永久性存储器，外存不直接与CPU交换数据，当需要时先将数据调入内存，再通过内存与CPU交换数据。外存与内存相比，其存储容量大、价格较低、存取速度较慢，但在断电情况下可以长期保存数据，所以又称为永久性存储器。常用的外存储器有软盘、硬盘、U盘以及光盘等。

另外，输入设备和输出设备在 2.2.2 节中已介绍，这里不再赘述。

2.3 Windows 基本操作

微视频 2-2： Windows 基本操作

Windows 操作系统是由微软公司开发的一系列桌面操作系统，自 1985 年以来一直在不断发展和完善，先后经历了 DOS、Windows 95、Windows 98、Windows XP、Windows 7、Windows 11 等主要版本的更新。Windows 操作系统是一个功能强大且易于使用的操作系统，适用于各种用户和应用。通过不断学习和实践，用户可以更好地利用 Windows 操作系统的功能，提高工作效率和计算机使用体验。

2.3.1 任务栏

任务栏是桌面底部的水平条形区域，它显示了系统正在运行的程序和打开的窗口、当前时间等内容，用户利用它可以在多个任务窗口之间方便地进行切换。

任务栏操作主要包括以下内容。

（1）锁定任务栏。在任务栏的非按钮区右击，从弹出的快捷菜单中选择"锁定任务栏"命令，即可锁定任务栏。任务栏被锁定后，禁止调整其任何属性。

（2）调整任务栏位置。当任务栏位于桌面下方妨碍用户操作时，可以把任务栏拖动到桌面的任意边缘。如果要移动任务栏，应先确定任务栏处于非锁定状态，然后在任务栏的非按钮区按住鼠标左键并拖动到桌面的其他边缘上，这样就可以改变任务栏的位置。

（3）调整任务栏大小。当用户打开的窗口比较多时，在任务栏上显示的窗口图标会变得很小，用户观察会很不方便，这时可以通过改变任务栏的高度来显示所有的窗口图标。其操作是将鼠标指针移动到任务栏的边缘，当指针变为双向箭头时，按下鼠标左键不放，拖动到合适位置再松开，任务栏中即可显示所有的窗口图标。

（4）使用工具栏。在任务栏中使用不同的工具栏，可以方便而快捷地完成一般的任务。在任务栏的非按钮区右击，从弹出的快捷菜单中选择"工具栏"命令，可以在其子菜单中看到常用工具栏，当选择其中的一项时，任务栏上就会出现相应的工具栏。

（5）属性设置。在任务栏的非按钮区右击，从弹出的快捷菜单中选择"任务栏设置"命令，打开"任务栏"窗口，如图 2.5 所示。在该窗口中可以对任务栏的属性进行设置。例如将"在桌面模式下自动隐藏任务栏"设置为"开"，则当不使用任务栏时，任务栏自动隐藏；当鼠标指针移动到屏幕底部时，任务栏自动显示。

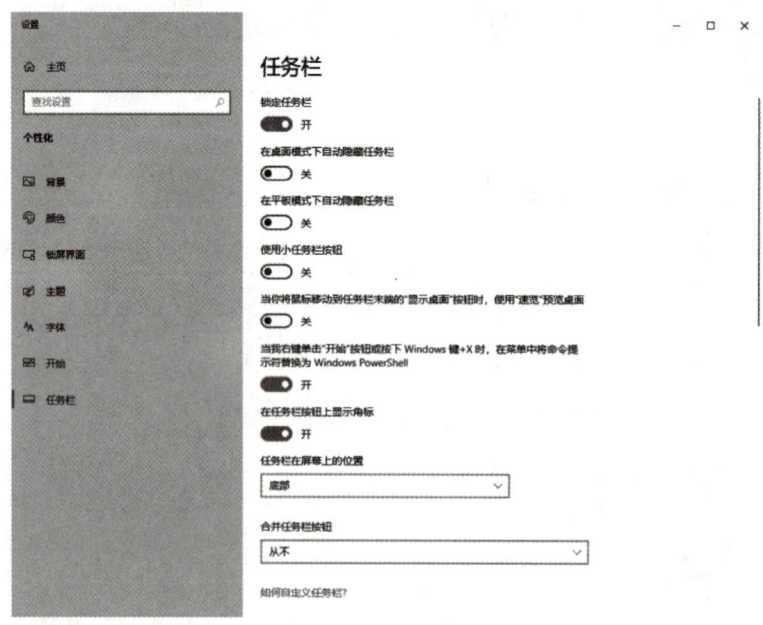

图 2.5　任务栏设置

2.3.2　文件和文件夹

1. 文件

文件是一组相关信息的集合，计算机中任何程序和数据都是以文件的形式存储的。在操作系统中，每一个文件都必须有一个确定的文件名，以便进行管理。文件名一般由两部分组成，用点间隔，格式为：

主文件名 . 扩展名

文件名可以由字母、数字、汉字、空格和其他符号组成。其中，主文件名是文件的名称，扩展名是文件的类型。需要注意的是："*""？ "" ："""""/""\""|""<"">"这九个符号是不能用于对文件命名的。

常见的文件扩展名有以下几种。

（1）*.sys。sys 文件为系统文件，是计算机系统专用的，用户一般不能直接使用。

（2）*.docx。docx 文件为 Word 文档文件，可用 Word 程序打开和编辑。

（3）*.xlsx。xlsx 文件为电子表格文档，可用 Excel 程序打开和编辑。

（4）*.pptx。pptx 文件为电子演示文稿文件，可用 PowerPoint 程序打开和编辑。

（5）*.exe。exe 文件为可执行文件，即应用程序，是由程序设计语言编程产生的。

（6）*.bmp。bmp 文件为 Windows 位图文件，可用"Windows 附件"中的"画图"程序打开和编辑。

（7）*.rar。rar 文件是一种享有专利的文件格式，主要用于数据压缩与归档打包。

（8）*.avi。avi 文件为视频文件，可用 Windows Media Player 打开。

（9）*.txt。txt 文件为纯文本文件，即不带控制符的文本文件，可用"Windows 附件"中的"记事本"程序打开。

（10）*.jpg。jpg 文件是一种采用 JPEG 压缩算法压缩后的图形文件，可用"Windows 附件"中的"画图"程序打开。

另外，在一般情况下，Windows 10 操作系统是不显示已知文件（即已在操作系统的注册表中登记了的、与某个应用程序关联了的文件）的扩展名的，如果想显示文件的扩展名，可单击窗口中的"查看"选项卡，在"显示 / 隐藏"选项组中选中"文件扩展名"复选框，如图 2.6 所示。

在 Windows 中，每一个文件都有区别于其他文件的属性。右击文件的图标，从弹出的快捷菜单中选择"属性"命令，就可以打开文件的属性对话框，如图 2.7 所示。

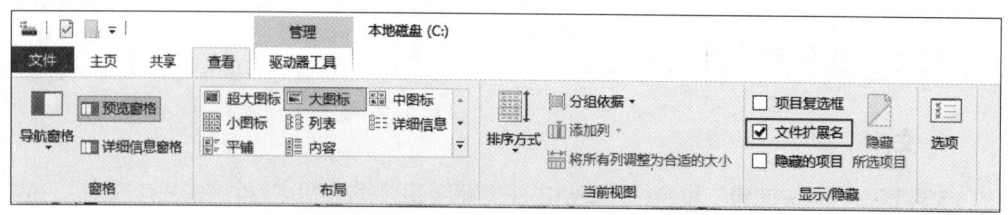

图 2.6 显示文件的扩展名

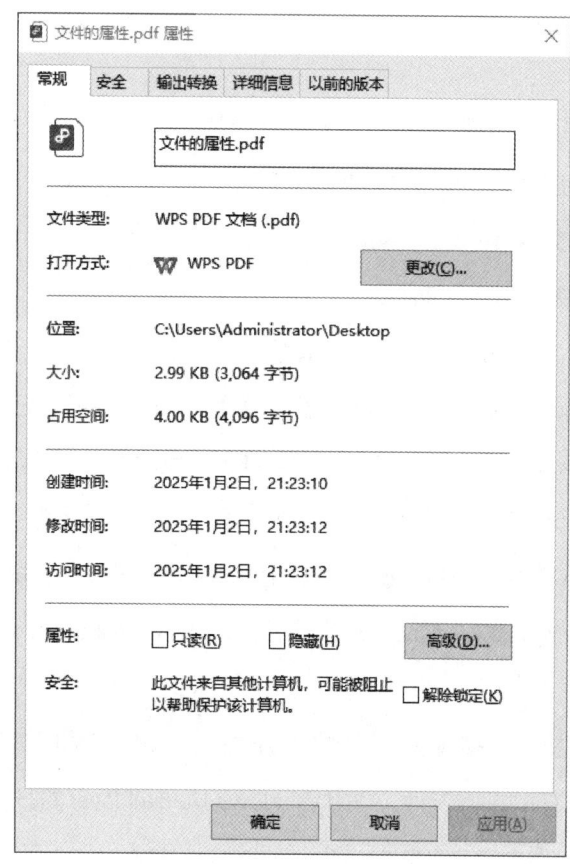

图 2.7 文件的属性对话框

（1）文件类型，指该文件是何种类型的文件。

（2）打开方式，指该文件采用何种应用程序打开或编辑。

（3）位置，指该文件存储在磁盘上的位置。

（4）大小，指该文件由多少个二进制数组成。

（5）占用空间，指该文件存储在磁盘上所占用的空间，由磁盘的文件系统特性决定，一般略大于文件大小。

（6）创建时间、修改时间和访问时间，表明该文件创建、最后一次修改和最后一次访问的时间。

（7）属性，包括只读、隐藏和高级。其中，"只读"属性，表明该文件内容只能被读出而不能被修改；"隐藏"属性，表明该文件不能正常显示在 Windows 的窗口中。一个文件是否隐藏，除了与文件本身是否具有隐藏属性有关，还与文件夹选项设置有关。可通过窗口"查看"选项卡中的"隐藏的项目"复选框来设定；在"高级属性"对话框中可以设置该文件或文件夹是否需要存档、压缩或加密。有些程序利用"高级属性"对话框来确定哪些文件需要做备份文件，以上属性均可根据用户的需要进行设定。

2. 文件夹

文件夹便于文件的管理，是 Windows 用来组织文件的方式。文件夹常用作其他对象（如子文件夹、文件）的容器，可以将相同用途或类别的文件存放到同一个文件夹中，以便对多个文件进行合理、方便的组织和管理。文件夹的命名规则和文件名的命名规则是一样的。文件和文件夹有以下一些常用操作。

1）文件及文件夹的查看及排序

对于 Windows 窗口中的多个文件及文件夹，可以根据需要来设定其图标的显示方式和排列方式。如果窗口中包含图形或电子演示文稿文件时，可以将查看方式设置为"缩略图"，这样就可以不用打开文件而观察到其大致内容；如果想详细了解每个文件的大小、类型、时间等属性，可以将查看方式设置为"详细信息"；如果想按照创建时间的先后来排列文件，可以将排序方式设置为"创建时间"等。在窗口空白位置处右击，从弹出的快捷菜单中可选择不同的查看方式和排序方式，如图 2.8 和图 2.9 所示。

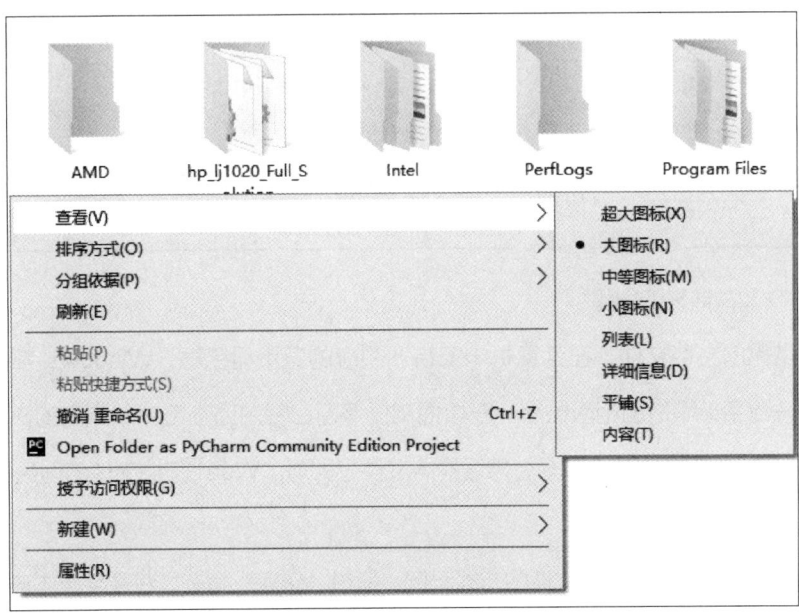

图 2.8　文件的查看方式

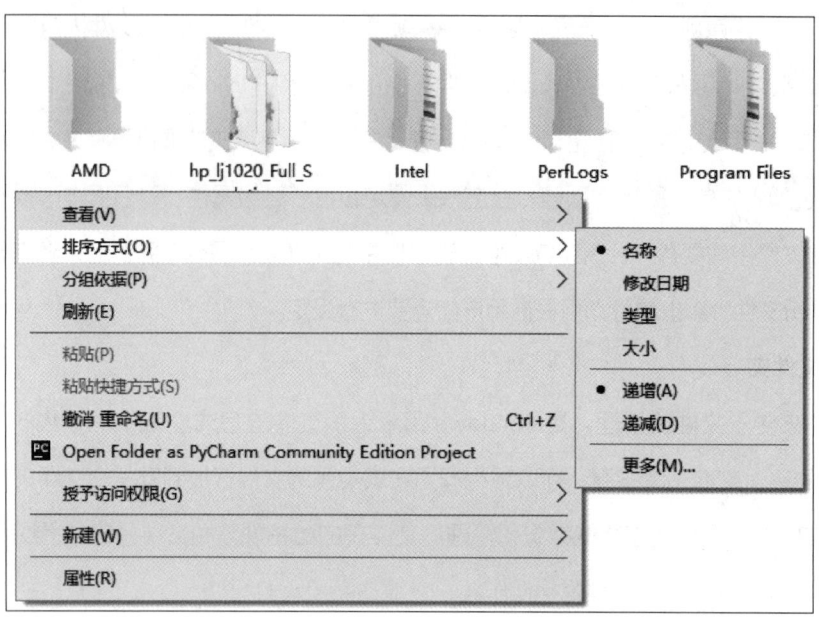

图 2.9 文件的排序方式

2）文件及文件夹的选定

在对文件或文件夹进行进一步管理之前应当选定操作对象。在 Windows 中选定不同对象的方法如表 2.1 所示。

表 2.1 在 Windows 中选定不同对象的方法

选中对象	操作步骤
选择单个对象	单击欲选择的对象
选择连续多个对象	单击第一个对象,按住 Shift 键不放,再单击最后一个对象
选择多个不连续对象	先按住 Ctrl 键,然后再分别单击欲选对象
选择全部对象	按 Ctrl+A 组合键
选择特定字符开头的对象	打开对象所在窗口,直接按下开头的字符键
取消选择	在选定对象之外单击

3）文件及文件夹的创建

对于常见的文档文件,在计算机中安装了相应的应用程序后,Windows 都会在文件夹窗口的快捷菜单中增加相应命令。在桌面或任意窗口空白处右击,从弹出的快捷菜单的"新建"命令下面选择一个子命令,然后输入文件名即可。Word 文档文件的创建如图 2.10 所示。

创建文件夹的方式和创建文件的方式相同,通过"新建"命令,在子菜单中选择"文件夹"命令即可。

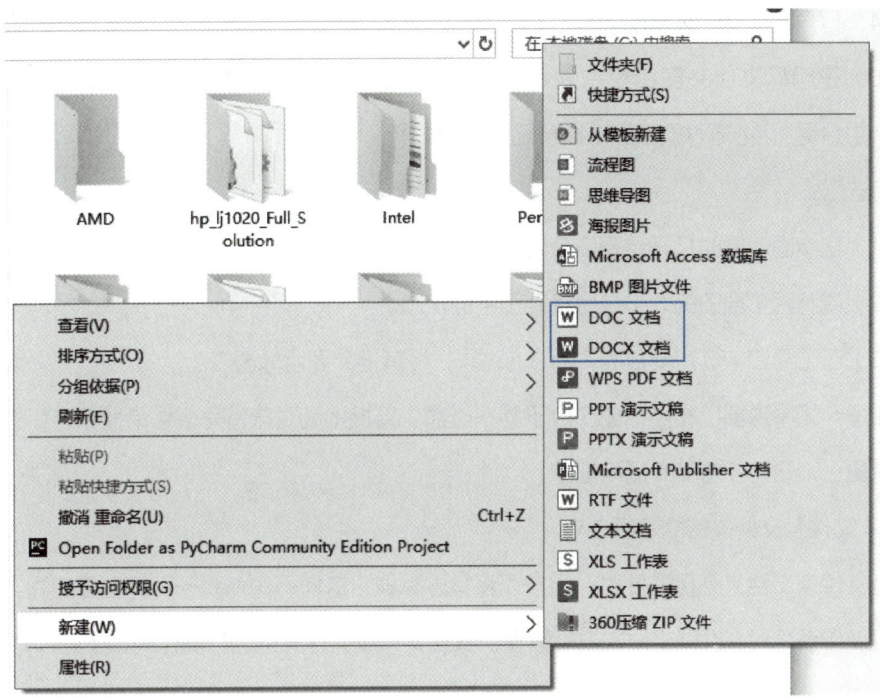

图 2.10　通过快捷菜单创建文件

4）文件及文件夹的重命名

重命名文件或文件夹就是给文件或文件夹重新定义一个新的名称，使其可以更符合用户的要求。重命名文件或文件夹的具体操作步骤如下。

（1）打开要重命名的文件或文件夹所在的目录窗口，选择要重命名的对象。

（2）在对象上右击，在弹出的快捷菜单中选择"重命名"命令；或直接单击其名字区域，这时文件或文件夹的名称将处于编辑状态（蓝色反白显示），直接输入新的名称即可。

5）文件及文件夹的复制与移动

文件及文件夹的复制就是将文件或文件夹复制一个副本保存到其他位置，通常用于数据的备份操作；而移动则是将文件或文件夹从原位置删除后放到新的位置，通常用于数据的转移。两者除使用的命令不同外（复制使用"复制"命令而移动使用"剪切"命令），操作步骤基本相同，具体方法有以下两种。

方法一：

（1）打开源文件或文件夹所在的目录窗口。

（2）选中准备复制或移动的对象。

（3）在选中的对象上右击，从弹出的快捷菜单中选择"复制"命令（或按 Ctrl+ C 组合键）或"剪切"命令（或按 Ctrl + X 组合键），系统会自动将对象放入系统剪贴板。

（4）打开目标文件夹窗口。

（5）在目标文件夹窗口空白处右击，从弹出的快捷菜单中选择"粘贴"命令（或按 Ctrl+V 组合键），将源对象从剪贴板粘贴到当前位置。

方法二：

（1）在桌面上同时打开源窗口及目标窗口。

（2）调整两个窗口的大小并使其处于平铺状态。

（3）在源窗口中选定要复制/移动的对象，将其拖动到目标窗口。

注意：如果源窗口和目标窗口位于同一磁盘，直接拖动对象将完成移动操作；如要实现复制对象，则要先按住 Ctrl 键再拖动。

6）文件及文件夹的删除与恢复

当文件或文件夹不再需要时，用户可将其删除掉，这样不仅有利于节约磁盘空间，而且有利于操作系统对文件或文件夹进行管理。实现文件或文件夹的删除操作有以下两种方法。

方法一：

（1）打开源文件或文件夹所在的目录窗口。

（2）选中准备删除的对象。

（3）在选中的对象上右击，从弹出的快捷菜单中选择"删除"命令（或按 Delete 键）。

方法二：

（1）打开源文件或文件夹所在的目录窗口。

（2）选中准备删除的对象。

（3）将对象直接拖动到桌面的"回收站"图标上。

注意：从网络位置删除的项目、从可移动媒体（如 U 盘等）删除的项目或超过回收站预设存储容量的项目将不被放到回收站中，而被彻底删除，不能还原。

"回收站"为用户提供了一个安全删除文件或文件夹的解决方案，对于从硬盘中删除的文件或文件夹，Windows 会将其自动放入回收站，直到用户将回收站清空或还原到原位置。当回收站充满后，Windows 自动清除回收站中的空间以存放最近删除的文件和文件夹。删除或还原回收站中文件或文件夹的操作步骤如下。

（1）双击桌面上的"回收站"图标，打开"回收站"窗口。

（2）在"回收站"窗口中选定要清除或还原的对象并右击，从弹出的快捷菜单中选择"删除"或"还原"命令。

（3）若要删除回收站中的所有对象，可单击"回收站工具"任务窗格中的"清空回收站"

按钮；若要还原所有对象，则可单击"回收站工具"任务窗格中的"还原所有项目"按钮。

注意：删除回收站中的文件或文件夹，意味着将该文件或文件夹彻底删除，无法再还原；若还原已删除文件夹中的文件，则该文件夹将在原来的位置上重建，然后在此文件夹中还原文件。若想直接删除文件或文件夹，而不将其放入回收站中，可在拖到"回收站"时按住 Shift 键，或选中该文件或文件夹，按 Shift + Delete 键删除。

7）文件的查找与搜索

有时候用户需要操作某个文件或文件夹，但却忘记了该文件或文件夹存放的具体位置或具体名称，这时候 Windows 提供的搜索文件或文件夹功能就可以帮用户查找该文件或文件夹，如图 2.11 所示。

图 2.11　文件搜索栏

2.3.3　常用附件程序

1. 记事本

记事本是一个小型的文本编辑器，专门用来编辑文本文件，其编辑功能并不是很强，但运行速度快、占用空间小，在保存时系统自动加上的扩展名为（.txt），在数码产品中的电子书常用的就是这种格式的文件。记事本界面如图 2.12 所示。

2. 写字板

写字板是 Windows 中的一个文字处理程序，在文字编辑和排版上不如 Word 功能强大，但也具有比较强的文字编辑和排版功能，如字符格式、段落格式的设置，字符串的查找和替换等，也可以插入图形实现图文混排。如图 2.13 所示为写字板，其窗口中使用功能区代替了以前版本中的菜单和工具栏。

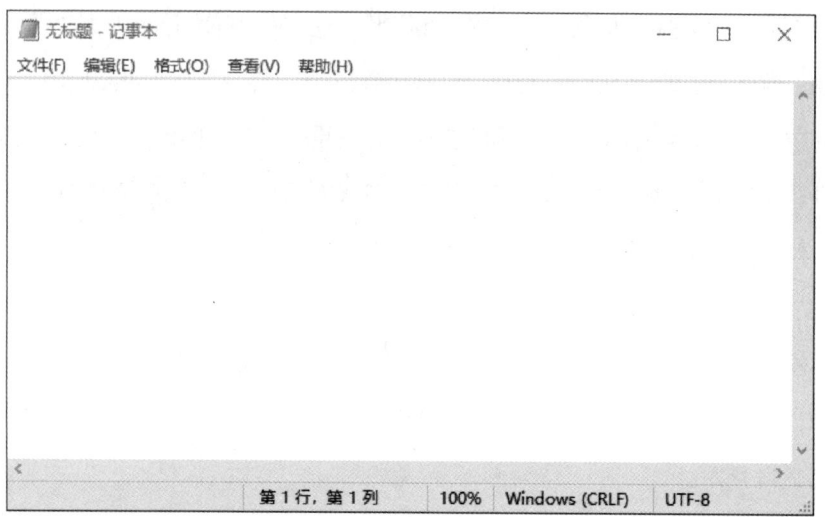

图 2.12　记事本界面

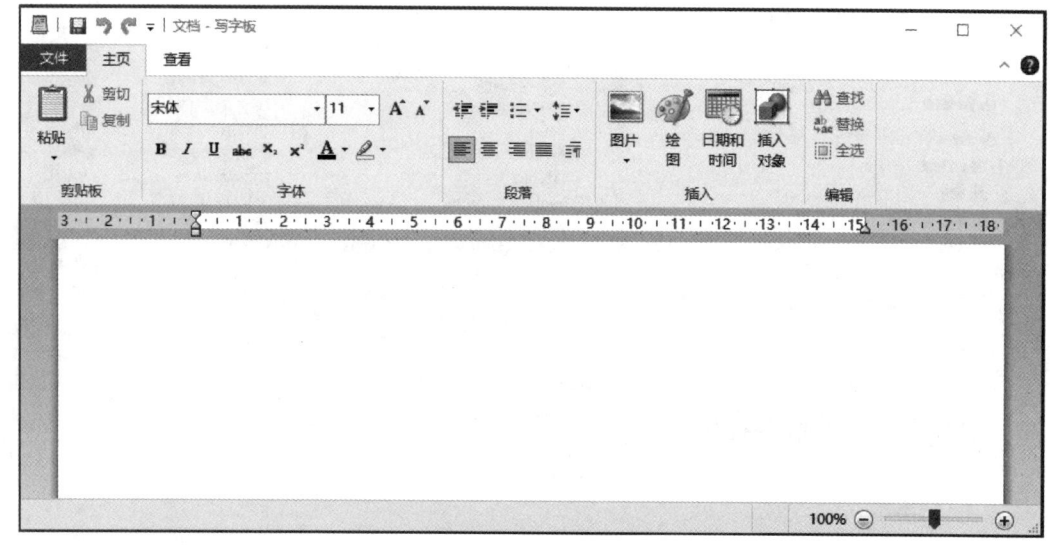

图 2.13　写字板界面

3. 画图

画图程序用于编辑图形，也可以输入文字，但输入的文字和图形融为一体，可以将其他程序中的图形导入到画图程序中，也可以将画图程序中的图形嵌入到其他程序中。画图程序界面如图 2.14 所示。

4. 截图工具

Windows 提供的截图工具是一个非常实用的工具，可以截取屏幕任何区域的图形和图像，进行保存。

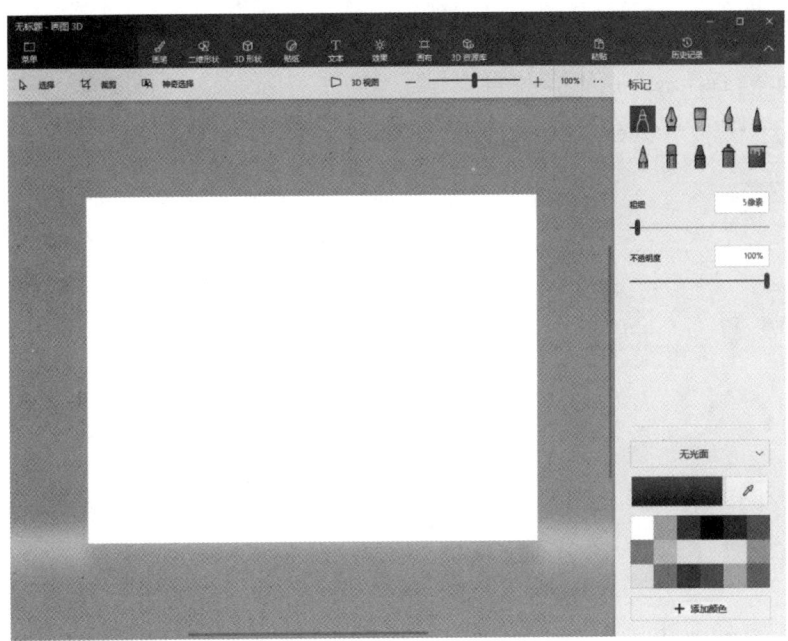

图 2.14　画图程序界面

截图工具启动后的界面如图 2.15 所示，单击"新建"右侧的向下箭头按钮，出现"立即截图""在 3 秒后截图"和"在 10 秒后截图"选项，用户可以根据实际情况进行选择。随后拖动鼠标，选择相应的截图区域，此区域会出现在截图工具界面，可以对其进行编辑、复制、保存及打印等操作。

图 2.15　截图工具界面

5. 计算器

Windows 操作系统中的计算器有"标准""科学""程序员""日期计算"等类型。如图 2.16 所示为"标准""科学"和"程序员"类型，可以通过计算器窗口左上角的"打开导航"按钮进行切换。

图 2.16 "标准""科学"和"程序员"计算器

□ 2.4 互联网

Internet 是人类历史发展中的一个伟大的里程碑，通过它，人类将进入一个前所未有的信息化社会。Internet 正在向全世界各个国家和地区延伸和扩展，不断吸收新的网络成员，成为世界上覆盖面最广、规模最大且信息资源最丰富的信息网络。

2.4.1 IP 地址

在 Internet 上为每台计算机指定的唯一地址称为 IP 地址。IP 地址是一个逻辑地址，其目的就是屏蔽物理网络细节，使 Internet 从逻辑上看起来是一个整体。

IP 地址和电话号码相似，都采用分层结构，例如，郑州经贸学院的办公电话 0371–62499855，0371 是郑州市的区号，62499855 是郑州市内的一个具体电话号码，当用户拨打某部电话机的号码，电信网络会先根据区号找到该电话机所在的城市，再根据具体号码找到相应的电话机。与之相似，IP 地址由网络地址和主机地址组成，在 Internet 上，首先要按 IP 地址中的网络地址找到对应的一个物理网络，再按主机地址定位到这个网络中的一台主机。IPv4 规定 IP 地址长 32 位，由 4 个字节组成，每个字节可以表示为一个 0~255 的十进制整数，数之间用点号分隔，形如 xxx.xxx.xxx.xxx，如 202.119.192.28。

根据网络规模的大小，IP 地址分为 A、B、C、D、E 共五类，其中 A 类、B 类和 C 类地址为基本地址。

A 类地址，网络地址为第 1 个字节，主机地址为后 3 个字节，所以，A 类地址用于拥有大量主机的网络，其特征是二进制表示的最高位为 0，所以第 1 个字节对应的十进制范围是 0~127，由于 0 和 127 有特殊用途，因此有效的地址范围是 1~126，也就是说全世界只有 126 个网络可以获得 A 类地址。

B 类地址，网络地址为前 2 个字节，主机地址为后 2 个字节，其特征是二进制表示的最高两位为 10，所以第 1 个字节对应的十进制范围是 128~191。

C 类地址，网络地址为前 3 个字节，主机地址为最后 1 个字节，其特征是二进制表示的最高三位为 110，所以第 1 个字节对应的十进制数的范围是 192~223，用于主机数量不超过 254 台的小型网络。

随着 Internet 的飞速发展，IPv4 地址紧张的问题日益凸显，采用 IPv6 地址是解决 IPv4 地址耗尽问题的根本途径，IPv6 使用 128 位 IP 地址编制方案，有充足的地址量。

2.4.2　子网掩码

子网掩码也有 32 位，它的作用是识别子网和判别主机属于哪一个网络。当主机之间通信时，通过子网掩码与 IP 地址的按位逻辑与运算（两个运算数都为 1，结果才为 1），可分离出网络地址，如果得出的结果是相同的，则说明这两台计算机是处于一个子网络上的，可以直接通信。

设置子网掩码的规则：凡 IP 地址中表示网络地址的位，子网掩码对应位设置为 1，凡 IP 地址中表示主机地址的位，子网掩码对应位设置为 0。

例如，计算机 A 的 IP 地址是 192.168.0.1，计算机 B 的 IP 地址是 192.168.0.10，子网掩码是 255.255.255.0，两个 IP 地址分别与子网掩码进行按位逻辑与运算，结果都是 192.168.0.0，这说明计算机 A 和计算机 B 在同一局域网上，可以直接通信。

2.4.3　域名系统

记住一长串的数字（IP 地址）是比较困难的，而记住有含义的英文单词（域名）是比较容易的。

域名的写法类似于 IP 地址的写法，用点号将各级子域名分隔开，从右到左分别称为顶级域名、二级域名、三级域名等。典型的域名结构如下：主机名 . 单位名 . 机构名 . 国家或地区名。这种按命名规则生成的名字，以及管理这些名字与 IP 地址对应关系的方法，称为域名系统（domain name system，DNS）。

Internet 上几乎每一子域都设有域名服务器，服务器中有该子域的全体域名和 IP 地址信息。Internet 中每台主机都有地址转换请求程序，负责域名和 IP 地址的转换。域名和 IP 地址之间的转换工作称为域名解析，整个过程是自动进行的。有了 DNS，凡域名空间中有定义的域名都可以转换成 IP 地址，反之，IP 地址也可以转换成域名，因此，用户可以等价地使用域名和 IP 地址。

2.4.4　基本服务

Internet 提供的基本服务主要有万维网、文件传输、电子邮件以及远程登录等。

1. 万维网

World Wide Web 简称 WWW 或 Web，也称万维网，它不是普通意义上的物理网络，而是 Internet 的一种具体应用。从网络体系结构的角度来看，WWW 是在应用层使用超文本传输协议（hyper text transfer protocol，HTTP）的远程访问系统，采用客户机 / 服务器工作模式，提供统一的接口来访问各种不同类型的信息，包括文字、图像、音频、视频等。

WWW 客户端程序在 Internet 上被称为浏览器（browser），浏览器中显示的页面称为网页，也称为 Web 页，多个相关的 Web 页合在一起便组成一个 Web 站点。从硬件角度看，放置 Web 站点的计算机称为 Web 服务器；从软件角度看，Web 服务器是指提供 WWW 功能的服务程序。

为了使客户端程序能在整个 Internet 范围内找到某个信息资源，WWW 系统使用"统一资源定位器"（uniform resource locator，URL）。URL 由通信协议、主机域名、路径和资源文件名四部分组成。

2. 文件传输

文件传输是在不同的计算机系统之间传送文件，它与计算机所处的位置、连接方式以及使用的操作系统无关。从远程计算机上复制文件到本地计算机称为下载（download），将本地计算机上的文件复制到远程计算机上称为上传（upload）。

Internet 上的文件传输功能是依靠 FTP（file transfer protocol）实现的。目前，常用的 FTP 程序有两种类型：浏览器与 FTP 下载工具。在 Windows 系统中，浏览器都带有 FTP 程序模块，在浏览器窗口的地址栏中直接输入 FTP 服务器的 IP 地址或者域名，浏览器将自动调用 FTP 程序完成连接。

3. 电子邮件

电子邮件（E-mail）是一种应用计算机网络进行信息传递的现代化通信手段，也是 Internet 提供的一项基本服务。每个 Internet 用户经过申请，都可以成为电子邮件系统的用户，都可以发送和接收邮件。

每个电子邮箱都有唯一的邮件地址，邮件地址的形式为：邮箱名 @ 邮箱所在的主机域名。比如 123456@qq.com 是一个邮件地址，它表示邮箱的名字是 123456，邮箱所在的主机是 qq.com。邮件服务器分为接收邮件服务器和发送邮件服务器，当发件方发出一份电子邮件时，邮件传送程序与远程的邮件服务器建立连接，并按照简单邮件传输协议（simple mail transfer protocol，SMTP）传输电子邮件，经过多次存储转发，最终将该电子邮件存入收件人的邮箱。收件人将自己的计算机连接到邮件服务器并发出接收指令后，邮件服务器按照 POP3（post office protocol version 3）协议鉴别邮件用户的身份，对收件人邮箱的存取进行控制，让用户端读取电子邮箱内的邮件。

4. 远程登录

Telnet 是 Internet 的远程登录协议，是 Internet 提供的一项服务，使得人们能够坐在自己的计算机前通过 Internet 网络登录到另一台远程计算机上，这台计算机可以在隔壁的房间里，也可以在地球的另一端。登录上远程计算机后，我们的计算机就仿佛是远程计算机的一个终端，可以用自己的计算机直接操纵远程计算机，享受远程计算机本地终端的权利。比如，在远程计算机上启动一个交互式程序，检索远程计算机的某个数据库，利用远程计算机强大的运算能力对某个方程式求解等。但是，考虑到安全性，使用远程登录时一定要谨慎。

在 Windows 操作系统下，远程登录可以使用"远程桌面连接"应用，如图 2.17 所示，输入想要登录的计算机的 IP 地址或者域名，并输入正确的用户名和密码，就能完成远程登录。

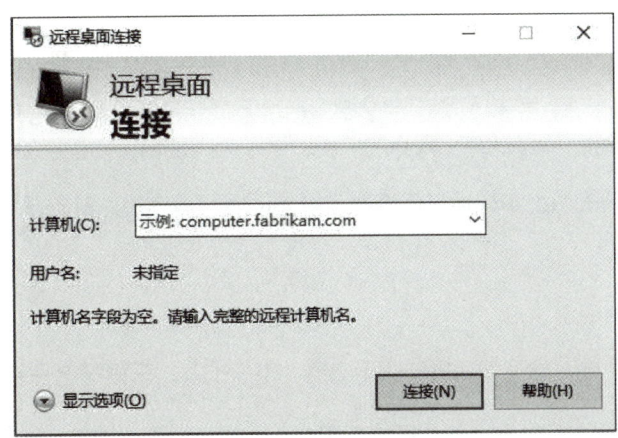

图 2.17　远程桌面连接

2.5 物联网

从计算机时代到互联网时代，信息技术的发展给我们的生活和工作带来了巨大的变化。如今，以互联网为依托的物联网，伴随着工业自动化和生活智能化进程的不断深入，已经融入人们工作和生活的各个方面，如手机支付、刷脸进门、刷卡就餐、导航驾车、运动计步、电子称重等。本节介绍物联网的概念、特征及发展，并讲解物联网技术和物联网的应用。

2.5.1 物联网概述

1. 物联网定义

物联网作为一种新技术，其定义多种多样。一个普遍可接受的定义为：物联网是通过使用 RFID、传感器、红外感应器、全球定位系统、激光扫描器等信息采集设备，按约定的协议，把任何物品与互联网连接起来，进行信息交换和通信，以实现智能化识别、定位、跟踪、监控和管理的一种网络或系统。物联网的核心思想是让日常生活中的物品（如家用电器、汽车、工业设备等）能够通过互联网进行连接和通信，实现智能化、自动化的控制和管理。

从定义可以看出，物联网是对互联网的延伸和扩展，其用户端延伸到世界上任何的物品。在物联网中，一个牙刷、一个轮胎、一座房屋，甚至是一张纸巾，都可以作为网络的终端，即世界上的任何物品都能连入网络；物与物之间的信息交互不再需要人工干预，物与物之间可实现无缝、自主、智能的交互。换句话说，物联网是以互联网为基础，主要解决人与人、人与物、物与物之间的互联和通信。

除了上面的定义，物联网还有如下几个代表性描述。

国际电信联盟：从时、空、物三维视角看，物联网是一个能够在任何时间、任何地点，实现任何物体互连的动态网络，它包括了个人计算机之间、人与人之间、人与物之间、物与物之间的互联。

欧盟委员会：物联网是计算机网络的扩展，是一个实现物、物互连的网络，这些物体使用 IP 地址嵌入复杂的系统中，通过传感器从周围环境获取信息，并对获取的信息进行响应和处理。

2. 物的含义

在物联网中，"物"除了包括各种家用电器、电子设备、车辆等电子装置及高科技产品，还包括食物、服装、零部件和文化用品等非电子类物品，甚至包括一瓶饮料、一个轮胎、一个牙刷和一片树叶等。如果再将人的信息加入物联网中,将会得到一个集合十亿至万亿连接的网络。这些连接创造了前所未有的机会并且赋予沉默的物体以声音。

但是,从信息论的角度理解,物联网中的"物"都应该具有标识、物理属性和实质的个性,使用智能接口,实现与计算机网络的无缝整合。也就是说,物联网中的"物"必须是通过 RFID、无线通信网络、广域网或者其他通信方式互连的可读、可识别、可定位、可寻址、可控制的物品,其中,可识别是一个基本要求。无法识别的物品或物体不能视作物联网的要素。

今天,"物联网时代"正在步入万物互连的时代,所有的东西都将获得语境感知、增强的处理能力和更好的感应能力。万物互连将人、机、物有机融合在一起,给企业、个人和国家带来新的机遇和挑战,并改变人们的工作和生活方式。

3. 物联网主要特征

经过近 10 年的快速发展,物联网展现出了与互联网、无线传感网不同的特征。物联网的主要特征包括全面感知、可靠传递、智能处理和广泛应用 4 个方面,如图 2.18 所示。

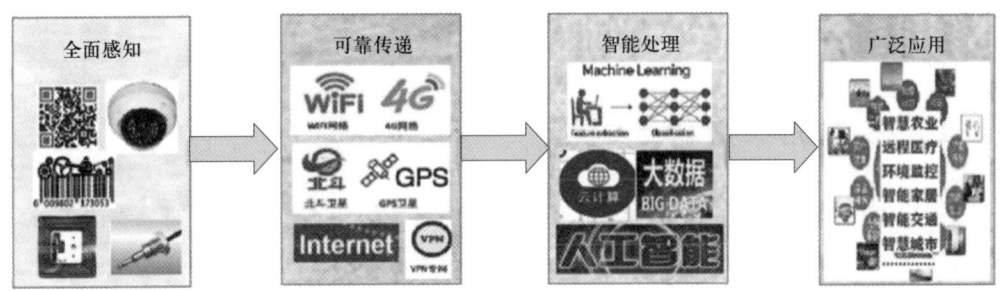

图 2.18 物联网的主要特征

1)全面感知

"感知"是物联网的核心。物联网是由具有全面感知能力的物品和人所组成的,为了使物品具有感知能力,需要在物品上安装不同类型的识别装置,如电子标签、条形码与二维码等,或者通过传感器、红外感应器等感知其物理属性和个性化特征。利用这些装置或设备,可随时随地获取物品信息,实现全面感知。

2)可靠传递

数据传递的稳定性和可靠性是保证物与物相连的关键。由于物联网是一个异构网络,不同实体间的协议规范可能存在差异,需要通过相应的软、硬件进行转换,保证物品之间信息的实时、准确传递。为了实现物与物之间信息交互,将不同传感器的数据进行统一处理,必须开发出支持多协议格式转换的通信网关。通过通信网关，将各种传感器的通信协议转换成预先约定的统一的通信协议。

3）智能处理

物联网的目的是实现对各种物品（包括人）进行智能化识别、定位、跟踪、监控和管理等功能。这就需要智能信息处理平台的支撑，通过云计算、人工智能等智能计算技术，对海量数据进行存储、分析和处理，针对不同的应用需求，对物品实施智能化控制。由此可见，物联网融合了各种信息技术，突破了互联网的限制，将物体接入信息网络，实现了物物相连的互联网。物联网支撑信息网络向全面感知和智能应用两个方向拓展、延伸和突破，从而影响国民经济和社会生活的方方面面。

4）广泛应用

应用需求促进了物联网的发展。早期的物联网只是在零售、物流、交通和工业等领域使用。近年来，物联网已经渗透到智慧农业、远程医疗、环境监控、智能家居、自动驾驶等与老百姓生活密切相关的应用领域。物联网的应用正朝着广度和深度两个维度发展。特别是大数据和人工智能技术的发展，使物联网的应用向纵深方向发展，产生了大量的基于大数据深度分析的物联网应用系统。

2.5.2　物联网的起源与发展

物联网的起源可以追溯到 1995 年。比尔·盖茨在《未来之路》一书中对信息技术的发展进行了预测。其中描述了物品接入网络后的一些应用场景，这可以说是物联网概念最早的雏形。但是，由于受到当时无线网络、硬件及传感器设备发展水平的限制，并未能引起足够的重视。

1998 年，麻省理工学院提出基于 RFID 技术的唯一编号方案，即 EPC，以 EPC 为基础，研究从网络上获取物品信息的自动识别技术。在此基础上，1999 年，美国自动识别技术实验室首先提出"物联网"的概念。研究人员利用 EPC 和 RFID 技术对物品进行编码标识，再通过互联网把 RFID 装置和激光扫描器等各种信息传感设备连接起来，实现物品的智能化识别和管理。当时对物联网的定义还很简单，主要是指把物品编码、RFID 与联网技术结合起来，通过互联网络实现物品的自动识别和信息共享。

2005 年，国际电信联盟发布《ITU 互联网研究报告 2005：物联网》，描述了网络技术正沿着"互联网—移动互联网—物联网"的轨迹发展，指出无所不在的"物联网通信时代"即将来临，信息与通信技术的目标已经从任何时间、任何地点连接任何人，发展到连接任何物品的阶段，而万物的连接就形成了物联网。

2007年1月，欧盟委员会发布了《物联网战略研究路线图》，指出物联网是未来因特网的一个组成部分。2009年，IBM提出了"智慧地球"的设想，即把传感器嵌入和装备到电网、铁路、桥梁、隧道、公路、建筑、供水系统、大坝、油气管道等各种物体中，并且被普遍连接，形成物联网。

2010年3月，国务院首次将物联网写入政府工作报告。2010年6月，教育部开始设立"物联网工程"本科专业。2017年1月，工业和信息化部发布《物联网发展规划（2016—2020年）》，明确提出要加快发展NB-IoT（窄带物联网）。2020年5月，工业和信息化部发布了《关于深入推进移动物联网全面发展的通知》，提出建立NB-IoT、4G和5G协同发展的移动物联网综合生态体系。

2.5.3 物联网技术体系

物联网共有感知层、网络层和应用层三层结构，具体如图2.19所示。

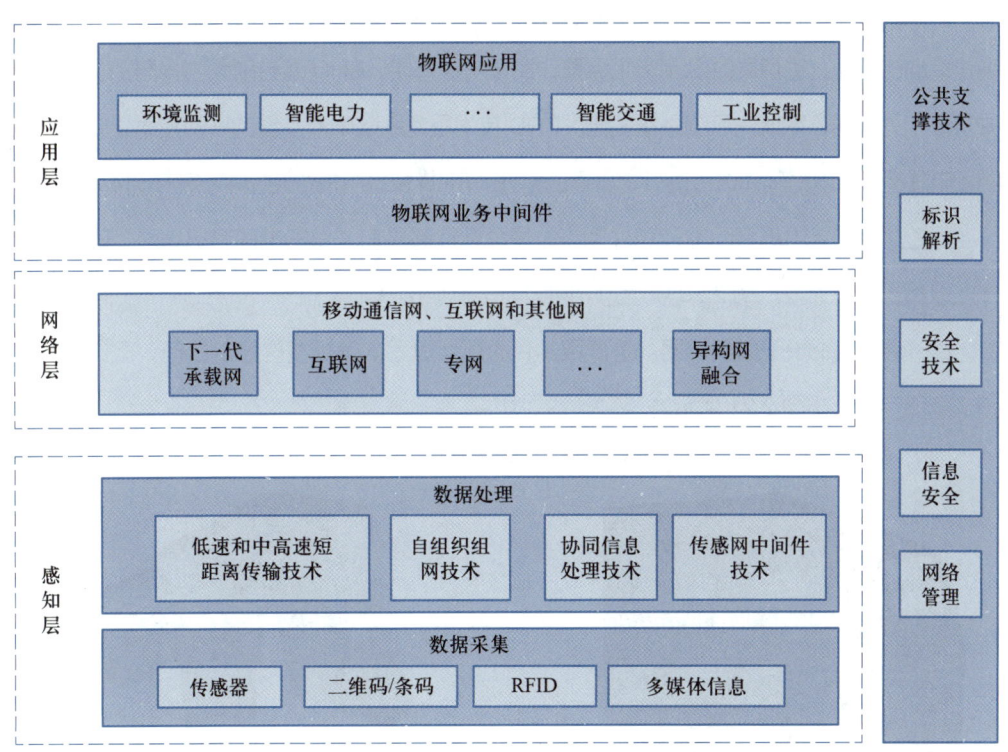

图2.19 物联网的层次结构

感知层是物联网系统的底层，也称为物理层。它的功能是实现对物理世界信息的智能识别、采集处理和设备的自动控制，并通过通信模块将物理实体连接到网络层和应用层。在感知层中，传感器及相关设备负责收集物理世界中的数据和信息，这些数据包括温度值、湿度值、压力值、位置信息等。然后利用短距离通信技术将收集到的数据和信息传输到上层的网络层，以便网络层对其进行进一步处理和分析。

网络层位于物联网层次结构的中间部分，负责管理和传输从感知层收集到的数据。在网络层中，数据通常通过互联网、专用网络或物联网专用协议进行传输，以确保数据传输过程的安全性和可靠性。网络层的网络支撑技术是确保物联网设备之间可靠通信的关键部分。

应用层是物联网层次结构的顶层，是用户或应用程序与物联网数据进行交互的地方。在应用层中，数据被处理、分析后转化为有用的信息，以满足不同领域的需求，如环境监测、智能电力、智能交通、工业监控和智能家居等。应用层的服务支撑指的是在应用层级别提供的各种服务和功能，以满足物联网应用程序和解决方案的功能需求，这些支撑服务有助于实现物联网系统的智能化、数据化和自动化。

1. 感知层关键技术

1）射频识别

射频识别（RFID）技术俗称电子标签技术，是一种非接触式的自动识别技术，既可识别高速运动的物体，也可同时识别多个标签，操作快捷方便。RFID 通过射频信号自动识别对象并获取相关数据，完成信息的采集工作。RFID 技术是物联网中最关键的一种技术，它为物体贴上电子标签，以对物体进行高效、灵活的管理。RFID 技术由标签和阅读器两部分组成。

标签（tag）：由耦合元件及芯片组成。每个标签都具有唯一的电子产品编码，附着在物体上以标识目标对象。图 2.20 所示为 RFID 标签打印机。

阅读器（reader）或读写器：是读取（有时还可以写入）标签信息的设备，可设计为手持式或固定式，如图 2.21 所示。

图 2.20　RFID 标签打印机

图 2.21　RFID 手持式阅读器

RFID 技术的工作原理：当标签进入磁场后，接收阅读器发出的射频信号，凭借感应电流所获得的能量发送存储在芯片中的产品信息，或者主动发送某一频率的信号；阅读器读取信息并解码后，将其送至中央信息系统中进行数据处理。

2）条形码

条形码是一种信息的图形化表示方法，可以将信息制作成条形码，并通过相应的扫描设备（如条形码扫描器）将其中的信息输入计算机中。

条形码分为一维码和二维码。一维码是由宽度不等的多个黑条和空白按一定的编码规则排列而成的图形标识符，主要用于表达一组信息。二维码是在二维空间（即水平和竖直方向）存储信息的条形码，具有信息容量大、译码可靠性高、纠错能力强、制作成本低、保密与防伪性能良好的优点。

3）传感器

传感器是指能感知预定的被测指标，并按照一定规律将其转换成可用信号的器件和装置，通常由敏感元件和转换元件组成。

传感器是一种检测装置，能感受到被测量的信息，并能将检测到的信息按一定规律转换为电信号或其他所需的形式输出，以满足系统对于信息的传输、处理、存储、显示、记录和控制等相关要求。

在物联网系统中，传感器增加了协同、计算和通信等功能，构成了具有感知、计算和通信能力的传感器节点。智能化是传感器的重要特点，嵌入式智能技术则是实现传感器智能化的重要技术。

4）无线传感器网络

无线传感器网络（wireless sensor network，WSN）是集分布式信息采集、信息传输和信息处理技术于一体的网络信息系统，它以低成本、微型化、低功耗、灵活的组网及铺设方式，适用于移动目标的监测等特点受到广泛重视，是关系国民经济发展和国家安全的重要技术之一。

5）电子产品编码

电子产品编码（electronic product code，EPC）在计算机、互联网和 RFID 技术的基础上，利用全球统一标识系统编码技术为每一个实体对象都分配了一组唯一的编码，构造了一个实现全球物品信息实时共享的实物互联网。

2. 网络层关键技术

1）ZigBee

ZigBee 技术是一种近距离、低复杂度、低功耗、低速率和低成本的双向无线通信技术。

其名称来源于蜜蜂的八字舞，蜜蜂是靠飞翔和"嗡嗡"地抖动翅膀的"舞蹈"来传递花粉所在方位信息给同伴的，也就是说，蜜蜂依靠这样的方式构成了群体中的通信网络。

ZigBee 网络的主要特点是功耗低、成本低、时延低、网络容量大、可靠性高、安全性强，主要用于自动控制和远程控制领域，可以嵌入各种设备。

2）Wi-Fi

Wi-Fi 是一个无线网络通信技术的品牌，由 Wi-Fi 联盟（Wi-Fi Alliance）持有，目的是改善基于 IEEE 802.11 标准的无线网络产品之间的互通性。

IEEE 802.11 是一个由电气与电子工程师协会（institute of electrical and electronics engineers，IEEE）制定的无线局域网标准，主要用于解决办公室和校园网络中用户终端的无线接入问题，主要应用于数据存取。Wi-Fi 是一种可以将计算机、手持设备（如掌上计算机、手机）等终端以无线方式互相连接起来的技术，具有覆盖范围广和传输速度快等优势。

3）蓝牙

蓝牙是一种支持设备短距离（一般在 10 m 内）通信的无线电技术，能够在包括智能手机、掌上电脑、无线耳机、笔记本电脑及相关外围设备等众多设备之间进行无线信息交换。

蓝牙技术的优势在于其稳定性、全球可用性、广泛的设备支持、易于使用以及遵循通用规格。

4）GPS

GPS 是利用定位卫星，在全球范围内实时进行定位和导航的系统。全球四大卫星导航系统包括美国的 GPS、俄罗斯的"格洛纳斯"系统、欧洲的"伽利略"系统和中国的北斗卫星导航系统。

3. 应用层关键技术

物联网应用层关键技术主要包含云计算所涉及的关键技术，主要分为底层的 IaaS、中间层的 PaaS 和顶层的 SaaS。

（1）IaaS 位于底层，该层提供的是基本的计算和存储能力，其中，自动化和虚拟化是核心技术。

（2）PaaS 位于中间层，该层涉及 4 种关键技术：服务集成、组件在线开发、可拓展运行环境和海量数据存储。

（3）SaaS 位于顶层，该层涉及的关键技术有 Web 2.0 中的 Mashup 应用、多租户架构和应用虚拟化等。

2.5.4　物联网的应用

物联网的应用已经深入到我们生活的各个方面，从家庭到城市，从工业到农业，从医疗到交通，无一不体现着物联网技术的广泛应用。以下是对物联网应用的具体介绍。

1. 智能家居

智能家居是物联网在家庭领域的应用典范。通过物联网技术，家庭中的各种设备、家具、电器等可以连接起来，实现远程控制、自动化管理和智能互动。例如：

（1）智能安防。利用智能门锁、摄像头、报警器等设备，通过物联网技术实现家庭安全监控和报警，提升家庭安全系数。

（2）智能家电。智能冰箱、智能空调、智能洗衣机等家电设备可以通过物联网技术实现远程控制、能耗监测和智能调度，提高生活便利性并增强节能效果。

（3）智能照明。通过物联网技术，家庭照明系统可以根据环境光线和人员活动情况自动调节亮度和色温，营造舒适的生活氛围。

2. 智慧城市

智慧城市是物联网在城市基础设施和公共服务领域的应用。通过物联网技术，城市中的各种设施、系统和资源可以连接起来，实现数据的收集、分析和优化，提升城市管理和服务水平。例如：

（1）智能交通。利用物联网技术实现交通信号灯的智能控制、车辆智能调度和停车管理，缓解交通拥堵，提供通行便利。

（2）智能环保。通过物联网技术监测城市空气质量、水质和噪声等环境指标，为环保部门提供数据支持，推动城市环境治理。

（3）智能政务。利用物联网技术实现政务服务的便捷化和智能化，提高政府工作效率和服务质量，方便市民办事。

3. 工业物联网

工业物联网是物联网在工业生产领域的应用。通过物联网技术，工厂设备、生产线和供应链等可以连接起来，实现生产过程的自动化、智能化和可视化。例如：

（1）设备监控与维护。利用物联网技术对生产设备进行实时监控和数据分析，预测设备故障并提前进行维护，减少停机时间和降低维修成本。

（2）生产优化。通过物联网技术收集生产过程中的数据，进行数据分析和挖掘，优化生产流程和资源配置，提高生产效率和产品质量。

（3）供应链管理。利用物联网技术实现供应链各环节的透明化和可视化，提高供应链的响应速度和灵活性，降低库存成本和运输成本。

4. 智慧医疗

智慧医疗是物联网在医疗领域的应用。通过物联网技术，医疗机构、医疗设备、医疗人员和患者等可以连接起来，实现医疗信息的共享、协作和创新。例如：

（1）远程医疗。利用物联网技术实现远程诊疗、远程监护和远程手术等医疗服务，提高医疗服务的可及性和便捷性。

（2）健康监测。通过智能手环、智能血压计等可穿戴设备监测患者的健康状况，实时传输数据到医疗机构进行分析和处理，为医生提供诊断依据。

（3）药品管理。利用物联网技术对药品的生产、流通和使用等环节进行监控和管理，确保药品的安全性和有效性。

5. 智慧农业

智慧农业是物联网在农业领域的应用。通过物联网技术，将农业生产过程中的各个环节连接起来，实现精准农业和智能农业。例如：

（1）环境监测。利用物联网技术监测农田的土壤湿度、养分含量和气候条件等环境参数，为农业生产提供精准的数据支持。

（2）智能灌溉。根据农田环境参数和作物生长需求，通过物联网技术实现智能灌溉和施肥，提高水肥利用效率和作物产量。

（3）病虫害防控。利用物联网技术监测农田病虫害情况，及时采取措施进行防控，减少病虫害对农业生产的影响。

6. 智慧物流

智慧物流是物联网在物流领域的应用。通过物联网技术，将物流过程中的各个环节连接起来，实现物流信息的共享和物流过程的优化。例如：

（1）货物追踪。利用物联网技术对货物进行实时追踪和定位，提高物流效率和透明度。

（2）智能仓储。通过物联网技术实现仓库的自动化管理和智能调度，提高仓储效率和准确性。

（3）配送优化。利用物联网技术分析配送路线和交通状况，优化配送计划和路线选择，减少配送成本和时间。

综上所述，物联网的应用已经渗透到人们生活的各个方面，为生活带来了极大的便利。随着物联网技术的不断进步和应用场景的不断拓展，未来发展前景将更加广阔。

2.6 云计算平台

微视频
2-5：云
计算平台

云计算作为一种基于泛在网络的新兴技术，正逐步成为推进互联网产业变革、国民经济发展和社会进步的重要技术。本节将详细介绍云计算的概念、特征、发展历程、服务模式、部署模型，以及云计算的关键技术和典型应用等。

2.6.1 云计算概述

1. 云计算定义

对于云计算有多种定义。普遍认可的是美国国家标准与技术研究院的定义，云计算是一种技术模式，可以帮助用户随时随地按需获取可配置资源共享池中的资源（如网络、服务器、软件平台、软件应用、存储等），这些资源可以被快速供应并被及时释放，从而有效减少资源管理的工作量，提高用户与资源提供商之间的交互效率。通过云计算，用户可以根据其业务负载，快速申请或释放资源，并以按需支付的方式对所使用的资源付费，在提高服务质量的同时降低了运维成本。

提供计算资源的网络被称为"云"。之所以被称为"云"，是因为它在某些方面具有现实中云的特征：体积较大，规模可以动态伸缩，边界是模糊的，无法也无须确定它的具体位置，但它的确存在于某处。"云"中的资源在使用者看来是可以无限扩展的，并可以随时获取、按需使用、随时扩展和按量付费。

2. 云计算特征

云计算采用计算机集群构建数据中心，并以服务的形式交付，用户可以像使用水、电等公共资源一样按需购买云计算资源。云计算的特征可归纳如下。

（1）按需服务，即自助式服务，以服务的形式为用户提供应用程序、数据存储和基础设施等资源，并可以根据用户需求自动分配资源，而不需要系统管理员干预。

（2）泛在接入，即随时随地使用，用户可以利用各种终端设备（如台式计算机、笔记本电脑和智能手机等）随时随地通过互联网访问云计算服务。

（3）计费服务，即可度量的服务，云服务提供商可监控用户的资源使用量，并根据资源的使用情况对提供的服务进行计费。

（4）弹性服务，即快速实现资源弹性扩张，服务的规模可快速伸缩，以自动适应业务负载的动态变化。

（5）资源池化，即资源以共享资源池的方式统一管理，并能将资源分享给不同用户。

3. 云计算发展历程

任何一次技术创新的规模化发展都是一个漫长的过程。事实上，在 20 世纪 70 年代就有了云计算的雏形，但云计算直到 2007 年左右才真正兴盛起来。

1963 年，麻省理工学院获得了约 200 万美元的津贴，启动了著名的数学与计算（mathematics and computation，MAC）项目，旨在开发"多人可同时使用的计算机系统"技术。当时麻省理工学院就提出了"计算机公共事业"的构想，即让"计算"资源像水、电等公共资源一样按需供应。这个项目被视为"云"和"虚拟化"技术的雏形。

然而，想让"计算"资源像水、电等公共资源一样源源不断地供应给人们，在当时实现起来困难重重。IBM、甲骨文、苹果、微软、亚马逊和谷歌等企业均对此做出了重要贡献。直到 2006 年前后，谷歌、亚马逊和 IBM 才先后推出了云端应用，使云计算的概念重回人们视野。谷歌、亚马逊和 IBM 也因此成为当时信息技术行业的三大巨头。

我国最早发展云计算的企业是阿里巴巴，之后各大互联网公司相继发力。随着网购流量的日益增长，阿里巴巴在 2008 年确定了"云计算"战略。2009 年，阿里软件在江苏建立了首个"电子商务云计算中心"，云计算正式在中国展开。2012 年，天猫商城推出首个"双十一"全民购物狂欢日，阿里云技术支持下的交易平台扛住了 191 亿元的交易流量，创造了国内单日网购成交量的历史纪录。2015 年，国家铁路局官方售票网站 12306"上云"，阿里云承接了当年 75% 的春运高峰网络查询和购票任务，使我国春运成为世界级流量奇迹。腾讯云最早是从 2010 年开始构建的，前期主要为自己的业务提供支持。百度云是从 2012 年才开始发展的，而百度云盘是百度云的产物。华为云成立于 2005 年，在 2010 年开始部署战略，在 2017 年以后快速发展。

据相关统计，2021 年全球公有云市场规模达到了 3 307 亿美元，增速达 32.5%。我国云计算市场持续高速增长，成为全球重要的云计算市场，其中，阿里云、华为云和腾讯云合计占据 17% 的全球市场份额。近年来，随着数字化转型进程的加速，云计算平台正逐渐成为经济社会运行的核心数字化业务平台。云计算厂商的大型云计算数据中心正在向着新型多层次数据中心演进，更多基于物联网的边缘计算数据中心与云计算数据中心连接在一起，并实现智能终端、物联网、互联网和云计算的高度一体化融合。

未来云计算在我国有着巨大发展潜力，现在各个云服务提供商都在想尽办法扩大市场份额，也有数不尽的小型云服务提供商正在迅猛发展。

2.6.2　云计算平台和服务模式

按照云计算的服务范围和服务对象，可以将云计算平台分为：公有云平台、私有云平台和混合云平台，如图 2.22 所示。

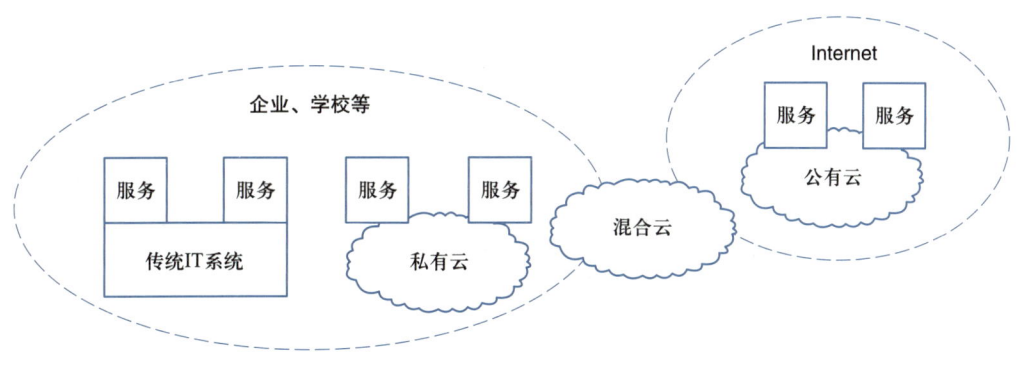

图 2.22　云计算的分类

公有云：公有云是指云服务面向大众，由云服务提供商运行和维护，为用户提供各种 IT 资源，包括应用程序、软件运行环境、物理基础设施等。用户采用按需付费的方式使用云服务，从而以一种更为经济的方式获取自己所需的 IT 资源服务。在公有云中，用户无须知道资源底层如何实现，也无法控制物理基础设施。典型的公有云包括 Google App Engine、Amazon elastic compute cloud、IBM Developer Cloud 及阿里云、百度云等。

私有云：私有云是指云服务提供商仅为本企业或组织内部提供云服务，又称为专属云。相对公有云，私有云的用户完全拥有整个云中心设施，可以控制应用程序的运行位置及决定用户的使用权限等。由于私有云的服务对象是企业或社团内部用户，因此私有云上的服务可以更少地受到公有云面临的诸多限制，如带宽、安全等问题。我国的"中化云计算"就是典型的支持 SAP 服务的私有云。

混合云：混合云是指把公有云和私有云结合在一起的方式。用户可以通过一种可控的方式实现资源部分拥有、部分与他人共享。企业可以利用公有云的成本优势，将非关键的应用运行在公有云上；同时，将安全性要求高、关键性更强的应用通过内部的私有云提供服务。

按照云计算提供的服务能力，其服务模式可划分为三个层次，如图 2.23 所示。

软件即服务（software as a service, SaaS）：服务提供商在云计算设施上运行应用程序，用户通过各种客户终端设备使用这些应用程序。应用程序的各个模块可以由每个用户自己定制、配置、组装和测试，从而得到满足用户自身需求的软件系统。

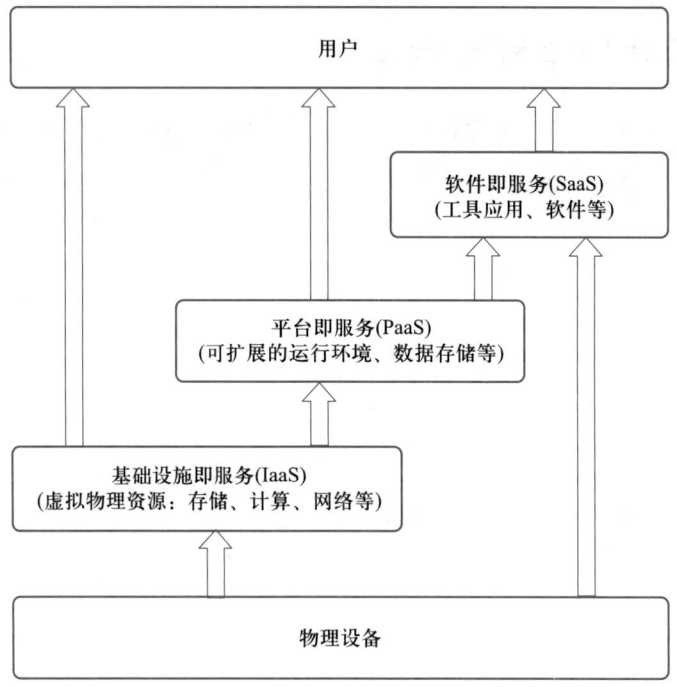

图 2.23　云计算的服务模式

平台即服务（platform as a service，PaaS）：用户采用服务提供商支持的工具和编程语言创建个性化的应用，然后将其部署到云平台中运行。PaaS 为开发者提供一个透明、安全、功能强大的开发环境和运行环境，屏蔽部署和发布等应用开发细节，并且提供一些支持应用开发的高层接口和开发工具，使开发者不用关心后台服务器的工作细节。例如，谷歌的 App Engine、微软的 Azure 和新浪的 App Engine 等，采用的就是 PaaS 模式。

基础设施即服务（infrastructure as a service，IaaS）：将数据中心的计算和存储资源虚拟化，以授权服务形式提供，用户按自己的意志部署处理器、存储系统、网络、数据库等资源，自主运行操作系统和应用程序等。这样使中小企业也能够利用原来大型企业才具备的信息基础设施，降低企业 IT 服务费用。例如，亚马逊弹性计算云（Amazonclastic compute cloud，EC2）和 IBM 的蓝云平台等，采用的就是 IaaS 模式。

云计算是由分布式计算、并行计算、网格计算逐步发展而来的。典型的云计算平台有如下几种。

（1）AbiCloud 是一个开源的云计算平台，使公司能够以快速、简单和可扩展的方式创建和管理大型、复杂的 IT 基础设施（包括虚拟服务器、网络、应用、存储设备等）。

（2）Hadoop 是一个兼容 Google 云架构的开源项目，主要包括 MapReduce 和 Hadoop 分布式文件系统（hadoop distributed file system，HDFS）。

（3）MongoDB 是一个高性能、开源的文档型数据库，它在许多场景下可用于替代传统的关系数据库或键值存储方式。

（4）Nimbus 是网格中间件 Globus 旗下的开源云计算项目，它面向科学计算需求，通过一组开源工具来实现 IaaS 的云计算解决方案。

此外，还有很多商业化云平台，包括微软的 Azure 平台，谷歌的 AppEngine，Amazon 的 EC2、S3、SimpleDB、SQS，中国移动的 BigCloude 等。

2.6.3 云计算的关键技术

云计算是一种以数据和处理能力为中心的密集型计算模式，它融合了多项信息通信技术（information and communications technology，ICT），是一系列传统技术融合发展的产物。其中以虚拟化技术、分布式存储技术、超大规模资源管理技术、云计算平台管理技术和信息安全技术最为关键。

1. 虚拟化技术

虚拟化技术是云计算最重要的核心技术之一，它为云计算服务提供基础设施层面的支撑，是 ICT 服务"云"发展的主要驱动力。可以说，没有虚拟化技术就没有云计算服务的落地与快速发展。

在云计算环境下，资源不再是分散的硬件，而是使 CPU、内存、磁盘、I/O 接口等硬件变成可以动态管理的"资源池"。物理服务器经过整合之后形成一个或多个逻辑上的虚拟资源池，能共享计算、存储和网络资源，可以使一台服务器变成几台甚至上百台相互隔离的虚拟服务器。虚拟化技术使资源的使用不再受限于物理上的界限，从而提高了资源的利用率，简化了系统管理，使信息技术的发展更加适应具体的业务要求。

虚拟化技术的进步对云计算的发展起着至关重要的作用。简单来说，虚拟化技术将物理计算资源（如服务器、存储和网络）抽象为虚拟形式，允许多个虚拟计算环境（虚拟机或容器）在同一物理硬件上并行运行。这些虚拟计算环境相互隔离，仿佛运行在独立的物理设备上。可见，虚拟化技术提供了一种有效管理和利用计算资源的方法。

从技术的角度，虚拟化是一种在软件中仿真计算机硬件，将资源虚拟化后，用虚拟资源为用户提供服务的计算形式。虚拟化旨在合理调配计算机资源，使资源高效地提供服务。它将打破应用系统各硬件间的物理界限，从而实现了架构的动态化，以及物理资源的集中使用和管理。虚拟化最大的好处是增强了系统的弹性和灵活性，降低了成本，改进了用户服务，提高了资源利用效率。

从表现形式的角度，虚拟化又分两种应用模式：一种是将一台性能强大的服务器虚拟成多台独立的服务器，以服务不同的用户；另一种是将多台服务器虚拟成一台强大的服务器，以完成特定的功能。这两种模式的核心都是统一管理、动态分配资源，以提高资源利用率。在云计算中，虚拟化的两种应用模式都有比较多的应用。

2. 分布式存储技术

云计算不仅要能够快速计算，还要能够存储海量的数据，在数据爆炸的今天，数据存储至关重要。传统的网络存储技术采用集中式存储服务器存放所有数据，而存储服务器成为系统性能的瓶颈，也是可靠性和安全性的焦点，无法满足大规模存储应用的需要。分布式存储技术采用可扩展的系统结构，利用多台存储服务器分担存储负载，利用位置服务器定位存储信息，不仅提高了存储的可靠性、可用性和存取效率，还易于扩展。分布式存储技术如图 2.24 所示。这种技术既摆脱了硬件设备的限制，其扩展性也更好，能够快速响应用户需求的变化。

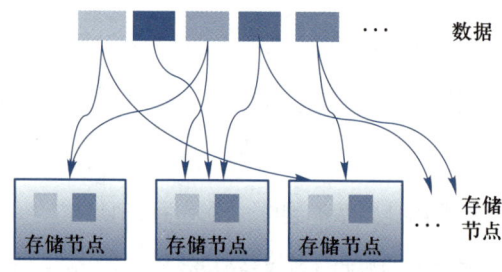

图 2.24　分布式存储技术

3. 超大规模资源管理技术

云计算采用了分布式存储技术存储数据，自然要引入超大规模资源管理技术。在多节点的并发执行环境下，各个节点的状态需要同步；在单个节点出现故障时，系统需要有效的机制保证其他节点不受影响。而超大规模资源管理系统就是这样的技术，它是保证系统正常运行的关键技术。

另外，云计算系统处理的资源往往非常庞大，少则需要几百台服务器，多则需要上万台服务器，同时可能会跨越多个地域。而且云计算平台中运行的应用数以千计，若想有效地管理这些资源，保证正常提供服务，就需要有强大的技术支撑。因此，超大规模资源管理技术至关重要。

4. 云计算平台管理技术

云计算资源规模庞大，虚拟服务器数量众多，并分布在不同的地点，同时运行着数以千计的应用。有效地管理这些虚拟服务器，保证整个系统提供不间断的服务是一个巨大的挑战。云计算平台管理技术需要高效调配大量服务器资源，使其更好地协同工作。云计算平台管理技术的主要功能涵盖多个关键方面：其一，能够便捷地完成新业务的部署与开通工作，有效降低业务上线的时间成本与复杂度；其二，具备快速检测系统故障并及时进行恢复的能力，保障云计算平台的稳定运行；其三，借助自动化与智能化技术手段，实现对大规模云计算系统的高效、可靠运维管理。

目前，主流云计算平台管理系统有开源软件 OpenStack 和商业软件 VMware vCenter Server。

5. 信息安全技术

安全问题已经成为阻碍云计算发展的重要因素之一。相关统计数据表明，在已经采用云计算技术的组织中，有三分之一的组织将信息安全视为进一步拓展云计算部署规模所面临的最大阻碍。而在尚未应用云计算技术的组织里，这一比例高达二分之一。因此，要想保证云计算长期稳定、快速发展，信息安全是首先需要解决的问题。

事实上，云计算的信息安全并非新出现的问题，传统互联网也存在同样的问题。只是云计算出现以后，安全问题变得更加突出。在云计算体系中，安全涉及了很多层面，包括网络设备安全、服务器硬件安全、系统软件安全、应用软件安全和系统操作权限等。因此，有分析师认为云安全产业的发展将传统的安全技术提高到了一个新的层次。目前，不管是软件还是硬件厂商都在积极研发云计算安全产品和方案，包括传统杀毒软件厂商、软硬件防火墙厂商、入侵检测系统（intrusion detection system，IDS）、入侵防御系统（intrusion prevention system，IPS）厂商在内的各个层面的安全供应商都已加入云安全领域。相信在不久的将来，云安全问题将得到很好的解决。

2.6.4　云计算的典型应用

云计算的应用领域非常广泛，从个人邮箱、百度网盘、百度翻译、文档共享、远程会议、交互游戏到网上学习等，均展现了云计算的多样应用形态。其主要应用可归纳如下。

（1）云存储。云存储是指通过集群应用、网格技术或分布式文件系统等功能，将网络中大量各种不同类型的存储设备通过应用软件集合起来协同工作，共同对外提供数据存储和业务访问功能。

（2）制造云。制造云是云计算向制造业信息化领域延伸与发展后的落地与实现，用户通过网络和终端就能随时按需获取制造资源与能力服务，进而智慧地完成其制造全生命周期的各类活动。

（3）教育云。教育云将云计算技术迁移到教育领域，包括教育信息化所必需的一切硬件计算资源，这些资源经虚拟化之后，向教育机构、从业人员和学习者提供一个良好的云服务平台。

（4）医疗云。在医疗卫生领域采用云计算、物联网、大数据、5G 通信等新技术的基础上，结合医疗技术，使用"云计算"的理念来构建医疗健康服务云平台。

（5）云游戏。以云计算为基础的游戏方式，在云游戏的运行模式下，所有游戏都在服务器端运行，渲染完毕后的游戏画面经压缩后利用网络传输给用户。

（6）云会议。基于云计算技术的一种高效、便捷、低成本的会议形式。使用者只需要通过互联网界面，进行简单操作，便可快速、高效地与全球各地团队及客户同步分享语音、数据文件及视频。

（7）云交互。一种物联网、云计算和移动互联网交互应用的虚拟社交应用模式，以建立资源分享图谱为目的，进而开展网络社交活动。

（8）云安全。通过网状的大量客户端对网络中软件行为进行异常监测，获取互联网中木马、恶意程序的新信息，并将信息推送到服务器端进行自动分析和处理，再把病毒和木马的解决方案分发到每一个客户端。

（9）云开发。通过云计算提供一个开放、可伸缩、可扩展的软件开发和交付环境，使软件开发和交付过程变得实时、敏捷、高效、协作，大大提升了软件开发的效率。

（10）云培训。针对初入社会的大学生和政府、企事业单位的新员工，通过云计算建立培训学习门户，创建培训实践环境，及时发布受训课程，并提供交互培训手段。

（11）数据中心。以往的互联网数据中心只提供带宽及机位租用业务，服务的种类单一，导致各互联网数据中心之间竞争白热化。云计算借助大型管理平台，可为互联网数据中心提供更多种类的增值服务（如虚拟机、大型软件、超级计算等），提高用户需求响应速度，提升数据中心的价值。

□ 2.7 本章小结

本章详细介绍了计算系统与平台的发展历程、结构组成及其在现代社会中的应用。通过本章的学习，应重点掌握以下内容。

（1）从单处理器系统到多处理器系统的发展过程。

（2）计算机系统及其基本原理。

（3）Windows 系统的基本操作，能够熟练进行文件及文件夹基本操作。

（4）互联网的基本概念，IP 地址、域名系统。

（5）物联网技术的概念、特征及其应用领域。

（6）云计算的定义、特征，并了解典型的云计算应用。

本章习题

一、单选题

1. 计算系统与平台的发展经历了哪些主要阶段？（　　）

A. PC、互联网、人工智能　　　　　　B. 主机、个人计算机、网络

C. 互联网、移动互联网、区块链　　　　D. 量子计算、人工智能、物联网

2. CPU 的主频主要影响计算机的什么？（　　）

A. 内存容量　　　　B. 运算速度　　　　C. 存储速度　　　　D. 网络速度

3. 哪种虚拟化技术允许将物理服务器分割成多个虚拟服务器？（　　）

A. 网络虚拟化　　　　B. 桌面虚拟化　　　　C. 服务器虚拟化　　　　D. 应用虚拟化

4. 物联网的核心思想是什么？（　　）

A. 通过互联网连接所有计算机　　　　　B. 通过互联网连接任何物品进行信息交换

C. 实现全球通信的无缝覆盖　　　　　　D. 加速数据传输速度

5. 云计算的哪种服务模式提供应用程序开发和部署平台？（　　）

A. IaaS　　　　B. PaaS　　　　C. SaaS　　　　D. DaaS

二、多选题

1. 单处理器系统的主要硬件组成包括哪些？（　　）

A. CPU　　　　B. 显示器　　　　C. 硬盘　　　　D. 打印机

2. 云计算平台通常具备哪些特点？（　　）

A. 难以管理　　　　B. 可扩展性　　　　C. 安全性　　　　D. 高可用性

3. 物联网技术的关键组成部分有哪些？（　　）

A. 传感器技术　　　　B. 通信技术　　　　C. 网络技术　　　　D. 人工智能

三、填空题

1. CPU 是计算机系统的核心部件，主要由_____和_____组成。

2. _____决定了 CPU 每秒可以执行的指令数，从而影响计算机的运算速度。

3. 物联网技术中，RFID 技术通过_____实现自动识别和跟踪。

4. 云计算的_____服务模式将计算基础设施作为服务出租给用户。

5. 服务器虚拟化允许将一台物理服务器分割成多个_____。

四、操作题

1. 练习选定文件和文件夹的操作（鼠标拖动，Ctrl 键和 Shift 键的使用）；分别选择单个对象，多个连续对象，多个不连续对象。

2. 练习复制和剪切移动文件或文件夹的操作，查找文件或文件夹的操作，比如查找扩展名为 .docx 的文档，文件名中包含字母 ab 的文件。

3. 查看 U 盘的磁盘空间占用情况，在教师指导下，练习 U 盘的格式化操作。

4. 练习磁盘碎片整理、磁盘清理及磁盘检查。

5. 在 D 盘根目录下新建一个文件夹，命名为"学号后三位 + 班级 + 姓名"。

6. 在第 5 题新建的文件夹下，再新建两个文件夹，分别命名为"Windows 练习"和"实践操作"。

7. 在"实践操作"文件夹中创建 Word 的快捷方式，并练习创建快捷方式的另一种方法，即"发送到"→"桌面快捷方式"。

8. 把"C：\Windows\Media"中的两个名字为"tada. wav"和"Windows Notify Calendar. wav"的文件复制到"Windows 练习"文件夹中。

9. 把"Windows 练习"文件夹中的这两个文件移动到"实践操作"文件夹中。

10. 将"实践操作"文件夹中的 Windows Notify Calendar.wav 文件更名为 Sound. wav。

11. 删除"实践操作"文件夹中的 tada.wav，并设法恢复该文件。

12. 将"实践操作"文件夹中的 Sound.wav 的文件属性设置为"只读"，并将"实践操作"文件夹中的 tada.wav 的文件属性设置为"隐藏"。

13. 查找 C 盘中所有扩展名为 .txt 的文件，并将其中的几个文件复制到"实践操作"文件夹中。

五、简答题

1. 简述计算机系统的工作原理。

2. 列举并简述物联网技术的几个核心组成部分。

3. 简述物联网技术的主要应用领域。

4. 云计算相比传统计算模式有哪些主要优势？

第3章　程序设计与问题求解

计算机的本质是"程序的机器"，程序和指令是计算机系统中最基本的概念。程序设计是软件开发人员的基本技能。只有掌握程序设计，才能进一步理解计算机的具体工作流程。通过学习程序设计，可以进一步了解计算机的工作原理，从而更好地应用计算机；掌握用计算机处理问题的方法；培养分析问题和解决问题的能力；具备初步的程序编制能力。即使将来不从事计算机专业工作，由于学过程序设计，理解软件的特点和开发过程，也能与程序开发人员更好地沟通与合作，共同开发其他领域有关的应用程序。

因此，任何专业的学生都应该学习程序设计知识，并将其作为进一步学习与应用计算机的基础。

教学课件：
第3章
程序设计
与问题求
解

3.1　指令与程序

3.1.1　计算机程序和指令

计算机的每一个操作都是根据人们事先指定的指令进行的。例如用一条指令要求计算机进行一次加法运算，用另一条指令要求计算机将某一运算结果输出到显示屏。为了使计算机执行一系列的操作，必须事先编写一条条指令，输入到计算机并执行。

所谓程序（program），就是一组计算机能识别和执行的指令。每一条指令使计算机执行特定的操作。只要让计算机执行这个程序，计算机就会"自动地"执行各条指令，有条不紊地进行工作。一个特定的指令序列，用来完成一定的功能。为了使计算机系统能实现各种功能，需要成千上万个程序。这些程序大多数是由计算机软件开发人员根据需要设计好的，并提供给用户使用。此外，用户还可以根据自己的实际需要设计一些应用程序，例如学生成绩统计程序、财务管理程序、工程中的计算程序等。

总之，计算机的一切操作都是由程序控制的，离开程序，计算机将一事无成。

3.1.2　计算机语言

人和人之间交流需要通过自然语言，人和计算机想要交流信息，也需要解决语言问题，因此开发了人和计算机交流信息的、计算机和人都能识别的计算机语言。

计算机程序设计语言的发展经历了以下三个阶段。

1. 机器语言阶段

计算机工作基于二进制，从根本上说，计算机只能识别和接收由 0 和 1 组成的指令。在计算机发展的初期，一般计算机的指令长度为 16，即由 16 个二进制数（0 或 1）组成一条指令，16 个 0 和 1 可以组成各种排列组合。例如，用 "1011011000000000"，是让计算机进行一次加法运算。如果需要计算机实现具体的功能，就要编写许多条由 0 和 1 组成的指令，用纸带穿孔机以人工方式在特制的黑色纸带上穿孔，在指定的位置上有孔代表 1，无孔代表 0。一个程序往往需要一卷长长的纸带。在需要运行此程序时就将此纸带装在光电输入机上，当光电输入机从纸带读入信息时，有孔处产生一个电脉冲，指令变成电信号，让计算机执行各种操作。

这种计算机能直接识别和接收的二进制代码称为机器指令（machine instruction）。机器指令的集合就是计算机的机器语言（machine language）。

机器语言的缺点是难懂难记、容易出错，编写的程序难以修改和维护。而且机器语言的通用性极差，由于机器语言依赖于计算机硬件设备。因此初期只有极少数的计算机专业人员才会编写计算机程序。

2. 汇编语言阶段

为了克服机器语言的上述缺点，出现了符号语言（symbolic language），它用特定的一些英文字母和数字表示某一指令，例如用 ADD 代表 "加"，SUB 代表 "减"，LD 代表 "传送"等。如机器语言的加法指令可以改用符号指令代替：ADD A，B（执行 A+B → A，将寄存器 A 中的数与寄存器 B 中的数相加，放到寄存器 A 中）。显然，计算机并不能直接识别和执行符号语言的指令，需要用一种称为汇编程序的软件，把符号语言的指令转换为机器指令。一般来说，一条符号语言的指令对应转换为一条机器指令。转换的过程称为 "汇编"，因此，符号语言又称为符号汇编语言（symbolic assembly language）或汇编语言（assembly language）。

虽然汇编语言比机器语言简单好记一些，但仍然难以普及，只在专业人员中使用，由于汇编语言仍是面向机器的语言，要求编程人员对计算机硬件较为熟悉，通用性很差。机器语言和汇编语言都是依赖于具体机器的低级语言。

3. 高级语言阶段

为了克服低级语言的缺点，20 世纪 50 年代创造出了第一个计算机高级语言——FORTRAN 语言。它很接近于人们习惯使用的自然语言。程序中用到的语句和指令是用英文单词表示的，程序中所用的运算符和表达式和数学式子差不多，很容易理解。程序运行的结果用英文和数字输出，这种语言功能很强，且不依赖于具体机器，用它写出的程序对任何型号的计算机都适用，称为计算机高级语言。当然，计算机也是不能直接识别高级语言程序的，也要进行"翻译"。用一种称为编译程序的软件把高级语言编写的程序（称为源程序，source program）转换为机器指令的程序（称为目标程序，object program），然后通过计算机执行机器指令程序，最后得到结果。高级语言的一条语句往往对应多条机器指令，高级语言更接近于人们习惯使用的自然语言，同时又不依赖于计算机的硬件，编写的程序能在任何计算机上通用。

高级语言程序转换成目标程序的方式有两种。

（1）解释：由解释程序逐句翻译源程序，边解释边执行。由于这种方式翻译一句执行一句，所以不产生目标程序。

（2）编译：首先把源程序翻译成对应的目标程序，然后再执行该目标程序。

3.2 编程语言与编程环境

3.2.1 程序设计基础

程序设计就是使用某种程序设计语言编写程序代码，利用计算机运行，完成特定功能的过程。

程序设计的基本过程一般由分析所求解的问题、抽象数学模型、选择合适的算法、编写程序、调试直至得到正确结果等几个阶段所组成。程序设计过程如图 3.1 所示。

图 3.1　程序设计的一般过程

程序设计方法是研究如何将复杂问题的求解过程转换为计算机能执行的具体代码的方法。

1. 结构化程序设计的原则

结构化程序设计采用自顶向下、逐步细化的模块化程序设计原则，利用三种基本控制结构（顺序结构、选择结构和循环结构）完成程序的设计工作。模块化设计思想如图 3.2 所示。

2. 面向对象程序设计

（1）面向对象程序设计的基本概念：对象（object）、类（class）、消息（message）、封装（encapsulation）、继承（inheritance）、面向对象

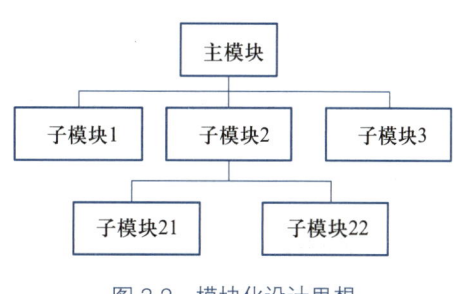

图 3.2　模块化设计思想

（object-oriented）、多态性（polymorphism）。

（2）面向对象程序设计方法：分析现实世界的问题领域、以对象模拟问题域中的实体，构造问题领域的对象模型；编制程序，建立类数据类型（属性、方法）；用类声明对象，通过对象间传递消息完成指定的功能。

3.2.2　常用的编程语言

常见的编程语言主要有以下几种。

1. C 和 C++ 语言

1972—1973 年间，由美国贝尔实验室的 D.M.Ritchie 在 B 语言基础上设计了 C 语言，用于开发 UNIX 操作系统。

C 语言是一种结构化的语言，具有丰富的运算符和数据类型，语言表达力强，而且可以直接访问内存的物理地址。

C++ 语言是在 C 语言基础上发展起来的，它实现了对 C 语言的扩充，既支持传统的面向过程的程序设计，又支持面向对象的程序设计，运行性能较高。

2. Java 语言

Java 语言是由 Sun 公司于 1995 年发布的一种面向对象的、用于网络环境的程序设计语言，它的最大优点就是跨平台性，一次编写多处运行。

Java 凭借其简单、稳定、安全、可移植、支持多线程处理和动态等特征在世界范围内引起了广泛关注。

3. Python 语言

1989 年底，荷兰计算机程序员 Guido van Rossum 发明了 Python 语言，并于 1991 年发行了第一个版本。

Python 是一种面向对象、解释型的高级程序设计语言。

Python 被广泛应用于 Web 应用开发、系统网络运维、科学计算、3D 游戏开发、网络编程等领域。

3.2.3　选择编程语言和环境

选择编程语言和编程环境需要考虑多个因素，包括功能需求、开发环境、未来发展等。

1. 功能需求

首先，应明确开发目标。例如，网页开发可能需要 HTML、CSS 和 JavaScript，而机器学习项目则更适合使用 Python。不同的领域和应用需要不同的编程语言和开发环境。

2. 开发环境

合适的开发环境能够提高编码、调试和测试的效率。PyCharm、Visual Studio 和 Eclipse 等都是常用的开发环境，但需要根据所选编程语言来决定。

3. 未来发展

选择一个有良好发展前景的编程语言和开发环境，有助于未来的职业发展和项目应用。

另外，了解当前和未来的市场需求，选择有发展潜力的编程语言，为未来的就业和职业发展打下基础。

综上所述，选择编程语言和编程环境是一个综合考虑多个因素的过程，需要根据具体情况来决定。

3.3 Python 程序设计

计算机的编程语言有很多，本节以 Python 编程语言作为学习内容。Python 语言简单易学，是人工智能和大数据等领域的常用开发语言。

3.3.1 初识 Python

1. Python 起源

Guido van Rossum 给 Python 的定位是"优雅""明确""简单"。Python 程序看上去简单易懂，初学者也能够轻松入门，也可以编写非常复杂的程序。

2. Python 的应用领域

1）Web 开发

Python 具有丰富的 Web 框架，如 Django、Flask 等，可以用于开发 Web 应用、网站、API 等。

2）数据科学

Python 具有各种数据科学工具和库，如 NumPy、pandas、scikit-learn 等，可以用于数据分析、数据建模、机器学习等。

3）人工智能和机器学习

Python 是人工智能和机器学习领域的主要编程语言，应用领域涵盖自然语言处理、图像处理、语音识别、深度学习等。

4）自动化运维和测试

Python 是自动化工具和脚本编写的主要语言之一，可以用于自动化测试、系统监测、数据采集等。

5）游戏开发

Python 也可以用于游戏开发，如 Pygame、Panda3D 等库提供了开发游戏所需的基础功能。

除此之外，Python 还可以用于实现各种工具和脚本，如网络爬虫、图像处理、文本处理等。在系统网络运维方面，Python 也是一门非常合适的语言，它可被用于构建管理系统、监控系统、发布系统等，从而将工作流程自动化，显著提升工作效率。

3.3.2 Python 的安装与运行

Python 是非常优秀的开源语言，其解释器的全部代码都是开源的，用户可以通过 Python 官网，选择需要的版本进行下载，如 Python 3.13.1 版本的具体安装界面如图 3.3 所示。

微视频
3−1：
Python 的
安装与运
行

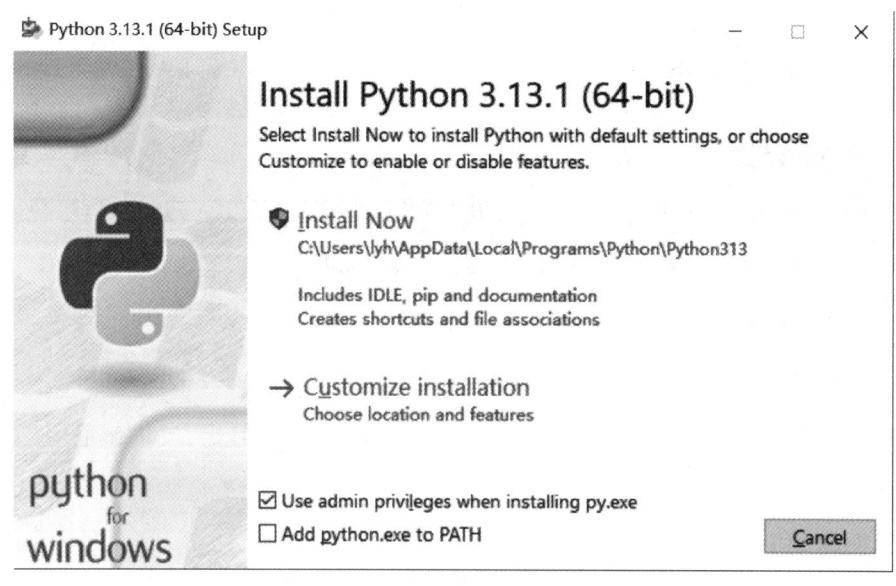

图 3.3 Python 安装界面

微视频
3−2：
PyCharm
的安装与
运行

除了 Python 官网提供的安装应用程序之外，还可以访问 PyCharm 官网，下载 Community 版本的安装包，如图 3.4 所示。

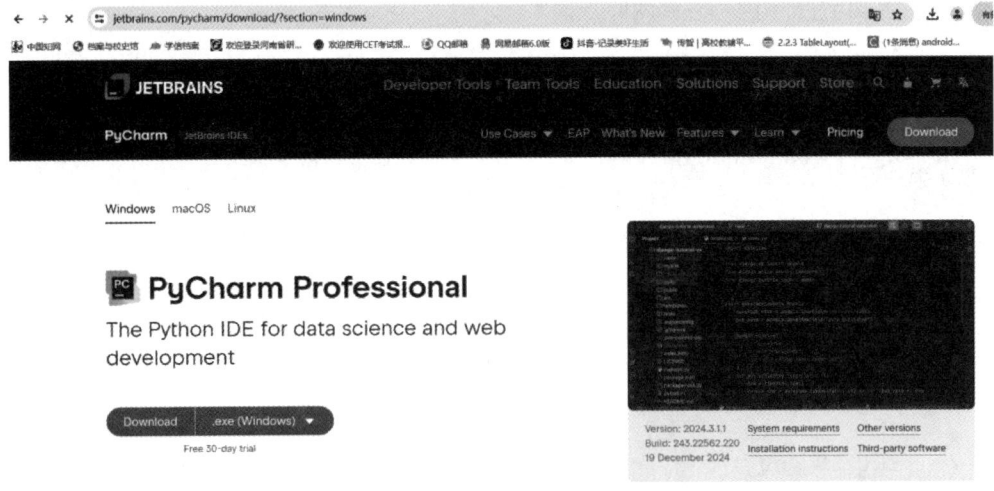

图 3.4　PyCharm 下载界面

3.3.3　Python 代码格式

在 Python 语言中，通常对程序的代码格式有以下要求。

1. 区分大小写

在 Python 中，大写字母和小写字母是不同的。比如 ABCD、abcd、AbcD 是不同的标识符。

2. 缩进

Python 依靠代码块的缩进来体现代码之间的内在逻辑关系，通常利用悬挂式缩进并且同一级别的代码块的缩进量必须相同。

【例 3-1】求两个数的最大值。

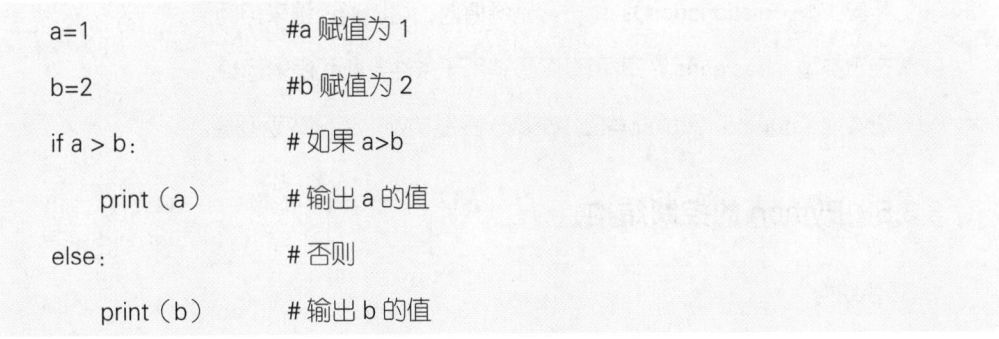

```
a=1              #a 赋值为 1
b=2              #b 赋值为 2
if a > b:        # 如果 a>b
    print（a）     # 输出 a 的值
else:            # 否则
    print（b）     # 输出 b 的值
```

3. 注释

注释是辅助文字，是程序代码的说明，用于提升代码的可读性，不会被编译器或解释器执行，包括单行注释和多行注释两种。

单行注释："#"，可以单独占一行，也可以出现在一行中其他内容的右侧。

【例3-2】单行注释。

```
# 第一行代码
print（"hello Python！"）  # 输出 hello Python！
```

多行注释：三对 "' 注释内容 "'。

【例3-3】多行注释。

```
"'
    多行注释内容
    多行注释内容
"'

print（"hello Python！"）
```

3.3.4　Python 的数据类型

在计算机中，通常会将表示信息的数据进行分类，便于计算机对数据进行准确处理。Python 中常用的数据类型包括以下几种。

（1）数字类型（numbers）：包括整数、浮点数和复数。

（2）字符串类型（strings）：用于表示文本数据，可以包含字母、数字、特殊字符等。

（3）列表类型（lists）：用于存储一组有序的数据，可以包含不同类型的数据。

（4）元组类型（tuples）：类似于列表，但是元组中的元素不可修改。

（5）集合类型（sets）：用于存储无序的、不重复的数据。

（6）字典类型（dictionaries）：用于存储键值对，可以通过键来访问值。

（7）布尔类型（booleans）：表示真或假，用于条件判断和逻辑运算。

（8）空类型（none）：表示没有值，常用于变量初始化或函数返回值。

3.3.5　Python 的控制结构

1. 顺序结构

顺序结构是程序中最基本和最简单的控制结构，它按照代码书写的先后顺序从前到后依次执行每一条语句。这种结构确保了程序中的每条语句只被执行一次，不会跳过也不会重复执行任何语句。例如，如果一个程序中包含多个赋值语句和计算语句，那么这些语句将按照它们在代码中出现的顺序依次执行,具体流程如图 3.5 所示。

【例 3-4】编写程序,要求输入两个整数,求两数之和后输出。

```
a=input("请输入第一个整数:")          # 输入变量 a 的值
b=input("请输入第二个整数:")          # 输入变量 b 的值
a=int(a)                              # 将变量 a 转换为整型数
b=int(b)                              # 将变量 b 转换为整型数
c=a+b                                 # 两数相加赋给 c
print("两数之和为:",c)                # 输出 c 的值
```

提示信息:

(1)可使用 int()函数将输入的字符串转换为整型数据。

(2)可使用 float()函数将输入的字符串转换为浮点型数据。

程序运行结果,如图 3.6 所示。

微视频
3-3:例
3-4 编写
程序求两
个整数之
和

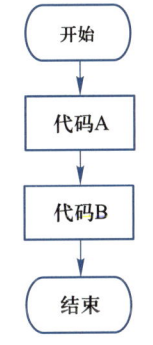

图 3.5　顺序结构流程图

```
请输入第一个整数:3
请输入第二个整数:4
两数之和为:7
```

图 3.6　程序运行结果

在解决实际问题时,我们经常会遇到需要根据不同条件选择不同的操作,或者需要重复处理相同或相似操作的情况。Python 提供了判断和循环语句用于解决这些问题。

2. 选择结构

选择结构可以给定一个判断条件,并在程序执行过程中判断该条件是否成立。程序根据判断结果执行不同的操作,这样就可以改变代码的执行顺序,从而解决更复杂的问题。Python 中的选择结构有单分支、双分支和多分支语句。

微视频
3-4:选
择结构

【例 3-5】用户登录某电子邮箱软件,若账号与密码都输入正确,则显示登录成功界面,否则显示登录失败界面,具体如图 3.7 所示。

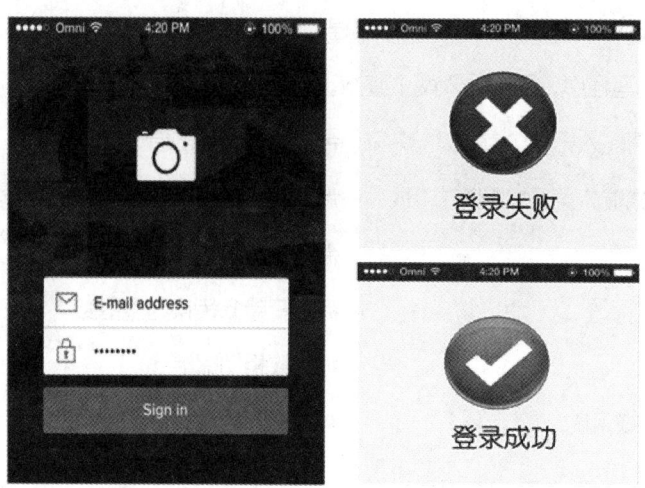

图 3.7　账号登录

1）单分支或双分支语句

单分支 if 语句允许程序通过判断条件是否成立而选择是否执行指定的语句。基本语法格式：

if 判断条件：

　　语句块

单分支语句正是由于其独特的结构，改变了程序执行的流程。if 语句的执行流程如图 3.8 所示。

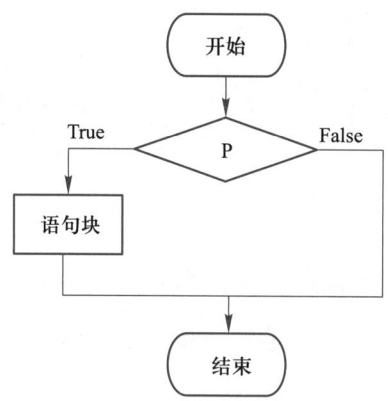

图 3.8　单分支执行流程

【例 3-6】判断某人的年龄，是否成年，并输出。

```
age=20                  # 创建变量 age 代表年龄，赋值为 20
if age >=18:            # 判断变量 age 的值是否大于或等于 18
    print（"已成年"）     # 输出 "已成年"
print（"你的年龄为：", age）
```

程序运行结果，如图 3.9 所示。

单分支的 if 语句只允许在条件为真时指定要执行的语句，而双分支 if-else 语句还可在条件为假时指定要执行的语句。

已成年
你的年龄为：20

图 3.9　程序运行结果

基本语法格式：

if 判断条件：

　　语句块 1

else：

　　语句块 2

双分支 if-else 语句的执行流程如图 3.10 所示。

微视频
3-5：例
3-7 选择
结构程序
设计

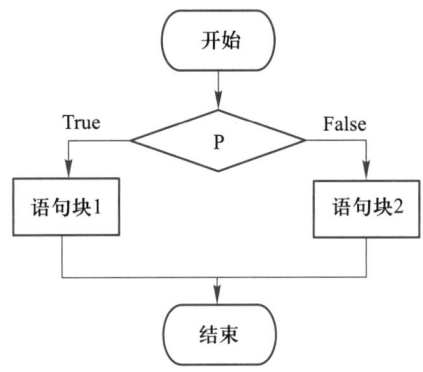

图 3.10　双分支执行流程

【例 3-7】编写程序，要求输入年龄，判断该学生是否成年（大于或等于 18 岁），如未成年，计算还需要几年能够成年。

```
age=int（input（"请输入学生的年龄："））
if age>=18：
        print（"已成年"）
else：
        print（"未成年"）
        print（"还差"，18-age，"年成年"）
```

程序运行结果，如图 3.11 所示。

请输入学生的年龄：14
未成年
还差 4 年成年

请输入学生的年龄：20
已成年

图 3.11　运行结果

2）多分支语句

多分支结构相当于双分支的扩展，在程序执行中可以任意的添加判断情况用来满足程序的更多要求。多分支语句的流程如图 3.12 所示。

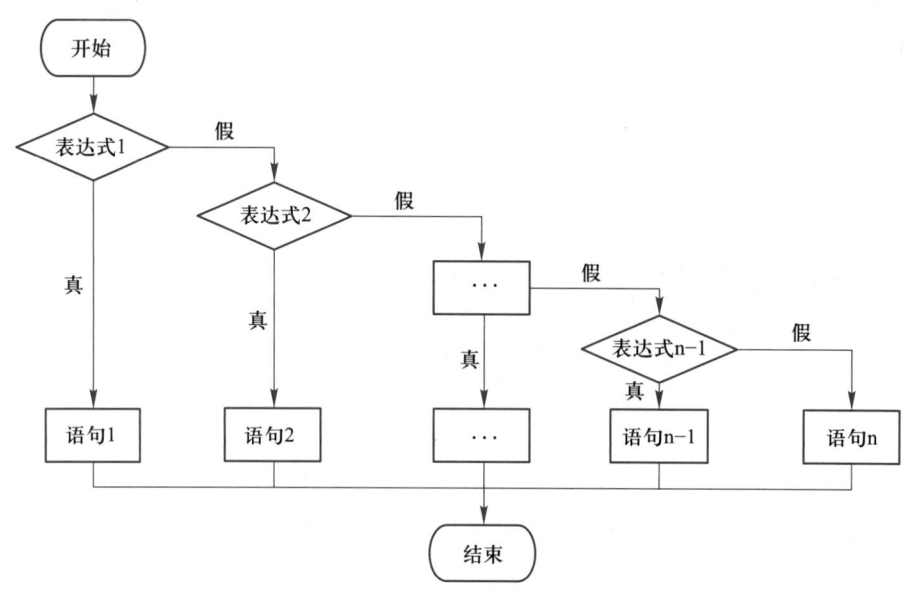

图 3.12　多分支语句的流程图

由于多分支结构的程序比较复杂，理解起来比较困难，可以通过多加练习进行掌握。

3. 循环结构

Python 的循环结构主要包括两种类型：while 循环和 for-in 循环。这两种循环结构允许程序重复执行一段代码，直到满足特定的条件为止，或者遍历一个集合中的所有元素。当给定条件成立时，循环语句将重复执行某个程序段。通常给定条件称为循环条件，反复执行的程序段称为循环体。

while 循环是一种基于条件判断的循环结构，只要条件表达式成立，其包含的语句或语句块就会一直被执行。while 循环与分支结构 if 的区别在于，if 是判断一次条件为真就执行一次，而 while 是判断多次条件为真就执行多次。while 循环的执行流程包括初始化变量、条件判断、循环体、改变变量等步骤。

while 循环语句的基本格式如下：

```
while 判断条件：
    语句块        # 循环体
```

提醒：

（1）while 循环语句是"先判断，后执行"，如果第一次就不满足判断条件，则循环体一次也不执行。

（2）循环体内一定要有修改判断条件中涉及变量的值，使其有为假的时候，否则将出现"死循环"。

while 循环语句的执行流程如图 3.13 所示。

for-in 是一种基于迭代器的循环结构，用于遍历一个可迭代对象（如列表、元组、字符串等）的所有元素。for-in 循环允许程序依次处理可迭代对象中的每一个元素，直到遍历完所有元素。这种循环结构在处理数据时非常有用，可以大大简化代码，避免重复编写相同的代码。

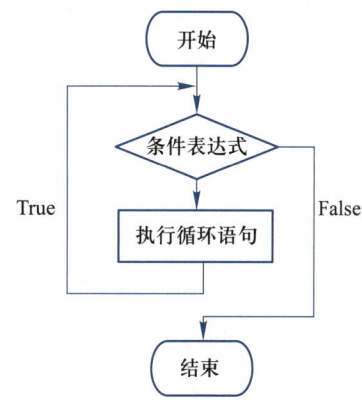

图 3.13　while 语句的流程图

for-in 循环语句的基本格式如下：

for 变量 in 序列：

　　语句块

提示：Python 中的 for-in 循环常用于遍历列表、元组、字符串以及字典等序列中的元素。for-in 循环语句的执行流程和 while 循环语句基本一样。

【例 3-8】利用 for-in 循环遍历字符串 "python"。

```
for x in "python":
    print（x）
```

程序运行结果，如图 3.14 所示。

这两种循环结构是 Python 编程中非常基础且重要的结构，它们使得程序能够处理重复性的操作，提高了代码的效率和可读性。无论是进行数值计算、数据处理还是其他需要重复执行某段代码的场景，这两种循环结构都能提供灵活且强大的支持。

```
p
y
t
h
o
n
```

图 3.14　运行结果

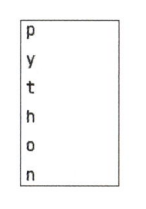

微视频 3-7：例 3-8 利用 for-in 循环遍历字符串

3.4　计算思维

计算思维是运用计算机科学的基础概念进行问题求解、系统设计及人类行为理解的思维活动，由美国卡内基 – 梅隆大学计算机科学系主任周以真教授于 2006 年 3 月首次提出。2010 年，她又指出计算思维是与形式化问题及其解决方案相关的思维过程，其解决问题的表示形式应该能有效地被信息处理代理执行。

微视频 3-8：计算思维

3.4.1　计算思维的提出

1. 计算与计算科学

计算就是把一个符号串变换成另一个符号串。计算的本质是基于规则的符号串变换，广义地说，计算是基于规则的物理状态的变换。

如：1+2+3=？或将一段中文文章翻译成英文。

任何给定的输入，经过处理和变换，得到期望输出的过程都可以称为计算。计算是人类的基本技能，也是进行科学研究的工具。在传统自然科学和人文社会科学的研究过程中，一般采用理论研究或实验研究，而计算是进行研究时有力的辅助手段，已扩展为科学概念和认知问题、解决问题的方法。

计算科学是研究计算技术的一门科学，它具有促进其他科学门类发展的重要作用。计算科学是运用高级计算能力来理解和处理复杂问题的学科。计算科学是 21 世纪最重要的技术领域之一，因为它对整个社会的进步都十分重要。

高性能计算能力是计算科学的关键要素，要实现高性能计算，就要有高性能计算机和相关技术的支持，所以计算机科学和计算机技术对计算科学的发展至关重要。

2. 计算机科学

计算机科学是一门系统性研究信息与计算的理论基础以及它们在计算机系统中如何实现与应用的实用技术的学科。

计算机科学是一个广泛而深入的领域，涵盖了从基础理论到实际应用的各个方面。它不仅关注技术本身的发展，还注重技术与社会、经济、文化等多方面的相互作用和影响。

3. 科学思维

科学思维是指理性认识及其过程，即人脑对感性认识材料经过整理、归纳、加工处理，形成概念、分析、判断和推理，从而揭示事物的本质和内在规律的思维活动。它是真理在认识的统一过程中，对各种科学的思维方法的有机整合，它是人类实践活动的产物。

目前自然界的三大科学包含以数学为代表的理论科学，以物理为代表的实验科学，以及新兴的计算机科学。

三大科学思维包含理论思维（假设 / 预设，定义 / 性质 / 定理，证明，推理和演绎方法），实验思维（实验，观察，发现推断与总结，观察与归纳方法）和计算思维（设计构造与计算，设计与构造方法）。

4. 计算思维

计算思维从我国古代的算筹、算盘，到近代的加法器、计算器以及现代的计算机，直至目前风靡全球的互联网和云计算，无不体现着计算思维。可以说，计算思维是一种早已存在的思维活动，只是在相当长的时期内，并没有得到系统的整理和总结，也没得到应有的重视。

1972 年，图灵奖得主埃德加·迪杰·斯特拉提出："我们所使用的工具影响着我们的思维方式和思维习惯，从而也深刻地影响着我们的思维能力"。2006 年 3 月，周以真教授在美国权威期刊上发表论文，首次对计算思维做了明确的定义。2010 年 10 月，中国科学技术大学陈国良院士在第六届大学计算机课程报告论坛中倡议，将计算思维引入到大学计算机基础教学中。

目前，研究大致可分为两个方向：理论研究和应用研究。两者相辅相成，形成对计算思维的完整阐述。

3.4.2　计算思维相关概念

思维是人脑对客观事物的一种概括的、间接的反映，它揭示了客观事物的本质和规律。思维以感知为基础，又超越感知的界限，探索并发现事物的内部本质联系和规律，是认识过程的高级阶段。思维不仅是知识的起源，更是人类获得知识的根本途径，是加工知识的"机器"。

科学思维是指理性认识及其过程，即人脑对感性认识材料，经过整理、归纳、加工处理，形成概念、分析、判断和推理，从而揭示事物的本质和内在规律的思维活动。

计算思维的本质是抽象和自动化。

计算思维是问题解决的过程。这一认识是对计算思维被人掌握后，在行动或思维过程中表现出来的形式化的描述，这个过程不仅体现在编程中，还体现在广泛的情境中。

计算思维具体的解决流程如下。

（1）发现各领域、学科的问题并进行描述，接着合乎逻辑地分析和组织数据。

（2）通过抽象，建立数学模型。

（3）用算法对求解过程进行精确描述。

（4）利用某种计算机语言编写程序，实现可能的解决方案，从中找到问题求解的最佳方案。

（5）将对解决结果进行评价，如果成功，该问题得到解决，并可以将求解过程进行推广并移植到广泛的问题中。

（6）如果失败，则分析出错原因，根据具体的原因，返回之前的某个步骤重新处理。

计算思维具体的解决流程如图 3.15 所示。

计算思维作为问题解决的过程，不仅需要利用数据和大量计算科学的概念，还需要调度和整合各种有效思维要素，抽象的计算思维概念只有分解成具体的思维要素，才能有效地指导应用研究与实践。

计算思维展现出处理复杂情况的自信、处理难题的毅力、对模糊不确定的容忍、处理开放问题的能力、与其他人一起努力达成共同目标的能力。

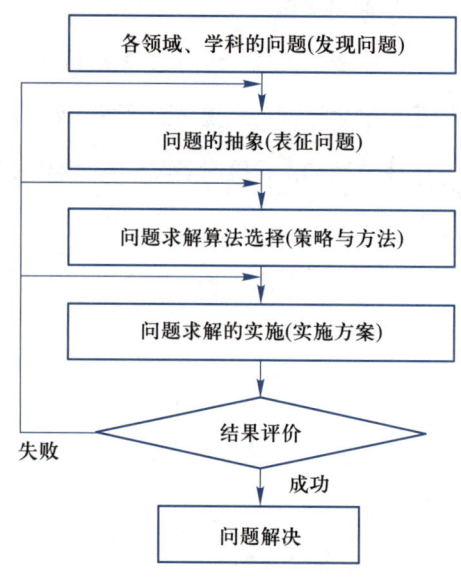

图 3.15　计算思维具体的解决流程

3.4.3　计算思维应用

计算思维和问题求解实质是利用计算机科学的基本原理和方法，将问题转化成可计算的形式，通过计算得出解决方案。本节介绍几个比较典型的计算思维应用的例子。

【例 3-9】计算思维在警察抓小偷实例中的具体应用。

微视频 3-9：例 3-9 计算思维在警察抓小偷实例中的具体应用

警察抓了 A、B、C、D 四名盗窃犯罪嫌疑人，其中只有 1 人是小偷，审问记录如下：

A 说：我不是小偷

B 说：C 是小偷

C 说：小偷肯定是 D

D 说：C 在冤枉人

已知：4 个人中 3 个人说的是真话，1 个人说的是假话。问：到底谁是小偷？

1．问题分析

（1）依次假设每个人是小偷。

（2）检验犯罪嫌疑人的四句话，验证 "4 人中 3 人说真话，1 人说假话。" 是否成立。

（3）如果成立，则假设成立，即可确定谁是小偷。

2．建立数学模型

（1）将 A、B、C、D 依次编号为 1、2、3、4

（2）用 X 分别代表 1，2，3，4

A 说：我不是小偷　　　　　X ≠ 1

B 说：C 是小偷　　　　　　 X=3

C 说：小偷肯定是 D　　　　 X=4

D 说：C 在冤枉人　　　　　 X ≠ 4

3. 程序编写

```python
for x in range（1，5）：
#Python 中的 range（）函数生成从 1 到 4 的序列（不包括 5）
        if（（x！=1）+（x==3）+（x==4）+（x！=4）==3）：
                print（x）
```

4. 结论：C 是小偷

3.4.4　计算思维能力培养

随着信息化的全面深入，计算机在生活中的应用已经无处不在，而计算思维的提出和发展，帮助人们正视人类社会这一深刻的变化，并引导人们通过借助计算机的力量来进一步提高解决问题的能力。在当今社会，计算思维成为人们认识和解决问题的重要能力之一。计算思维，不仅是计算机专业人员应该具备的能力，也是所有受教育者应该具备的能力。

计算机基础教育与计算思维相融合，培养计算思维和信息素养，获得更有效的应用计算机的思维方式，更好地解决更多的实际问题。

☐ 3.5　经典算法及其 Python 实现

作为世界四大文明古国之一，中国从很早开始就发展出了自己的数学体系。商代的甲骨文上出现了完整的十进制，春秋时代严格的筹算已经成型并得到了广泛的应用，战国时代《考工记》中实用的几何知识流传到今天。

《张丘建算经》：最小公倍数的应用、等差数列各元素互求、"百鸡术"。

《周髀算经》：勾股术。

《九章算术》：开平方和开立方的方法、一般一元二次方程（首项系数不是负）的数值解法。

《海岛算经》："割圆术"开创了中国古代圆周率计算方面的重要方法。

3.5.1 算法概述

算法是由基本运算及规定的运算顺序所构成的完整的解题步骤，或者是按照要求设计好的有限的计算序列，并且这样的步骤或序列能解决一类问题。例如菜谱其实也是一种算法。

著名的计算机科学家尼古拉斯·沃斯（Niklaus Wirth）曾提出一个著名的公式：

程序 = 算法 + 数据结构

算法的设计步骤分为：设计算法、表示算法、确认算法、分析算法和验证算法。

一般来说，算法都应具备下列基本特征：确定性、有穷性、可行性、有零个或多个输入和有一个或多个输出。

算法有两个基本要素。

（1）算法中对数据对象的运算和操作

算法中基本的运算和操作包括算术运算、关系运算、逻辑运算和数据传输。

（2）算法的控制结构

算法的控制结构指算法中各个操作之间的先后执行次序。

算法的评价，包括以下内容。

（1）正确性。能正确地实现预定的功能，满足具体问题的需要。处理数据使用的算法是否得当，能不能得到预想的结果。

（2）高效性。算法在执行过程中的时间长短和空间占用多少问题。

（3）可读性。易于阅读、理解和交流，便于调试、修改和扩充。如果通俗易懂，在系统调试和修改或者功能扩充的时候，使系统维护更为便捷。

（4）健壮性。输入非法数据，算法也能适当地做出反应后进行处理，不会产生预料不到的运行结果。如果算法能够处理异常数据，处理能力越强，健壮性越好。

3.5.2 经典算法及其 Python 实现

【例 3-10】阶乘运算。

```
def f (n):
"
计算阶乘公式:
    0！=1
    n！=n* (n-1)！, n > 0
```

转化为递归函数：

    f（0）=1

    f（n）=n*f（n-1），n > 0

"""

    if n==0:

        return 1

    return n*f（n-1）

print（'4！=%d'%f（4））

在例 3-10 中，第 10 行到第 12 行定义 f（）函数用于计算阶乘。当 n==0 时，程序立即返回结果，这种简单情况称为结束条件。如果没有结束条件，就会出现无限递归。当 n > 0 时，就将这个原始问题分解成计算 n-1 阶乘的子问题，持续分解，直到问题达到结束条件为止，就将结果返回给调用者，然后调用者进行计算并将结果返回给它自己的调用者，该过程持续进行，直到结果返回原始调用者为止。原始问题就可以通过将 f（n-1）的结果乘以 n 得到，这种调用过程就称为递归调用，如图 3.16 所示。

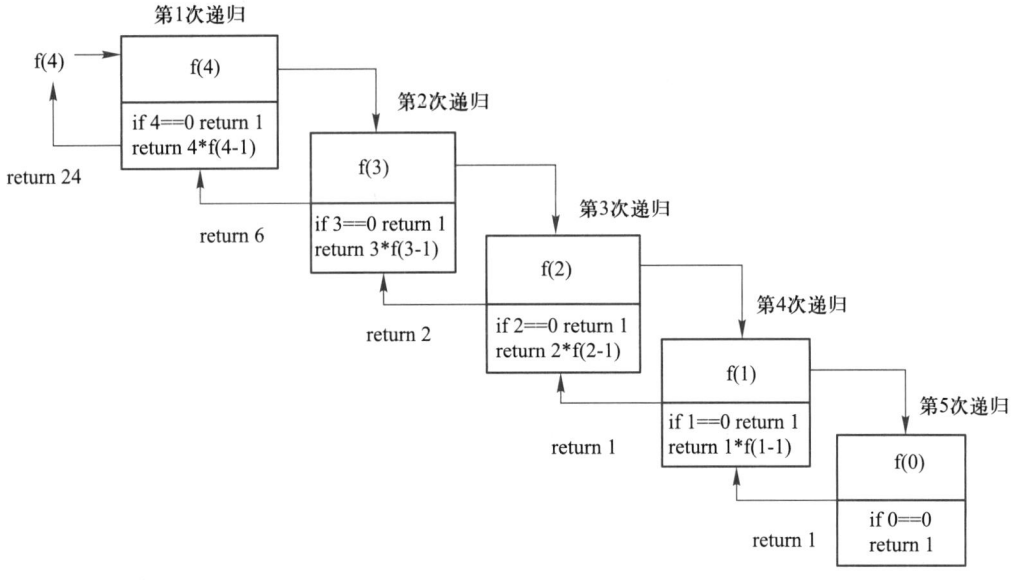

图 3.16　递归的过程

程序运行结果，如图 3.17 所示。

冒泡排序

冒泡排序是一种简单的排序算法，它重复地遍历要排序的数列，一

```
"C:\Program Fi
4! = 24
```

图 3.17　运行结果

次比较两个元素，如果它们的顺序错误就把它们交换过来。遍历数列的工作是重复地进行直到没有再需要交换，也就是说该数列已经排序完成。这个算法的名字由来是因为越小的元素会经由交换慢慢"浮"到数列的顶端。

【例3-11】冒泡排序。

```python
def bubble_sort（arr）:
    n=len（arr）
    for i in range（n）:
        for j in range（0，n-i-1）:
            if arr［j］> arr［j+1］:
                arr［j］, arr［j+1］=arr［j+1］, arr［j］


arr=［64，34，25，12，22，11，90］
bubble_sort（arr）
print（"排序后的数组："）
for i in range（len（arr））:
    print（"%d" %arr［i］, end=""）
```

程序运行结果，如图3.18所示。

```
排序后的数组:
11 12 22 25 34 64 90
```

图 3.18　运行结果

3.6　本章小结

通过本章的学习，了解指令、程序、计算思维等相关概念及含义，掌握用计算机处理问题的方法及步骤，具备初步的用计算思维分析问题和解决问题的能力。学习时应重点掌握以下内容。

（1）什么是指令、程序和程序设计。

（2）了解常用的程序设计语言。

（3）了解程序设计的一般流程。

（4）了解Python程序设计的开发环境，掌握基本的Python语法规范，能读懂简单的Python程序。

（5）计算思维的概念和本质。

（6）什么是算法，算法在程序设计中的作用。

在程序设计和问题求解的过程中，我们面临着一系列挑战和机遇，这些都需要我们不断地学习、实践和创新。初学程序设计的读者，还应注意以下几点。

1）基础知识的重要性

程序设计和问题求解的基础是扎实的编程语言和算法知识。只有掌握了这些基础知识，我们才能更好地理解和分析问题，设计出更加高效、可靠的解决方案。因此，我们需要不断地学习和掌握新的知识，不断提升自己的基础水平。

2）问题分析与抽象

问题分析与抽象是程序设计和问题求解的关键步骤。在面对一个复杂的问题时，我们需要将其分解成若干个简单的子问题，并抽象出它们之间的关系和规律。这样可以帮助我们更好地理解问题，找到问题的关键点，并设计出更加合理的解决方案。

3）算法设计与优化

算法是程序设计的核心，它决定了程序的效率和性能。在算法设计过程中，我们需要根据问题的特点和要求，选择合适的算法结构，如顺序结构、选择结构、循环结构等。同时，我们还需要对算法进行优化，通过改进算法的时间复杂度和空间复杂度，提高程序的执行效率和稳定性。

4）实践与经验

实践是检验真理的唯一标准，也是提升程序设计能力的重要途径。通过实践，我们可以将理论知识应用到实际问题中，不断积累经验，提高自己的问题解决能力。同时，实践还可以帮助我们发现理论知识的不足和缺陷，促进我们不断地学习和进步。

5）团队协作与沟通

在程序设计和问题求解过程中，团队协作和沟通也是非常重要的。一个优秀的团队可以集思广益，共同解决问题，提高整个团队的效率和创造力。因此，我们需要注重团队协作和沟通能力的培养，学会倾听他人的意见和建议，尊重他人的劳动成果，共同推动项目的进展。

6）持续学习与创新

程序设计和问题求解是一个不断学习和创新的过程。随着技术的不断发展和进步，我们需要不断地学习新的知识和技术，了解最新的行业动态和发展趋势。同时，我们还需要具备创新意识和能力，勇于尝试新的想法和解决方案，不断推动自己的进步和发展。

总之，程序设计和问题求解是一个充满挑战和机遇的过程。我们需要不断地学习、实践和创新，不断提升自己的能力和水平，才能在这个领域中取得更加优异的成绩。

本章习题

一、单选题

1. 一位爱好程序设计的同学想编写程序解决"鸡兔同笼"问题，他制定的如下工作过程中，更恰当的是（   ）。

A. 设计算法，编写程序，分析问题，调试运行程序，检测结果

B. 分析问题，编写程序，设计算法，调试运行程序，检测结果

C. 分析问题，设计算法，编写程序，调试运行程序，检测结果

D. 设计算法，分析问题，编写程序，调试运行程序，检测结果

2. 编写计算机程序解决问题的过程有：分析问题、算法设计、编写计算机程序和调试等，其中，对算法描述正确的是（   ）。

A. 算法是解决问题的有序步骤

B. 算法必须在计算机上用某种语言实现

C. 一个问题对应的算法都只有一种

D. 常见的算法描述方法有自然语言法、流程图法、程序法

3. 结构化程序设计由三种基本结构组成，下面哪个不属于这三种基本结构？（   ）

A. 顺序结构　　　　B. 输入、输出结构　　C. 选择结构　　　　D. 循环结构

4. 下列哪种编程语言是 Windows 应用开发的主要语言？（   ）

A. Swift　　　　　　B. Kotlin　　　　　　C. C　　　　　　　　D. JavaScript

5. 计算思维的核心是什么？（   ）

A. 编程技能

B. 数学和逻辑能力

C. 利用计算机科学的基础概念进行问题求解、系统设计和人类行为理解

D. 熟练掌握各种编程语言

二、填空题

1. 常见的程序设计语言有_____、C 和 C++ 语言、_____、Java 语言。

2. Python 的控制结构有顺序结构、_____、_____。

3. 结构化程序设计采用_____、_____的模块化程序设计原则。

4. 算法的评价包括_____、_____、_____、_____。

5. 算法的设计步骤包括设计算法、_____、_____、_____和验证算法。

三、简答题

1. 什么是程序？程序的三种最基本的控制结构是什么？

2. 什么是算法？算法最主要的特征是什么？衡量算法优劣的主要标准是什么？

3. 简述应用计算思维求解问题的一般步骤。

4. 举例说明你对计算思维的理解。

四、程序填空题

1. 输出任意两个数之间所有的素数。

```
a=int（input（"请输入第一个数："））
b=int（input（"请输入第二个数："））
if a>b:
    _____
for i in range_____
    flag=0
    for j in range（2，i）:
        if i%j==0:
            _____
            break
    if_____:
        print（i，end=""）
```

2. 输出"九九乘法表"。

```
for i in range_____:
    for j in range_____:
        print（_____）
    print（）
```

第4章 从虚拟现实到元宇宙

教学课件：
第4章
从虚拟现
实到元宇
宙

虚拟现实技术是 20 世纪末逐渐兴起的一门综合性技术，涉及计算机图形学、多媒体技术、传感技术、人机交互、显示技术、人工智能等多个领域，交叉性非常强。虚拟现实技术在教育、医疗、娱乐、军事等众多领域有着非常广泛的应用前景。由于改变了传统的人与计算机之间被动、单一的交互模式，用户和系统的交互变得主动化、多样化、自然化，由此虚拟现实技术被认为是 21 世纪发展最为迅速、对人们的工作生活有着重要影响的计算机技术之一。

4.1 什么是虚拟现实

微视频
4-1：虚
拟现实技
术概述与
应用

虚拟现实是从英文 Virtual Reality 一词翻译过来的，简称 VR，是由美国 VPL Research 公司创始人 Jaron Lanier 在 1989 年提出的，他认为：Virtual Reality 指的是由计算机产生的三维交互环境，用户参与到这一环境中，获得角色，从而得到体验。

4.1.1 基本概念

近年来，许多学者对 Virtual Reality 的概念进行了深入的探讨。我国著名科学家钱学森教授认为 Virtual Reality 通过融合视觉、听觉、触觉以至嗅觉的信息，使接受者感到身临其境，但这种临境感不是真的亲临其境，只是感受而已，是虚幻的。为了使人们便于理解和接受 Virtual Reality 技术的概念，钱学森教授按照我国传统文化的语义，将 Virtual Reality 称为"灵境"技术。

我国著名计算机科学家汪成为教授认为，虚拟现实技术是指在计算机软硬件及各种传感器（如高性能计算机、图形图像生产系统，特制服装、特制手套、特制眼镜等）的支持下生成的一个逼真的、三维的，具有一定视、听、触、嗅等感知能力的环境。使用户在这些软硬件设备的支持下，以简捷、自然的方法与这由计算机所生成的"虚拟"世界中的对象进行互动。虚拟现实是现代高性能计算机系统、人工智能、计算机图形学、人机接口、立体影像、立体声响、测量控制、模拟仿真等技术综合集成的结果，目的是建立起一个更加和谐的人工环境，如图 4.1 所示。

我国虚拟现实领域的资深学者、工程院院士赵沁平教授认为，虚拟现实是以计算机技术为核心，结合相关的科学技术，生成与一定范围内真实环境在视、听、触感等方面高度近似的数字化环境。用户借助必要的装备与数字化环境中的对象进行交互、相互影响，可以产生亲临对应真实环境的感受和体验。

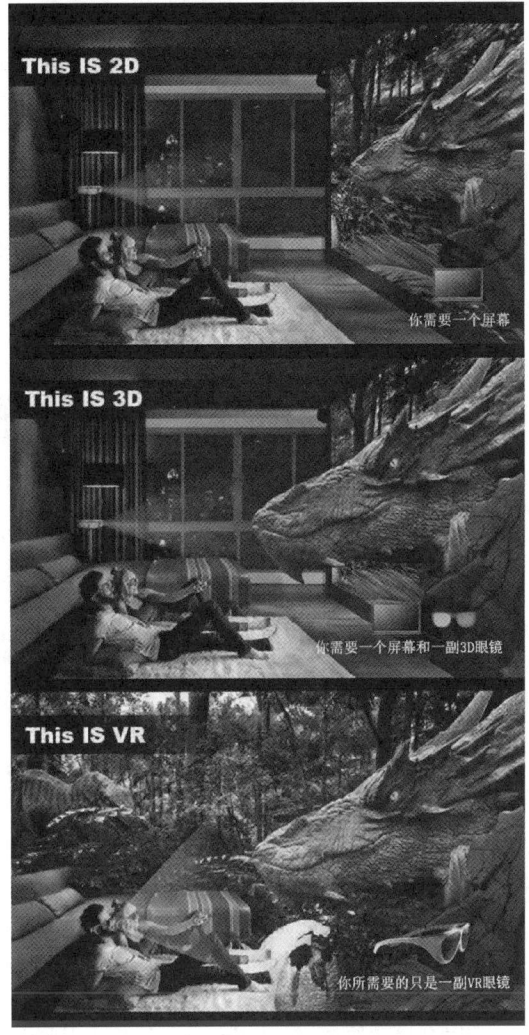

图 4.1　VR 场景示意图

　　总之，目前学术界普遍认为，虚拟现实技术是指采用以计算机技术为核心的现代高新技术，生成逼真的视觉、听觉、触觉一体化的虚拟环境，参与者可以借助必要的装备，以自然的方式与虚拟环境中的物体进行交互，并相互影响，从而获得等同真实环境的感受和体验，如图 4.2 所示。

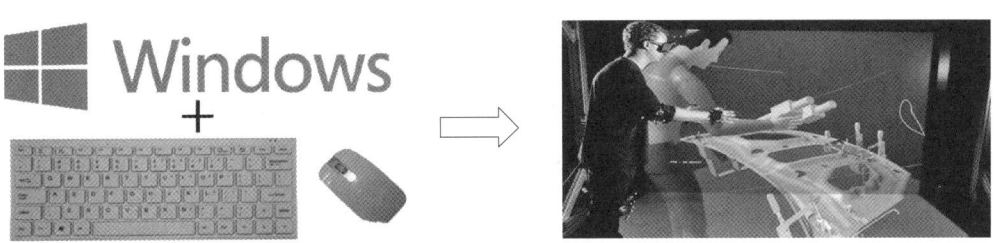

图 4.2　交互方式的改变

虚拟现实系统中的虚拟环境，包括以下几种形式。

（1）模拟真实世界中的环境。例如地理环境、建筑场馆、文物古迹等。这种真实环境可能是已经存在的，也可能是已经设计好但还没有建成的，或者是曾经存在但现在已经发生变化、消失或者受到破坏的。

（2）人类主观构造的环境。例如影视制作中的科幻场景，电子游戏中的三维虚拟世界。此环境完全是虚构的，是用户也可以参与并与之进行交互的非真实世界。

（3）模仿真实世界中人类不可见的环境。例如分子的结构、气流的速度、温度、压力的分布等。这种环境是真实环境，客观存在的，但是受到人类视觉、听觉器官的限制，不能感应到，如图 4.3 所示。

图 4.3　模拟的分子结构

虚拟现实技术是仿真技术的一个关键分支，它融合了计算机图形学、人机接口技术、多媒体技术、传感技术、网络技术等多种技术，构成了一个极具挑战性的跨学科研究领域。

4.1.2　虚拟现实技术的特性

虚拟现实基于动态环境建模技术、立体显示和传感器技术、系统开发工具应用技术、实时三维图形生成技术、系统集成技术等多项核心技术，主要围绕虚拟环境表示的准确性、虚拟环境感知信息合成的真实性、人与虚拟环境交互的自然性，通过实时显示、图形生成、智能技术等问题的解决，使得用户能够身临其境地感知虚拟环境，从而达到探索、认识客观事物的目的。

1994 年美国科学家 G.Burdea 和 P.Coiffet 在《虚拟现实技术》一书中提出，虚拟现实具有以下三个重要特征，分别是沉浸感、交互性和构想性，常被称为虚拟现实的 3I 特征。

1. 沉浸感（immersion）

沉浸感是指用户感受到被虚拟世界所包围，好像完全置身于虚拟世界之中一样。虚拟现实技术最主要的技术特征是让用户觉得自己是计算机系统所创建的虚拟世界中的一部分，使用户由观察者变成参与者，沉浸其中并参与虚拟世界的活动。

成熟的虚拟现实视觉空间、视觉形象是三维的，音响效果也是精密仿真的三维效果。虚拟现实是根据现实世界的真实存在，由计算机模拟出来的。它客观上并不存在，但一切都是符合客观规律的。它所实现的是使用户进入到三维世界中，运用多重感受完全参与到形成的"真实"世界中去。

　　虚拟现实系统根据人类的视觉、听觉的生理和心理特点，通过外部设备及计算机产生逼真的三维立体图像，并利用头盔式显示器或其他设备，把参与者的视觉、听觉和其他感觉封闭起来，提供一个新的、虚拟的、非常逼真的感觉空间。参与者戴上头盔显示器和数据手套等交互设备，便可将自己置身于虚拟环境中，成为虚拟环境中的一员。当使用者移动头部时，虚拟环境中的图像也实时地随着变化，做拿起物体的动作可使物体随着手的移动而运动。这种沉浸感是多方面的，不仅可以看到，而且可以听到、触到及嗅到虚拟世界中所发生的一切，并且给人的感觉相当真实，以至于能使人全方位地临场参与到这个虚幻的世界之中。

　　虚拟现实系统应该具备人在现实世界中具有的所有感知功能，但鉴于目前技术的局限性，在现在的虚拟现实系统的研究与应用中，较为成熟或相对成熟的主要是视觉沉浸、听觉沉浸、触觉沉浸技术，而有关味觉与嗅觉的感知技术正在研究之中，目前还不成熟。

2. 交互性（interaction）

　　交互性指用户对模拟环境内物体的可操作程度和从环境得到反馈的自然程度。交互性的产生，主要借助于虚拟现实系统中的特殊硬件设备，如数据手套、力反馈装置等，使用户能通过自然的方式，产生同在真实世界中一样的感觉。虚拟现实系统比较强调人与虚拟世界之间进行自然的交互，交互性的另一个方面主要表现在交互的实时性。

　　例如，虚拟模拟驾驶系统中，用户可以控制包括方向、挡位、刹车、座位调整等各种信息，系统也会根据具体变化瞬时传达反馈信息。用户可以用手直接抓取模拟环境中虚拟的物体，这时手有握着东西的感觉，并可以感觉物体的重量，视野中被抓的物体也能立刻随着手的移动而移动。崎岖颠簸的道路，用户会感觉到身体的震颤和车的抖动；上下坡路，用户会感受到惯性的作用；漆黑的夜晚，用户会感觉到观察路况的不便等。

　　交互性能的好坏是衡量虚拟系统的一个重要指标。在虚拟现实系统中的人机交互是一种近乎自然的交互，使用者不仅可以利用计算机键盘、鼠标进行交互，而且能够通过特殊的头盔、数据手套等传感设备交互。参与者不是被动地感受，而是可以通过自己的动作改变感受的内容。计算机能够根据使用者的头、手、眼、语言及身体的运动，来调整系统呈现的图像及声音。参与者通过自身的感官、语言、身体运动或肢体动作等，就能对虚拟环境中的对象进行观察或操作。

3. 构想性（imagination）

　　构想性指虚拟的环境是人想象出来的，同时这种想象体现出设计者相应的思想，因而可以用来实现一定的目标。虚拟现实虽然是根据现实进行模拟，但所模拟的对象却是虚拟存在的，它以现实为基础，却可能创造出超越现实的情景。所以它可以充分发挥人的认识和探索能力，从定性和定量等综合集成的思维中得到感性和理性的认识，从而进行理念和形式的创新，以虚拟的形式真实地反映设计者的思想、传达用户的需求。

虚拟现实技术不仅仅是一个媒体或一个高级用户界面，同时它还是为解决工程、医学、军事等方面的问题而由开发者设计出来的应用软件。虚拟现实技术的应用，为人类认识世界提供了一种全新的方法和手段，可以使人类跨越时间与空间，去经历和体验世界上早已发生或尚未发生的事件；可以使人类突破生理上的限制，进入宏观或微观世界进行研究和探索；也可以模拟因条件限制等原因而难以实现的事情。

例如，在一个现代化的大规模景观规划设计中，需要对地形地貌、建筑结构、设施设置、植被处理、地区文化等进行细致、海量的调查和构思，绘制大量的图纸，并按照计划有步骤地进行施工。但有时却发现不适应当地季节气候、地域文化、生活习惯，很多项目往往因已经施工完成无法进行相应改动而留下永久的遗憾。而虚拟现实以更灵活、更快捷、更经济的方式，在不动用一寸土地且成本降到极限的情况下，供用户任意进行设计改动、讨论和呈现不同方案的多种效果，并可以使更多的设计人员、用户参与设计过程，确保方案的最优化。此外，在对未知世界和无法还原的事物进行探索和展示方面，虚拟现实也有其无可比拟的优势。它以现实为基础创造出超越现实的情景，大到可以模拟宇宙太空，把人带入浩瀚无比的"宇宙空间"，小到可以模拟原子世界里的动态演化，把人带入肉眼不可见的微粒世界。

4.1.3 虚拟现实系统的组成

一套完善的虚拟现实系统，主要由以下几个部分组成，如图 4.4 所示。

1. 三维的虚拟环境产生器及其显示部分

这是 VR 系统的基础部分，它可以由各种传感器的信号来分析操作者在虚拟环境中的位置及观察角度，并根据在计算机内部建立的虚拟环境的模型快速产生和显示图形。

2. 由各种传感器构成的信号采集部分

这是 VR 系统的感知部分，传感器包括力、温度、位置、速度以及声音传感器等，这些传感器可以感知操作者移动的距离和速度、动作的方向、动作力的大小以及操作者的声音。产生的信号可以帮助计算机确定操作者的位置及方向，从而计算出操作者所观察到的景物，也可以使计算机确定操作者的动作性质及力度。

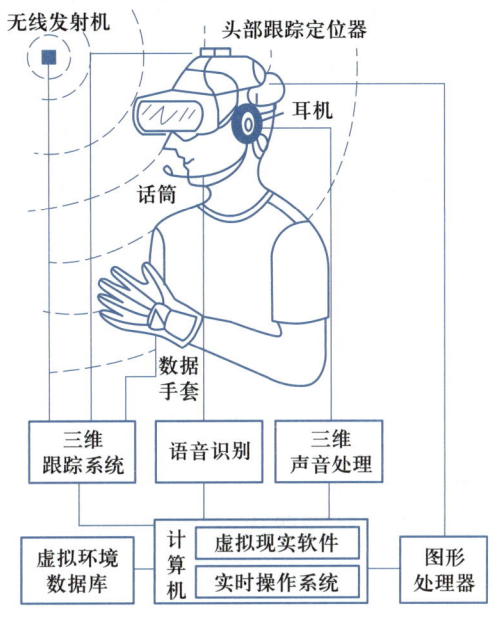

图 4.4　虚拟现实系统的组成

3. 由各种外部设备构成的信息输出部分

这是 VR 系统使操作者产生感觉的部分，感觉包括声音、触觉、动觉和风感，甚至还可以有嗅觉、味觉等。正是 VR 系统产生的这些丰富的感觉，才使操作者能真正地沉浸于虚拟环境中，产生身临其境的感觉。

4.1.4　AR、MR、XR 技术

随着计算机仿真、人工智能、物联网等技术的发展，一些与虚拟现实相互关联的技术应运而生。如 AR（augmented reality，增强现实）、MR（mixed reality，混合现实）、XR（extended reality，扩展现实）技术，它们之间既有区别，又密切相关。

2016 年，湖南卫视跨年演唱会采用 AR 技术和全息技术，让偶像演员马可搭档二次元虚拟歌手洛天依、乐正绫同台献艺，"虚实结合"成功打破了二次元壁垒，不同的摄像机角度和灯光变幻让人物和场景实现快速绘制，达到令人惊叹的场景切换效果。江苏卫视的 AR 舞美效果更是惊艳四座，视野开阔的四面台及地面屏幕实时运动跟踪系统，让 AR 增强现实效果以更逼真的姿态呈现在观众眼前。歌手李健演唱时，蓝鲸从"海面"腾空而起，闪转腾挪之后，一头扎入"海"中，"水花"四溅，画面栩栩如生，现场气氛被推向高潮。这种一跃而起的鲸鱼效果最早出自 Magic Leap 之手，令人印象深刻。

增强现实是通过计算机技术，将虚拟的信息应用到真实世界，真实的环境和虚拟的物体

实时地叠加到了同一个画面或空间，同时存在。简单来说，虚拟现实，看到的场景和人物全是假的，是把人的意识带入一个虚拟的世界。增强现实，看到的场景和人物一部分是真、一部分是假，是把虚拟的信息带入到现实世界中。

混合现实既包括增强现实又包括增强虚拟，指的是合并现实和虚拟世界而产生的新的可视化环境。在新的可视化环境里，物理和虚拟数字对象共存，并实时互动。

虚拟现实、增强现实与混合现实等技术，通过不同程度的数字信息与现实环境的融合，为用户带来了全新的体验模式。与 VR、AR、MR 相比，扩展现实更强调虚拟世界与现实世界的弥合，以及缩小人们、信息和体验之间的距离壁垒。XR 技术具有情境感知、感觉代入、自然交互和编辑现实等特征。

扩展现实是指通过计算机技术和可穿戴设备产生一个真实与虚拟结合、可人机交互的环境。扩展现实技术可以看作一种涵盖性术语，包含了虚拟现实、增强现实、混合现实及其他因技术进步而可能出现的新型沉浸式技术。

国内中山大学哲学系教授翟振明认为，从技术综合性和广度来讲，扩展现实是将互联网、物联网和混合现实技术结合起来的技术形式；从哲学角度讲，扩展现实将是创造人类未来"虚实融合"的新世界模式，尤其强调在拓展现实中人类的自由意志活动。

未来 XR 技术将会与人工智能技术、物联网技术高度融合，数字内容将会在其支持下，以更为直观可感的形式出现在真实空间中。借助于扩展现实技术，人们可以自由地游走于现实与虚拟之间，扩展现实所创造的现实世界数字化扩展空间，促成了虚拟与现实之间并存、交织、互动发展，从而扩展了人类现实的生存空间；使人类实践活动实现了对现实社会空间的延伸和超越，为人们提供了重新进行自我塑造和多样性发展的空间和机会。

4.2　虚拟现实系统及其关键技术

微视频 4-2：虚拟现实技术的发展历程

虚拟现实技术主要包括模拟环境、感知、自然技能和传感设备等方面。模拟环境是由计算机生成的、实时动态的三维立体逼真图像。感知是指理想的 VR 应该具有一切人所具有的感知。除计算机图形技术所生成的视觉感知外，还有听觉、触觉、力觉、运动等感知，甚至还包括嗅觉和味觉等，也称为多感知。自然技能是指人的头部转动，眼睛、手势或其他人体行为动作，由计算机来处理与参与者的动作相适应的数据，并对用户的输入做出实时响应，并分别反馈到用户的五官。其关键技术主要包括：立体高清显示技术、三维建模技术、人机交互技术等。

4.2.1 虚拟现实的关键技术

1. 立体高清显示技术

立体高清显示技术是虚拟现实的关键技术之一，它使用户在虚拟世界里具有更强的沉浸感，立体高清显示技术的引入可以使各种模拟器的仿真更加逼真。

立体高清显示可以把图像的纵深、层次、位置全部展现，参与者可以更直观、更自然地了解图像的现实分布状况，从而更全面地了解图像或显示内容的信息。从技术方面看，需要通过光学技术构建逼真的三维环境和立体的虚拟物体对象，这就要求根据人类双眼的视觉生理特点来设计，使得人们在虚拟现实环境中，将看到的景观与日常生活中的场景比较时，在质量、清晰度和范围方面应该是无法区分的，从而产生身临其境的沉浸感。目前，立体高清显示技术主要以佩戴立体眼镜等辅助工具来观看立体影像。随着人们对观影要求的不断提高，由非裸眼式向裸眼式的技术升级成为发展的重点和趋势。

2. 三维建模技术

虚拟现实是一种逼真地模拟人在自然环境中的视觉、听觉、嗅觉、运动等行为的一种全新的人机交互技术，其最终目标是使用户置身于一个由计算机生成的虚拟环境中。建模是对现实对象或环境的逼真仿真，虚拟对象或环境的建模是虚拟现实系统建立的基础，也是虚拟现实技术中的关键技术之一。三维建模技术主要包括：几何建模、物理建模、运动建模。

1）几何建模

虚拟对象基本上都是由几何图形构成的。采用几何建模方法对物体对象虚拟主要是物体几何信息的表示和处理，描述虚拟对象的几何模型（如多边形、三角形、定点以及它们的外表（纹理、表面反射系数、颜色）等），即用一定的数学方法对三维对象的几何模型进行描述。物体的形状由构成物体的各个多边形、三角形及定点来确定；物体的外观则是由表面纹理、材质、颜色、光照系数等决定的。

我们通常可以利用建模软件进行建模，如 AutoCAD、3ds Max、Maya，C4D 等，这些软件具有可视化、交互性强等特点，可以方便地创建虚拟对象的几何模型。

2）物理建模

在虚拟现实系统中，虚拟对象必须像真的一样，这需要体现对象的物理特性，包括重力、惯性、表面硬度、柔软度和变形模式等，这些特征与几何建模相融合，形成更具有真实感的虚拟环境。例如，用户用虚拟手握住一个球，如果建立了该球的物理模型，用户就能够真实地感觉到该球的重量、软硬程度等。

分形技术和粒子系统就是典型的物理建模方法。

① 分形技术。自然界存在的典型景物如高山、沙漠、海滨、白云，这些都是大自然多姿多彩的美丽景色，也是传统数学难以描述的怪异曲线、曲面。在虚拟现实系统的虚拟世界中，必然会出现这些怪异的曲线、曲面，因为传统的数学对其难以描述，所以要借助新的数学工具。分形理论认为，分形曲线、曲面具有精细结构，表现为处处连续，但往往是处处不可导，其局部与整体存在惊人的自相似性。因此，分形技术是指可以描述具有自相似特征的数据集。自相似特征的典型例子是树。若不考虑树叶的区别，当我们靠近树梢时，树的细梢看起来也像一棵大树。由相关的一组树梢构成的一根树枝，从一定距离观察时也像一棵大树。这种结构上的自相似称为统计意义上的自相似。

自相似结构可用于复杂的不规则外形物体的建模。该技术首先用于水流和山体的地理特征建模。例如，可以利用三角形来生成一个随机高程的地理模型，取三角形三边的中点并按顺序连接起来，将三角形分割成 4 个三角形，同时，给每个中点随机地赋一个高程值，然后递归上述过程，就可以产生相当真实的山体了。

分形技术的优点是通过简单的操作就可以完成复杂的不规则物体的建模，缺点是计算量太大。因此，在虚拟现实中一般仅仅用于静态远景的建模。

② 粒子系统。所谓的粒子系统，就是将人们看到的物体运动和自然现象，用一系列运动的粒子来描述，再将这些粒子运动的轨迹映射到显示屏上，在显示屏上看到的就是物体运动和自然现象的模拟效果了。

粒子系统是一种典型的物理建模系统。其基本思想是：采用大量的、具有一定生命和属性的微小粒子图元作为基本元素来描述不规则的模糊物体。在粒子系统中，每一个粒子图元均具有形状、大小、颜色、透明度、运动速度和运动方向、生命周期等属性，所有这些属性都是时间 t 的函数。随着时间的流逝，每个粒子都要经历"产生""活动"和"消亡"三个阶段。

粒子系统采用随机过程控制粒子的产生数量，确定新产生粒子的一些初始随机属性，如初始运动方向、初始大小、初始颜色、初始透明度、初始形状以及生存期等，并在粒子的运动和生长过程中随机地改变这些属性。粒子系统的随机性使模拟不规则模糊物体变得十分简便。

粒子系统应用的关键在于如何描述粒子的运动轨迹，也就是构造粒子的运动函数。函数选择的恰当与否，决定效果的逼真程度。其次，坐标系的选定（即视角）也有一定的关系。视角不同，看到的效果自然也不一样。

在虚拟现实中，粒子系统常用于描述火焰、水流、雨雪、旋风、喷泉、战场硝烟、飞机尾焰、爆炸烟雾等现象。

3）运动建模

几何建模只是反映了虚拟对象的静态特性，而 VR 中还要表现虚拟对象在虚拟世界中的动态特性，而有关对象位置变化、旋转、碰撞、手抓握、表面变形等方面的属性就属于运动建模问题。

（1）对象位置。对象位置通常涉及对象的移动、伸缩和旋转。因此往往需要用各种坐标系来反映三维场景中对象之间的相互位置关系。例如，假设我们开着一辆汽车围绕树行驶，从汽车内看该树，该树的视景就与汽车的运动模型非常相关，生成该树视景的计算机就应不断地对该树进行移动、旋转和缩放。

（2）碰撞检测。在虚拟世界中，必须对用户和虚拟对象的移动加以限制，否则就会出现两个对象自由穿透的奇异情景。因此，碰撞检测技术也是 VR 系统中不可缺少的关键技术之一。有了碰撞检测，在虚拟环境中进行漫游时，才可避免诸如观察者穿墙而过、3D 游戏中被距离很远的子弹击倒等现实中不会出现情况的发生。

碰撞检测技术不仅要能检测是否有碰撞的发生、碰撞发生的位置，还要计算出碰撞发生后的反应。碰撞检测需要具有较高的实时性和精确性，如必须在很短的时间（如 30~50 ms）内完成，其技术难度很高。

3. 人机交互技术

虚拟现实系统强调交互的自然性，即在计算机系统提供的虚拟环境中，人应该可以使用眼睛、耳朵、皮肤、手势和语音等各种感觉方式直接与之发生交互，这就是虚拟环境下的人机自然交互技术。目前与其他技术相比，这种人机自然交互技术还不太成熟。

在最近几年的研究中，为了提高人在虚拟环境中的自然交互程度，研究人员一方面在不断改进现有的交互硬件，同时也加强了对相关软件的研究；另一方面则是将其他相关领域的技术成果引入到虚拟现实系统中，从而扩展全新的人机交互方式。

4.2.2 虚拟现实系统的硬件

虚拟现实系统的硬件设备是系统实现的基础，要保证用户通过自然动作和虚拟世界进行真正地交互，传统的鼠标、键盘和显示器等设备已经不能满足要求，必须使用特殊的硬件设备才能让用户沉浸于虚拟环境中。虚拟现实系统的硬件设备主要分为生成设备、输入设备和输出设备。

1. 虚拟现实系统的生成设备

虚拟现实的生成设备是用来创建虚拟环境、实时响应用户操作的计算机。计算机是虚拟现实系统的核心，它决定了虚拟现实系统性能的优劣。虚拟现实系统要求计算机必须配置高速的 CPU 且具有强大的图形处理能力。根据 CPU 的处理速度和图形处理能力的不同，虚拟现实系统的生成设备可分为高性能个人计算机、高性能图形工作站、巨型机和分布式网络计算机。

一般个人计算机配置满足虚拟现实设备主流品牌 HTC 和 PICO 对相关产品的基本配置要求即可，如表 4.1 所示。

表 4.1　虚拟现实设备对计算机的基本配置要求

品牌	HTC VIVE	PICO
处理器	Intel® CoreTM i5–4590 或 AMD RyzenTM 5 1500X 同等或更高版本	Intel Core i5–4590/AMD FX8350 及以上处理器
显卡	NVIDIA GeForce GTX 2060 6 GB 同等或更高配置（建议使用版本 566.45 的驱动程序） AMD Radeon RX 5500 系列同等或更高配置（最低 6 GB VRAM）	NVIDIA GeForce GTX 1060 6GB/AMD Radeon RX 480 同等性能及以上显卡
内存	8 GB RAM 或更多	8GB 及以上内存
接口	USB 3.0 Type–A 接口 x1 GPU 专用的 DisplayPort 接口 x1	/
操作系统	Windows® 11 或 Windows® 10	Windows 10 22H2 及以上操作系统

2. 虚拟现实系统的输入设备

输入设备用来输入用户发出的动作，使用户可以驾驭一个虚拟场景，在与虚拟场景进行交互时，利用大量的传感器来管理用户的行为，并将场景中的物体状态反馈给用户。为了实现人与计算机之间的交互，需要使用特殊的接口把用户命令输入给计算机，同时把模拟过程中的反馈信息提供给用户。根据不同的功能和目的，虚拟现实系统的输入设备包括：跟踪定位设备、人机交互设备、快速建模设备。

跟踪定位设备是虚拟现实系统中用来实现人机交互的重要设备之一。它的作用就是及时准确地获取人的动态位置和方向信息，并将位置和方向信息发送到实现虚拟现实的计算机控制系统中。虚拟现实系统中常用的交互设备有：手柄、三维鼠标、数据手套、数据衣等。快速建模设备是一种可以快速建立仿真的 3D 模型辅助设备。常用的有 3D 摄像机和三维扫描仪等。

3. 虚拟现实系统的输出设备

当用户与虚拟现实系统交互时，能否获得与真实世界相同或相似的感知，并产生"身临其境"的感受，将直接影响系统的真实感。为了实现虚拟现实系统的沉浸特性，输出设备必须能将虚拟世界中各种感知信号转变为人所能接收的视觉、听觉、触觉、味觉等多通道刺激信号。目前主要应用的输出设备包括头盔显示器、大型显示器、手持式显示器、耳机或音响声音输出设备和运动平台、体感输出设备等。头盔显示器如图 4.5 所示。

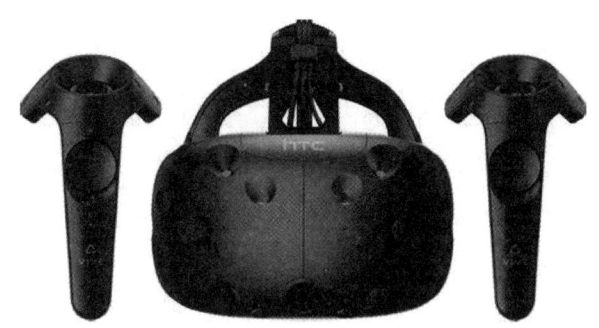

图 4.5　头盔显示器

4.2.3　虚拟现实开发平台

虚拟现实开发平台具有对建模软件制作的模型进行组织显示，并实现交互等功能。目前较为常用的有 Unity、Unreal Engine 等。

虚拟现实开发平台可以实现逼真的三维立体影像，实现虚拟的实时交互、场景漫游和物体碰撞检测等。因此，虚拟现实开发平台一般具有以下基本功能。

1. 实时渲染

实时渲染的本质就是图形数据的实时计算和输出。一般情况下，虚拟场景实现漫游时需要实时渲染。

2. 实时碰撞检测

在虚拟场景漫游时，当人或物在前进方向被阻挡时，人或物应该沿着合理的方向滑动，而不是被迫停下，同时还要做到足够的精确和稳定，防止人或物穿墙而掉出场景。因此，虚拟现实开发平台必须具备实时碰撞检测功能才能设计出更加真实的虚拟世界。

3. 交互性强

交互性的设计也是虚拟显示开发平台必备的功能。用户可以通过键盘或鼠标完成虚拟场景的控制，例如，可以随时改变在虚拟场景中漫游的方向和速度、抓起和放下对象等。

4. 兼容性强

软件的兼容性是现代软件必备的特性。大多数的多媒体工具、开发工具和 Web 浏览器等，都需要将其他软件产生的文件导入。例如，将 3ds Max 设计的模型导入到相关的开发平台，导入后，能够对相应的模型添加交互控制等。

5. 模拟品质佳

虚拟现实开发平台可以提供环境贴图、明暗度微调等特效功能，使得设计的虚拟场景具有逼真的视觉效果，从而达到极佳的模拟品质。

6. 实用性强

实用性强即开发平台功能强大，包括可以对一些文件进行简单的修改，例如图像和图形修改；能够实现内容网络版的发布，创建立体网页与网站；支持 OpenGL 以及 Direct3D；对文件进行压缩；可调整物体表面的贴图材质或透明度；支持 360° 旋转背景；可将模拟资料导出成文档并保存；合成声音、图像等。

7. 支持多种 VR 外部设备

虚拟现实开发平台应支持多种外部硬件设备，包括键盘、鼠标、操纵杆、方向盘、数据手套、六自由度位置跟踪器以及轨迹球等，从而让用户充分体验到虚拟现实技术带来的乐趣。

Unity 是由 Unity Technologies 开发的一个多平台的综合型游戏开发工具，是一个全面整合的专业游戏引擎，其标志如图 4.6 所示。它可以让玩家轻松创建如三维视频游戏、建筑可视化、实时三维动画等类型的互动内容。其编辑器运行在 Windows 和 macOS 下，可发布游戏至 Windows、macOS、iOS、Windows Phone、Android、PlayStation、XBOX、Wii 等平台。也可以利用 UnityWebPlayerDevelopment 插件发布网页游戏，支持 macOS 和 Windows 的网页浏览。

图 4.6　游戏开发引擎 Unity

例如著名的手机游戏《神庙逃亡》就是使用 Unity 开发的。大家熟悉的《原神》《使命召唤手游》《戴森球计划》《英雄联盟手游》《纵横时空》《将魂三国》《争锋 Online》《萌战记》《绝代双骄》《蒸汽之城》《星际陆战队》《新仙剑奇侠传 Online》《武士复仇 2》等游戏都是使用 Unity 开发的。

Unity 不仅限于游戏行业，在虚拟现实、增强现实、工程模拟、3D 设计、建筑设计展示等方面也有着广泛的应用。国内使用 Unity 进行虚拟仿真教学平台、房地产三维展示等项目开发的公司非常多，例如绿地地产、保利地产、中海地产、招商地产等大型的房地产公司的三维数字楼盘展示系统，很多都是使用 Unity 进行开发的，较典型的如《飞思翼家装设计》《状元府楼盘展示》等。

虚幻引擎（unreal engine，UE）是数字游戏和图形交互技术开发商 Epic Games 公司开发的一款极为出色和流行的 3D 游戏引擎和虚拟现实开发工具，可用于开发游戏、虚拟现实、教育、建筑、电影等各种项目。

从虚幻引擎 4 版本开始对用户免费开放，用户可以免费使用该引擎开发产品，在开发的产品有一定的盈利后，才开始支付较低的版权费用。虚幻引擎 5 是 Epic Games 于 2020年公布的五代游戏引擎。虚幻引擎 5 支持次世代主机、本世代主机、PC、Mac、iOS 和 Android 平台。

虚幻引擎开发的作品具有电影级画面质量，很真实且沉浸感。虚幻引擎开发了很多著名的产品，如《战争机器》《无尽之剑》《镜之边缘》《虚幻竞技场》（如图 4.7 所示）《质量效应》《生化奇兵》等。在美国和欧洲，虚幻引擎主要用于主机游戏的开发，在亚洲，中韩主要用于次世代网游的开发，如《剑灵》《TERA》《战地之王》《一舞成名》等。iPhone 上的游戏有《无尽之剑》（1、2、3）《蝙蝠侠》等。

图 4.7　虚幻竞技场

虚幻编辑器是一个以"所见即所得"为设计理念的操作工具。在可视化的编辑窗口中开发者可以直接对物体进行自由的摆放和属性的设置，并且全部是实时响应和真实感渲染。虚幻编辑器界面如图 4.8 所示。

图 4.8　Unreal Engine 4.26 界面

微视频
4-3：数
字孪生与
元宇宙

4.3　数字孪生与元宇宙

4.3.1　数字孪生的概念

数字孪生（digital twin）是充分利用物理模型、传感器更新、运行历史等数据，集成多学科、多物理量、多尺度、多概率的仿真过程，在虚拟空间中完成映射，从而反映相对应的实体装备的全生命周期过程。数字孪生是对物理实体的数字化表达，以历史数据、实时数据为基础，融合几何、机理、数据驱动等多种数字模型，实现对物理对象的映射呈现、分析优化、诊断预测以及闭环控制。

其中，几何模型是用几何概念描述对象的物理形状，能够将物理对象的实体形状映射到虚拟空间，并配合渲染等实现更好的展示和交互；机理模型根据对象内部机制或者物质流的传递机理建立精确模型，主要是已知物理规律和经验的表征；数据驱动模型主要通过历史数据、实时数据、人工智能等实现对未知规律在虚拟空间的拟合。通过以上三类模型的融合应用，构建可计算的数字孪生空间，进而实现对物理世界的精细刻画、精准预测和精准控制。

4.3.2　数字孪生的特点

根据定义，数字孪生需要物理孪生体进行数据采集和数据驱动的交互。数字孪生中的虚拟系统模型可以随着物理系统状态的变化（在运行期间）而实时变化。数字孪生由物联网连接的产品和数字线程组成。数字线程在系统的整个生命周期内提供连接，并从物理孪生收集数据以更新数字孪生中的模型。

数字孪生系统与传统的建模仿真和实时监控等相比，最重要几个特征就是双向映射、实时连接和迭代优化。

1. 双向映射

物理实体系统和数字孪生模型（虚拟模型）通过实时连接，进行动态交互，也就是物理实体的变化能及时反映到数字孪生模型中，数字孪生模型所有计算和仿真的结果，也能及时反馈给物理实体系统，控制物理实体系统的执行过程，即双向映射，这也就实现了虚实融合。

2. 动态交互

用户可以通过数字孪生交互系统与虚拟世界进行互动，实现物理对象与虚拟对象的相互操作和控制。

3. 实时连接

在不同的应用场景下，实时的含义稍有不同。如果是对设备工作情况监控等，实时可能是指时间小于 1 秒甚至毫秒级；而对于生产系统应用场景来说，时间可能是小于 10 秒甚至 1 分钟；对于智慧城市系统而言，时间可以是分钟甚至以小时为单位来更新系统。针对单个物理对象来说，连接的含义指的是数字孪生内部连接交互、涵盖同维度要素间连接交互和跨维度要素间连接交互；数字孪生外部连接交互既包括数字孪生间连接交互（涵盖人、机、物、环为对象构建的数字孪生间连接交互），又包括数字孪生与其他非数字孪生对象间连接交互，具体为数字孪生与人连接交互和数字孪生与环境连接交互。图 4.9 表示数字孪生连接交互内涵。

4. 迭代优化

迭代优化指的是模型能够随着物理实体系统的变化进行模型功能的更新和演化，并随着时间的推移进行持续的性能优化，基于模型的全生命周期的静态数据及模型运行过程的动态数据（数字孪生数据），实现模型的自我修正、自我优化，让原始模型越来越好用，进而满足装备及复杂系统对其智能性的需求。

因此，对于复杂系统的感知、建模、描述、仿真、分析、预测和调控等方面，数字孪生系统必须不断的迭代优化，也就是当系统内、外部情况变化时，系统要做出针对性调整，能根据服务需求，性能指标和场景等不同的要求完成数字孪生系统拓展，重构和多层次的调整。迭代优化首先是在数字模型空间发生，同时也同步在物理实体系统发生。

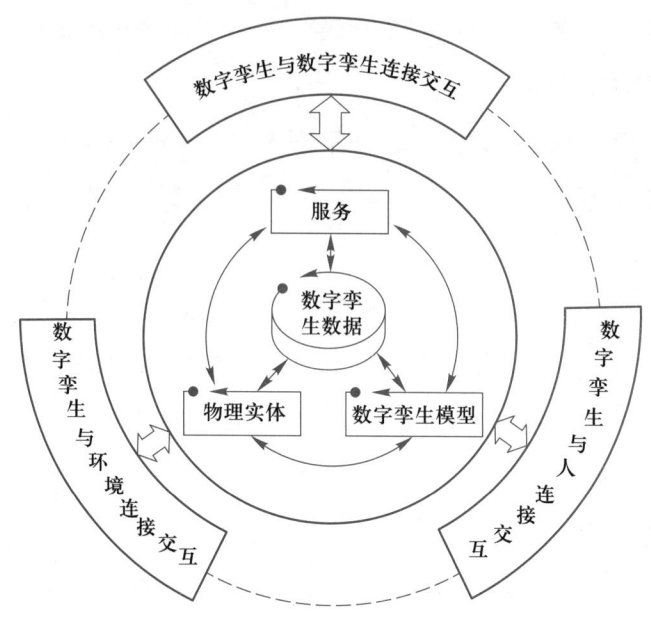

图 4.9　数字孪生连接交互内涵

具体来说就是物理实体系统的实时数据驱动服务系统对目的任务进行优化，产生初始信息，初始信息交由数字模型进行仿真和验证，在数字模型仿真数据驱动下，服务系统反复调整直至最优；服务系统最优的解决方案以指令形式传给物理实体系统，物理实体系统开始运行，数字模型实时监控物理实体并将状态数据处理后以最快形式反馈给物理实体，并及时动作。

4.3.3　数字孪生技术应用

数字孪生以数字化的形式在虚拟空间中构建了与物理世界一致的高保真模型，通过与物理世界间不间断的闭环信息交互反馈与数据融合，能够模拟对象在物理世界中的行为，监控物理世界的变化，反映物理世界的运行状况，评估物理世界的状态，诊断发生的问题，预测未来趋势，乃至优化和改变物理世界。数字孪生能够突破许多物理条件的限制，通过数据和模型双驱动的仿真、预测、监控、优化和控制，实现服务的持续创新、需求的即时响应和产业的升级优化。

基于模型、数据和服务等各方面的优势，数字孪生正在成为提高质量、增加效率、降低成本、减少损失、保障安全、节能减排的关键技术，同时数字孪生应用场景正逐步延伸拓展到更多和更宽广的领域，如表 4.2 所示。

表 4.2　数字孪生功能、应用场景和作用

数字孪生功能	应用场景	作用
模拟仿真	① 虚拟测试(如风洞试验) ② 设计验证(如结构验证、可行性验证) ③ 过程规划(如工艺规划) ④ 操作预演(如虚拟调试、维修方案预演) ⑤ 隐患排查(如飞机故障排查)	减少实物实验次数 缩短产品设计周期 提高可行性、成功率 降低试制与测试成本 减少危险和失误
监控	① 行为可视化(如虚拟现实展示) ② 运行监控(如装配监控) ③ 故障诊断(如风机齿轮箱故障诊断) ④ 状态监控(如空间站状态监测) ⑤ 安防监控(如核电站监控)	识别缺陷 定位故障 信息可视化 保障生命安全
评估	① 状态评估(如汽轮机状态评估) ② 性能评估(如航空发动机性能评估)	提前预判 指导决策
预测	① 故障预测(如风机故障预测) ② 寿命预测(如航空器寿命预测) ③ 质量预测(如产品质量控制) ④ 行为预测(如机器人运动路径预测) ⑤ 性能预测(如实体在不同环境下的表现)	减少宕机时间 缓解风险 避免灾难性破坏 提高产品质量 验证产品适应性
优化	① 设计优化(如产品再设计) ② 配置优化(如制造资源优选) ③ 性能优化(如设备参数调整) ④ 能耗优化(如汽车流线性提升) ⑤ 流程优化(如生产过程优化) ⑥ 结构优化(如城市建设规划)	改进产品开发 提高系统效率 节约资源 降低能耗 提升用户体验 降低生产成本
控制	① 运行控制(如机械臂动作控制) ② 远程控制(如火电机组远程启停) ③ 协同控制(如多机协同)	提高操作精度 适应环境变化 提高生产灵活性 实时响应扰动

　　例如，数字孪生在数据中心中的应用。在数据中心设计阶段主要采用三维建模技术手段，通过 CAD 软件、BIM 软件、CFD 软件等工具构建数据中心的数字化模型，再通过仿真和模拟技术在数字模型上进行可调节、可变参数、可重复、可加速的仿真实验，输出不同场景下的合理设计方案，最终提高现实中数据中心的设计效率，优化相关设计方案，让投资方付出较低的成本，得到较高的回报，利益得以最大化。如图 4.10 所示，采用 CAD 技术构建虚拟数据中心模型，然后通过能耗、温度、气流等数据的算法模型优化该模型，最终从众多的实验中获取最优策略应用到实际建设中，既满足了设计需求，又节约了内在成本。

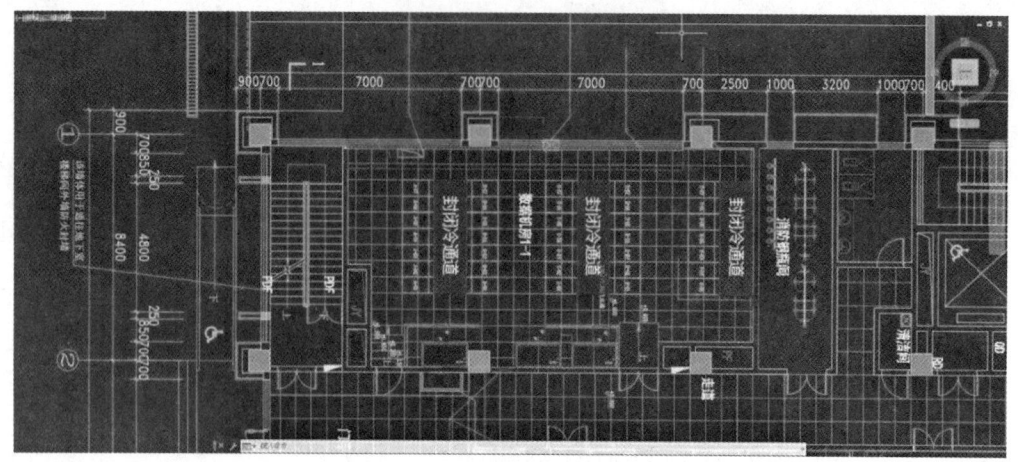

图 4.10　CAD 模型布局

在设计阶段，数据中心除了会分析布局以外，也会尝试整合一些动力、环境失效的方案以保障整个系统无设计缺陷，并为未来可能发生的状况或时间进行前期预演。设计阶段的数字孪生模型如果能被数据中心运维人员延续使用，将极大地提高模型使用效率，为后续的模型优化提供更多的数据支撑，使数字孪生体更加完整。

在数据中心运维阶段，数据机房可视化由机房 3D 模型、资产配置孪生、线路连接孪生、机房容量孪生、监控门禁系统孪生、汇报展示等孪生模型组成。

利用数字孪生技术虚拟构建数据中心机房的物理环境，模拟由数据中心的园区、机房、机柜、IT 设备等组成的 3D 模型，再将机房中 IT 设备或者基础设施的基本配置信息嵌入数字孪生系统中。相关的配置信息可以由任何可见物理设备找到，相关设备也可以通过任何配置信息完成资产配置的显示。配置信息嵌入后，系统内即可将相应的位置信息与资产信息进行管理，此时就可以搭建出机房容量模型。

机房容量模型根据机房柜的剩余空间、配电盘的电气情况自动生成服务器设备的设置位置信息，预测并分析服务器的电力消耗量和机房的设置规则，以及机房的空间、电力消耗量、冷气量和安装后的温度场。数据机房可视化不仅是由机房 3D 模型、资产配置孪生、线路连接孪生、机房容量孪生、监控门禁系统孪生、汇报展示孪生等模型组成的，监控信息以及其他汇报展示信息等也是机房数字孪生的重要组成部分。

数字孪生技术也将应用在数据中心制冷系统。降低能耗能效指标是指降低数据中心能效指标的 PUE 数值，这一直是各个数据中心想要解决的难题。在数据中心的能耗消耗构成中，除了 IT 设备消耗以外，制冷系统能耗占比最高，即降低制冷系统的能耗也可降低 PUE 的数值。在这种情况下，各种节能设备和技术应运而生，比如间接蒸发冷却 AHU、液冷都是目前节能效率较高的技术，也有较多应用案例，如图 4.11 所示。

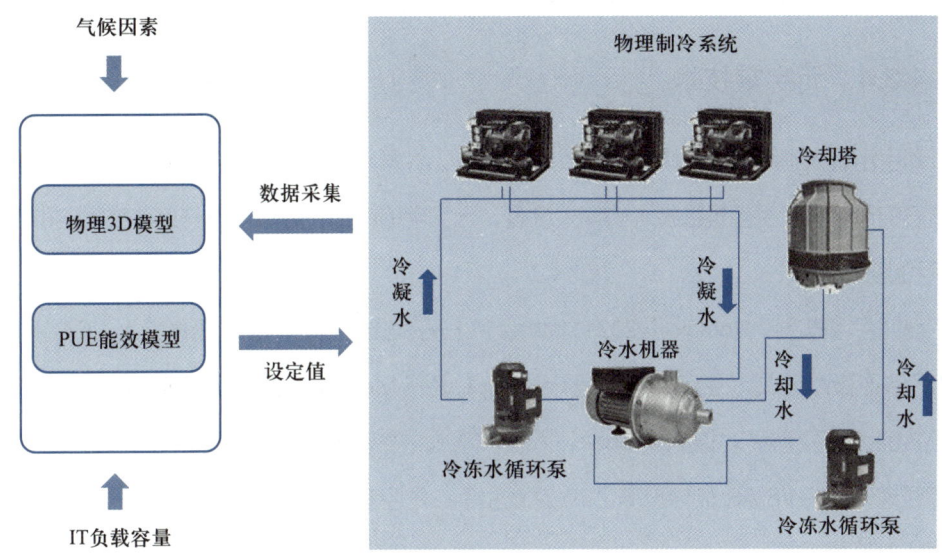

图 4.11　数字孪生运用在数据中心的制冷系统

制冷系统的 PUE 能效模型不仅包含深度学习神经网络模型，也包括气候、数据中心 IT 负载等外界因素的输入。数字孪生是一个双向的过程，在制冷系统的 PUE 能效模型中也不例外。另外，制冷系统通过多个传感器将收集的数据发送到虚拟数字空间，实时更新节能模型 PUE。PUE 功能模型可以基于期望的实际 PUE 值来检索可达到 PUE 值的各种输入参数。根据相关约束条件生成每个系统的最佳调整值，最终达到 PUE 值。调整值主要包括冷却塔的开启台数和风扇的转速、冷却泵的开启频率、冷却机的运转状态等。

数字孪生的基础源于数据，故数据中心模型的准确性取决于样本的数据量：样本的数据量越大，构建的数据机房模型越准确。为了获得大量的数据样本，我们需要对不同的数据中心设置相同的输入和输出变量。通常这些输入变量包括表征系统实时负载的变量、表征冷却系统运行的控制变量以及表征环境的变量，例如 IT 设备发热与功耗、空调送回风温湿度等；输出变量一般可设置为 PUE 最低值，并且控制 IT 设备进风温度不超过设定的温度（一般可以为 27℃）。这样，通过大量的运行样本可以构建输入变量与输出变量间相应的数字模型，再根据对应的目标值以及约束条件获得最佳的各系统设定值，从而达到节能减排的愿景。

在建设数字化数据中心时可依次进行数字化园区模型、暖通模型、安防系统模型、弱点模型、线路管道模拟模型、智能服务和决策模型。其中，弱点模型可借鉴已经成熟的智慧城市中的智慧楼宇或者智慧园区等相关系统中涉及的成熟模型。

以上的各个模型构成了智慧数据中心的基础。在此基础上，可再升级增加制冷系统、配电系统、智能化运维系统的数字化模型进入数据中心的数字化系统中，不断完善整个数字化体系，为定期自动生成优化运行的建议提供决策参考。

4.3.4　元宇宙技术

元宇宙是人工智能、区块链、大数据、5G、云计算、物联网、数字孪生等技术达到一定程度后的产物，元宇宙是各技术的集大成者。元宇宙的成功，势必离不开这些技术的进一步成熟和商业化。

自元宇宙概念股 Roblox 于 2021 年 3 月 11 日在美国上市，元宇宙迅速进入人们的视野，科技巨头们纷纷布局元宇宙，尤其是 Facebook 改名 Meta 全力押注元宇宙，掀起了各大科技巨头的"元宇宙热"。以 Facebook、微软、腾讯、字节跳动为代表的科技大厂持续加码元宇宙赛道，围绕 VR/AR 硬件设施、3D 游戏引擎、内容制作平台等与元宇宙相关的多重领域拓展能力版图。

1. 元宇宙概念的提出

这个概念源自美国著名科幻作家 Neal Stevenson 于 1992 年发表的科幻小说《雪崩》，这本书最先提到了元宇宙 Metaverse。《雪崩》中这样描述元宇宙："戴上耳机和眼镜，找到连接终端，就能够以虚拟分身的方式进入由计算机模拟、与真实世界平行的虚拟空间。"而 Metaverse 由 Meta 和 Verse 两个词根组成，Meta 表示"超越""元"，verse 表示"宇宙 Universe"。《雪崩》向大家启蒙了元宇宙的概念，小说描绘了一个庞大的虚拟现实世界，所有现实世界的人在元宇宙里都有一个网络分身，人们用数字分身来进行活动，并相互竞争以提高自己的地位。元宇宙象征着一个平行于现实世界的、人造的虚拟维度，参与者能做的事和经历只会受到想象力的限制。到目前看来，《雪崩》里描述的元宇宙还是相对超前的未来世界。

2. 元宇宙的定义

通常说来，元宇宙是基于互联网而生、与现实世界相互打通、平行存在的虚拟世界，是一个可以映射现实世界又独立于现实世界的虚拟空间。它不是一家独大的封闭宇宙，而是由无数虚拟世界、数字内容组成的不断碰撞、膨胀的数字宇宙。现实世界和虚拟世界是平行的，且融合在一起。我们把这个平行于现实世界的虚拟世界称为元宇宙。

3. 元宇宙的特征

未来的元宇宙应该有 4 个核心的特征，满足了所有四大特征的就是一个完善、完整、完备的元宇宙，满足部分特征的只能算是一个初级的元宇宙。

1）沉浸式体验

元宇宙的第一个特征是沉浸式体验。沉浸式体验是我们对元宇宙或者对未来互联网的一个本质追求。因为人们不满意现在的互联网体验，就是因为人们要追求沉浸式体验，所以才提出元宇宙这个概念。举一个例子，大家现在看到的 IMAX 3D 版的电影《阿凡达》，只有3D 效果，只能够听到声音。并不能够亲身体验到潘多拉星球的场景，不能身临其境地体验到与阿凡达一样骑在斑溪兽（Banshee）背上的那种飞翔的感觉。也就是说，即便是观众看的是《阿凡达》这样优秀的 IMAX 电影，也没有沉浸式体验。沉浸式体验是元宇宙的第一个追求目标。现在的很多 3D 游戏，只能算是元宇宙的雏形。可能现在大家都讲得比较多的还是集中在视觉和听觉的沉浸式体验。在视觉上看到的和在精神上体验到的效果一模一样，才是最好的视觉体验。听觉的沉浸式体验也是大家追求的目标，目前大家也比较关注，研究也比较多，效果也已经不错。

在未来，也许会很快实现触觉的沉浸式体验。看着对面来了一个模特，用手一摸，也许就能够摸到模特那种特有的触感。也许在未来的一个较短的时间里，这种触觉的沉浸式体验就可以实现。在元宇宙里面看到一个美女，甚至可以体会到牵着她手的那种感觉，这是一种更好的体验。再下一步，未来可能就要做嗅觉的沉浸式体验。也许在不久的未来，元宇宙里一个大美女走过来，我们是可以闻到她身上的那种女性特有的体香。在现实世界里，较高档的酒店一般都是通过嗅觉来让客户记住的。每个酒店都会设计自己独特的香味，例如全季酒店就是抹茶香。让你一进酒店就闻到这种香味，并深深地记住这个香味，然后记住这个酒店。未来元宇宙也会如此。在比较远的未来的元宇宙里，也许还可以实现尝到外婆给我做的那种所谓"外婆的味道"的菜肴，哪怕我外婆已经过世多年。外婆做的菜可能不是很好吃，但由于我们小时候吃习惯了，就特别喜欢那个味道。哪怕我们到了中年也记得那个味道。即使外婆不在世了，肉身已经消失了，在元宇宙里也能够尝到那种熟悉的味道。元宇宙味觉在未来是可以实现的。这就是元宇宙的第一个特点，称为沉浸式体验，我们人类的视觉、听觉、触觉、嗅觉、味觉在元宇宙里都有可能实现，在未来第六感也有可能在元宇宙实现。

2）虚拟身份

元宇宙的第二个特征是数字身份，或者叫虚拟身份。虚拟身份就是要实现观音菩萨给孙悟空的三根救命毫毛的功能。孙悟空拔出一根毫毛就能够变为他的化身，化身还是跟唐僧在一起，但是他的本身（或叫肉身）已经钻到铁扇公主的肚子里去了，这就实现了肉身和化身的分离。这个化身的实现技术就是我们所说的数字身份。我们每一个人在未来的元宇宙里边都有一个或者若干个数字身份。我的身份在元宇宙里边可能是一个大教授，一个大博士，但也有可能是一个小市民，一个农民，或者是一个大元帅、一个国王，当然也不排除是阿猫阿狗这样的一个动物，这都有可能。也就是说我未来在元宇宙里边可能是各种各样的化身形态，但是这些化身都是我的身份，所以需要有一个身份的标识。

3）虚拟经济

元宇宙第三个特征就是虚拟经济，或者叫元宇宙经济。我们现在的经济是基于现实世界的经济，你给我 1 千克粮食，我就给你三块钱，一手交钱一手交货。元宇宙作为下一代互联网的形态，正逐渐改变人们的生活和工作方式。随着元宇宙的不断发展，虚拟经济也正在崛起，成为数字经济的重要组成部分。未来在元宇宙里边也会有大量的交易，这就是形成我们所说的虚拟经济。

首先，元宇宙中的虚拟商品和数字资产已经成为现实。在元宇宙中，用户可以购买虚拟土地、数字艺术品、虚拟宠物等数字资产，这些数字资产与现实世界的资产一样具有价值。同时，用户还可以通过虚拟劳动、创造数字内容等方式获得数字收益。

其次，元宇宙的发展也催生了一系列新兴产业。虚拟游戏开发、VR 设备制造、虚拟艺术创作等领域正在迅速发展，为社会带来了大量的就业机会。这些新兴产业不仅创造了新的经济增长点，也为传统产业提供了数字化转型的机会。

此外，元宇宙中的虚拟经济也促进了数字货币的发展。虚拟货币在元宇宙中发挥着越来越重要的作用，如以太坊等数字货币已经成为元宇宙中的主要支付方式。数字货币的兴起不仅降低了交易成本，还提高了交易的效率和安全性。

总之，随着元宇宙的不断发展，虚拟经济正在崛起，成为数字经济的重要组成部分。元宇宙中的虚拟商品和数字资产、新兴产业以及数字货币等方面的发展，正在改变我们的生产和生活方式，推动着社会经济的数字化转型。

4）虚拟社会治理

大家可能看过《头号玩家》《失控玩家》，里边每一个人都有身份，戴上眼镜就有特定身份，有一些人比较强壮，一到了这个元宇宙里边，他可能任意地烧杀掠夺。那么在我们期望的元宇宙里面，是不是也会变成这个样子呢？我觉得有可能也不是这么恶劣，我们也不希望这么恶劣。因此，要防止人的恶，发扬人的善，在元宇宙里边也要有社会的治理。至于怎么防止烧杀抢掠、强奸、猥亵等各种各样事情的发生，这就需要社会治理。而在元宇宙里边，可能没有一个中央化的强大的政府，这就需要社区化的社会治理。

总结一下，元宇宙的核心特征就是 4 个：沉浸式体验、虚拟身份、虚拟经济和虚拟社会治理。

4.3.5　虚拟现实、数字孪生与元宇宙

元宇宙是一个用来描述虚拟世界、数字世界或者多层次、多用户、多设备互联网空间的术语。它通常包括虚拟现实、增强现实、混合现实等技术，以及人工智能、区块链、物联网等技术的结合。元宇宙致力于创建一个虚拟的世界，用户可以在其中创造、交互、社交和体验，类似于现实世界的虚拟化版本。

数字孪生则是指将现实世界中的实体物体、系统、过程等通过数字化的方式进行建模、仿真和监测，从而在虚拟世界中实现对现实世界实时、动态的模拟和管理。

数字孪生是充分利用物理模型、传感器更新、运行历史等数据，集成多学科、多物理量、多尺度、多概率的仿真过程，在虚拟空间中完成映射，从而反映相对应的实体装备的全生命周期过程。元宇宙是一个不断发展的数字空间网络，内部是效率的革命性提升，外部是千万行业的线上虚拟。它是现实和虚拟的结合，是一个与现实世界平行存在、相互连通、各自精彩的模拟世界。未来线上与线下、真实世界与模拟世界之间会无缝融合、有机连通。

从内容和功能来看，元宇宙通常提供更丰富的多媒体内容和虚拟体验，包括虚拟现实和增强现实技术，用户可以在其中创造、互动、社交、娱乐等；而数字孪生主要用于对实际世界中的实体进行建模、仿真、监测和优化，用于实时监控、管理和优化现实世界中的物理系统。

从技术和应用来看，元宇宙通常涉及虚拟现实、增强现实、区块链、人工智能等技术，主要应用于娱乐、社交、游戏、教育、商业等领域；而数字孪生主要涉及计算机辅助设计、数字化建模、仿真、物联网、大数据等技术，主要应用于工业、城市规划、智慧城市、物联网等领域。

从应用的场景来看，元宇宙主要应用于虚拟社交、虚拟经济、虚拟娱乐等领域，如虚拟社交平台、虚拟游戏、虚拟商城等；而数字孪生主要应用于工业、建筑、能源等领域，如数字化建筑模拟、工业生产优化、智能城市规划等。

虽然元宇宙和数字孪生在应用领域上有一定的区别，但在某些领域可能会存在交叉应用，例如在智慧城市、虚拟城市等领域，元宇宙和数字孪生可以相互支持和补充。例如，可以使用数字孪生技术创建一个城市的虚拟模型，并在元宇宙中进行实时的城市规划、交通优化、能源管理等虚拟体验和决策。这样，数字孪生和元宇宙可以结合使用，共同推动智慧城市的发展。

4.4 数字敦煌虚拟现实应用体验

敦煌石窟是中国古代文明的一个璀璨的艺术宝库，它的开凿从十六国时期至元代，前后延续约 1 000 年。现有洞窟 735 个，保存壁画 4.5 万多平方米，彩塑 2 400 余尊，唐宋木构窟檐 5 座，是中国石窟艺术发展演变的一个缩影，是建筑、雕塑、壁画三者结合的立体艺术，在石窟艺术中享有崇高的历史地位。

"数字敦煌"项目利用先进的科学技术与文物保护理念，对敦煌石窟和相关文物进行全面的数字化采集、加工和存储。将已经获得和将要获得的图像、视频、三维等多种数据和文献数据汇集起来，借助虚拟现实等前沿技术，突破物理空间的局限，在虚拟世界对它进行 1:1 高清立体还原，并构建出一个可实时交互、沉浸参观、体验游玩的深度漫游场景。

数字敦煌包括网页版和移动手机端两种。打开数字敦煌官网，首页包括资源库、素材库、数字藏经洞、敦煌学研究文献库 4 个栏目，如图 4.12 所示。

图 4.12　数字敦煌网站首页

"寻境敦煌"围绕莫高窟第 285 号窟，依托敦煌学丰厚的研究成果和"数字敦煌"的多年积淀，结合腾讯游戏科技等前沿技术能力，综合应用三维建模技术、游戏引擎的物理渲染和全局动态光照、VR 虚拟现实场景等前沿游戏技术，1:1 高精度立体还原第 285 号窟，实现上亿面的高保真数字模型和超高分辨率的表面色彩。游客可零距离观赏壁画、360°自由探索洞窟细节，还可以"上升"到窟顶，身临其境参与壁画故事情节，感受古时洞窟中曾被照亮的场景。

"寻境敦煌"线上版本围绕文化交融的精神内核，以"善"为线索进行互动游览。线上用户可登录"数字敦煌"官方网站或微信搜索"数字敦煌"微信小程序，随时随地一键体验，深度浏览壁画故事，自由探索上百个洞窟知识点，了解第 285 号窟丰富的文化内涵，如图 4.13 所示。

图 4.13 寻境敦煌

线下游客可在莫高窟景区内的"数字敦煌沉浸展馆"体验，佩戴 VR 设备、跟随能量体"摩灵"指引，身临其境"走进"洞窟。游客不仅能打破时空束缚，穿越到 1 400 多年前精妙绝伦的壁画世界，还能与"雷公"等 40 余位"众神"飞跃云端、一同奏响天乐。VR 体验后，游客还将有机会录制一段"虚拟拍摄"纪念视频，在腾讯臻彩云境技术的渲染下完成"真人 + 虚拟场景"视频打卡，把"虚拟体验"留在现实。

"数字藏经洞"综合运用高清数字拍照扫描、游戏引擎的物理渲染和全局动态光照、云游戏等游戏技术，生动复现藏经洞及其百年前窑藏 6 万余卷珍贵文物的历史场景，数字资产规模超过 50 GB，画面清晰度达到 4K 影视级的视觉效果。

"数字藏经洞"采用动捕技术和 AI 语音驱动表情技术，完成超过 350 个动画视频数据驱动，以此打造了 6 个不同的用户角色和 7 个 NPC 角色。采用云游戏方式，在服务器端进行渲染和编码，承载 50 GB 庞大的数字资产，全部运算在云上完成。用户一键接入，突破设备、时空、人流限制，实现写实级别的场景和沉浸式的交互体验感受。

"素材库"中有 6 处石窟的数字资源，用户可以自由选择，灵活编辑使用。

"敦煌学研究文献库"中的统一检索，可检索敦煌学各类纸本、电子资源信息；"馆藏检索"可检索敦煌研究院纸本馆藏信息；"特色资源检索"可检索网站所有特色库内容。

4.5 本章小结

虚拟现实技术是指采用以计算机技术为核心的现代高新技术，生成逼真的视觉、听觉、触觉一体化的虚拟环境，参与者可以借助必要的装备，以自然的方式与虚拟环境中的物体进行交互，并相互影响，从而获得等同真实环境的感受和体验。通过本章的学习，大家应重点掌握以下内容。

（1）虚拟现实、增强现实、混合现实、扩展现实的概念及其相互关系。

（2）虚拟现实系统的三个重要特征：沉浸感、交互性和构想性，任何虚拟现实系统都可以用三个"I"来描述其特征。其中沉浸感与交互性是决定一个系统是否属于虚拟现实系统的关键特征。

（3）虚拟现实技术的发展和应用可以分为三个阶段：第一阶段是 20 世纪初期到 20 世纪 70 年代，是属于虚拟现实技术的探索阶段；第二阶段是 20 世纪 80 年代初到 80 年代末，是虚拟现实技术基本概念的逐步形成，虚拟现实技术走出实验室，开始进入实际应用阶段；第三阶段是从 20 世纪 90 年代初至今，是虚拟现实技术全面发展时期，消费级应用产品开始出现。

（4）虚拟现实的关键技术主要包括：立体高清显示技术、三维建模技术、人机交互技术。

（5）三维建模技术主要包括：几何建模、物理建模、运动建模。

（6）数字孪生是充分利用物理模型、传感器更新、运行历史等数据，集成多学科、多物理量、多尺度、多概率的仿真过程，在虚拟空间中完成映射，从而反映相对应的实体装备的全生命周期过程。

（7）数字孪生系统最重要的几个特征就是双向映射、动态交互、实时连接和迭代优化。

（8）元宇宙是一个用来描述虚拟世界、数字世界或者多层次、多用户、多设备互联网空间的术语。它通常包括虚拟现实、增强现实、混合现实等技术，以及人工智能、区块链、物联网等技术的结合。

本章习题

一、名词解释

VR，AR，MR，XR，数字孪生，元宇宙

二、填空题

1. 虚拟现实技术的特征有_____、_____和_____。

2. 典型的虚拟现实系统主要由_____、_____和_____等组成。

3. 数字孪生系统最重要几个特征是_____、_____和_____。

三、简答题

1. 简述虚拟现实技术的发展历程。

2. 简述虚拟现实技术的特性。

3. 简述虚拟现实系统的硬件组成及其功能。

四、论述题

1. 谈谈你对虚拟现实技术现状及未来发展的看法。

2. 谈谈虚拟现实技术在自己所学专业的行业领域中有哪些应用。

3. 举例说明数字孪生技术在各行各业的应用。

五、元宇宙作品赏析

请打开"郑州经贸学院元宇宙智慧岛",并分析该作品具备了元宇宙的哪些元素?作品的不足之处有哪些?

—— 第二篇
大数据技术及其应用

　　大数据时代悄然来临，带来了整个信息技术发展的巨大变革，并深刻影响着社会生产和人们生活的方方面面。在全球范围内，世界各国政府也非常重视整个大数据的研究和产业的发展，纷纷把大数据上升为国家战略来加以重点推进，企业和学术机构也纷纷加大技术、资金和人员的投入力度，加强对整个大数据关键技术研发应用，从而期望在第三次信息化浪潮中占得先机，引领市场。大数据可以说已经不是镜中花水中月，其影响力正迅速渗透至社会各个层面，所到之处，或颠覆或提升，让人们切实感受到了大数据的威力。

第 5 章　数据模型与结构

数据是进行各种统计、计算、科学研究或技术设计等所依据的数值。在数字世界中，通过对数据特征的抽象，构建数据模型描述问题，并设计数据结构表述数据模型。本章主要内容有：数据的概念及相关介绍、数据的模型、数据的结构以及用 Python 开展数据结构的实践。

5.1　数据

在当今数字化时代，我们经常会听到一句话：数据是新能源。说到能源，我们首先想到的是石油，所以大家就习惯把数据比喻成石油如图 5.1 所示。但是，在我们看来，"新能源"对应的英文应是"New Power"。我们坚信"Data is Power"，这也是我们重视数据的根本原因。数据是人类文明史上的第三个重要的 Power，之前的两个 Power 分别是蒸汽能（steam power）和电能（electric power），它们分别推动了第一次和第二次工业革命的爆发。如果说蒸汽能和电能造就了从西方世界开始的两百多年的工业文明，数据能（data power）将把人类带入数字文明时代。数据是数字经济发展的重要生产要素，这个生产要素不同于土地、劳动力，也不同于资本、技术。如果要给数据找一个恰当的比拟物，也许只有 19 世纪末伟大的发明家尼古拉·特斯拉发明的交流电最为贴切。数据是新时代的交流电，就像 20 世纪，交流电给世界带来的深刻变化一样，随着人们对数据能认识的提高，我们将进入一个"未来已来，一切重构"的时代。

图 5.1　数据是"未来的石油"

现今，由计算机和互联网构成的庞大信息系统已经成为人类社会正常运转不可或缺的核心部分，其重要程度无异于传统的桥梁、道路、电力系统等基础设施。而人类社会运转的过程也被这个系统记录下来，形成大量数据。数据中蕴含了丰富的信息和规律，因而成为炙手可热的资源。电子商务企业利用购物数据获知不同人群对不同商品的喜好，从而大大提升商品推广的效率。医疗机构通过分析病人的检测数据，发掘出疾病的成因和规律，让诊断和治疗变得更加准确。教育机构通过分析学生的行为数据了解学生的个体差异，从而更好地因材施教。很多行业的经营和生产模式都因数据的使用而发生改变。数据宛若信息时代的新能源，这一论断有着深刻的内涵和广泛的共识。

5.1.1 数据的概念

有些人认为，数据就是数字，或者必须是由数字构成的，其实不然，数据的范畴比数字要大得多。比如说互联网上任何的内容（包括文字、图片或者视频等）、医院里包括医学影像在内的所有档案、公司和工厂里的各种设计图纸、出土文物上的文字和图示、宇宙在形成过程中的许多数据（比如宇宙基本粒子数等），甚至是人类的活动本身，这些都是数据，而且数据的范畴是随着人类文明的进程不断变化和扩大的。

数据是指对客观事件进行记录并可以鉴别的符号，是对客观事物的性质、状态以及相互关系等进行记载的物理符号或这些物理符号的组合，是可识别的、抽象的符号。

数据是计算机能够识别、存储和加工处理的对象。它是以二进制形式存储在计算机系统中的。例如，在计算机中，一个简单的整数"5"就是一个数据。它在计算机内部以二进制形式（如0000 0101）存在。数据可以是各种类型，包括数值型数据，像年龄、身高（如18岁、175厘米）；也可以是字符型数据，如姓名（"张三"）、地址（"北京市朝阳区某小区"）；还有日期时间型数据，像2025-01-12 10：30：00等。这些数据是计算机系统进行各种运算和处理的基础。

在现今大数据时代，大家谈论数据时，常常把它和信息的概念混同起来，比如人们在今天谈论数据处理和信息处理时，其实想要表达的意思相差不大。然而严格地讲，数据和信息虽然有相通之处，但还是不同的。数据与信息的区别与联系，可以从以下几个方面来理解。

1. 数据是信息的载体

数据是信息的物质表现形式。信息需要依附于数据才能存在和传递。就像文字是信息的载体一样，数据承载着各种各样的信息。例如，在一个企业的人力资源管理系统中，员工的姓名、工号、入职日期等数据，承载着员工的基本信息。没有这些数据，企业就无法获取和管理员工的基本信息。

2. 信息是数据的内涵

信息是对数据进行加工处理后得到的有意义的内容。数据本身可能只是杂乱无章的符号或数值，但经过分析、整理等处理后，就能提取出有价值的信息。以气象数据为例，温度、湿度、气压等数据单独看可能只是一个个数值。但当气象专家将这些数据进行综合分析，就能得出天气预报信息，如明天将有暴雨、气温下降等。这些信息对于人们安排出行等活动具有重要的指导意义。

3. 数据与信息的相互转化

数据和信息可以相互转化。一方面，数据经过加工处理可以转化为信息。如上文提到的气象数据转化为天气预报信息。另一方面，在某些情况下，信息也可以转化为数据。例如，当人们将天气预报信息（如"明天晴，最高气温 20℃"）输入到气象数据库中，这些信息就以数据的形式存储起来，方便后续的查询和分析。这种转化是动态的，随着人们对数据的不断挖掘和分析，新的信息会不断产生，同时也会有新的数据被收集和存储。

5.1.2　数据分类

数据的类型从不同的角度有多种分类方法。其中，按数据的结构分类，可以分为结构化、非结构化、半结构化数据。

（1）结构化数据。结构化数据是具有固定格式和组织方式的数据。它通常存储在关系型数据库中，以表格的形式呈现，每一行代表一个记录，每一列代表一个属性。结构化数据的特点是易于查询、统计和分析。

（2）非结构化数据。非结构化数据是没有固定格式和组织方式的数据。它包括文本文件、图片、音频、视频等，如图 5.2 所示。非结构化数据占据了数据总量的大部分，其特点是数据内容丰富，但难以直接进行查询和分析，需要通过特定的技术手段（如自然语言处理、图像识别等）来提取有价值的信息。

① 文本文件：是一种由若干字符构成的计算机文件，比如用记事本、写字板、WPS、Word 等程序生成的文件。常见格式包括 Word 和 TXT 等。

图 5.2　不同类型的数据及其图标

② 图片：是指由图形图像构成的平面媒体，图片的格式非常多，大体可以分为点阵图（位图）和矢量图两类，我们常用的 BMP、JPG 属于点阵图，而 SWF、CDR、AI 等格式的图形属于矢量图。

③ 音频：是指存储声音内容的文件，把音频文件用一定的音频程序播放，就可以还原以前录下来的声音。音频文件的格式非常多，包括 CD、WAV、MP3 等。

④ 视频：是指各种动态影像的存储格式，MPEG-4、AVI、DAT 等都是视频常用的格式。

（3）半结构化数据。半结构化数据是介于结构化数据和非结构化数据之间的数据类型。它有一定的组织形式，但不像结构化数据那样严格。常见的半结构化数据格式有 XML、JSON 等。这些数据格式有标签或键值对来标识数据的含义，但数据的结构可能比较灵活。

5.1.3　数据组织形式

计算机系统中的数据组织形式有两种，即文件和数据库。

文件：计算机系统中的很多数据都是以文件形式存在的，比如一个 Word 文件、一个文本文件、一个网页文件、一个图片文件等。

数据库：数据库已经成为计算机软件开发的基础和核心，数据库在人力资源管理、固定资产管理、制造业管理、电信管理、销售管理、股市管理、图书馆管理、政务管理等领域发挥着至关重要的作用。

人类社会已经经历了层次数据库、网状数据库、关系数据库、NoSQL 数据库，到目前为止，关系数据库仍然是目前的主流数据库，大多数商业应用系统都是构建在关系数据库基础之上的。

随着 Web 2.0 的兴起，非结构化数据迅速增加。目前人类社会产生的数字内容中有90% 是非结构化数据，因此能够更好支持非结构化数据管理的 NoSQL 数据库应运而生。

5.2　数据模型

5.2.1　数据模型中的基本概念

数据科学涉及了人类工作的方方面面，数字化设备、信息管理系统、文本编辑器、电子表格、大数据平台、数据可视化、深度学习技术等的普及，都显示出了数据科学对社会的影响。

从根本上讲，数据科学与计算机科学一样，也是一门抽象的科学，它引导人们以数据为中心来思考问题，以及找到适当的数据化与机械化技术解决问题并建立模型。

通常情况下，找到好的抽象方式是相当困难的，因为计算设备能执行的任务有限，执行速度也有限。好在科学家和工程师们已经在探索与求解真实世界的问题中，总结出了很多有效的抽象模型。其中涉及以下几个关键的概念。

（1）数据模型：数据特征的抽象，用来描述问题。

（2）数据结构：用来表示数据模型的编程语言结构。高级语言一般都提供了内置的抽象，比如结构和指针，方便构建数据结构，表示像图这类的复杂抽象。

（3）算法：操作用数据模型、数据结构等形式表示的数据，从而获取解决方案的技术。

5.2.2　数据模型概述

微视频
5-1：数
据模型

任何数学概念都可称为数据模型，而在编程语言设计的领域，数据模型通常包含以下两个方面。

（1）对象可以采用的值。例如：很多数据模型包含具有整数值的对象。数据模型的这个方面是静态的，它告诉人们对象能接收哪些值。编程语言数据模型的这一静态部分通常被称为类型系统。

（2）数据的运算。例如：常常会对整数执行加法这样的运算。模型的这一方面是动态的，它告诉人们改变值和创建新值的方式。

数据模型也包括不同的类型，例如：编程语言的数据模型、系统软件的数据模型、电路的数据模型等。

1. 电路的数据模型

计算机电路使用的数据模型就是命题逻辑，在计算机设计中是最实用的。计算机是由称为门的基本元件组成的。每个门都有着一个或多个输入以及一个输出，输入或输出的值只能是 0 或 1。门具有一个简单的功能，比如 AND 运算（与运算），就是如果所有输入为 1，那么输出就是 1；而如果至少有一个输入为 0，那么输出就是 0。从某个抽象层次来讲，计算机设计就是选择如何连接门来执行计算机基本运算的过程。当然也存在其他很多与计算机设计相关的抽象层次。

图 5.3 展示了常见的与门符号以及对应的真值表，该表指明了每对输入值搭配经过该门产生的输出值，即真值表。

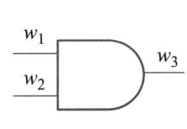

w_1	w_2	w_3
0	0	0
0	1	0
1	0	0
1	1	1

图 5.3　与门及其真值表

2. 系统软件的数据模型

数据模型不仅存在于编程语言中，而且存在于操作系统和应用程序中，例如著名的 UNIX/Linux 或 MS-DOS 这样的操作系统。操作系统的功能是管理和调度计算机的资源。像 UNIX/Linux 这样的操作系统，其数据模型具有文件、目录和进程这样的概念。

（1）文件：数据本身存储在文件中，在 UNIX/Linux 系统中，文件都是字符串和字符。

（2）目录：文件被组织成目录，目录件形成了树形结构，而文件处在树叶的位置。树可以表示 UNIX/Linux 操作系统的目录结构。目录是用圆圈表示的。根目录 / 包含名为 mnt、usr、bin 等的目录，目录 ann 下含有 3 个文件：a1、a2 和 a3，如图 5.4 所示。

（3）进程：进程是指程序的独立执行。进程接收流作为输入，并产生流作为输出。在 UNIX/Linux 系统中，进程可以通过管道连接，让一个进程的输出作为下一个进程的输入。这种进程组合可看作有着自己输入输出的独立进程，就像数据工作流（data workflow）一样。

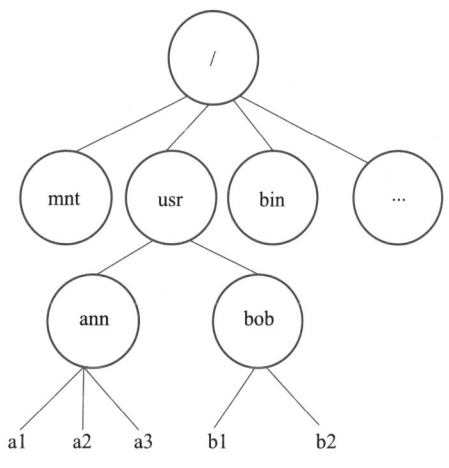

图 5.4　具有代表性的 UNIX/Linux 目录 / 文件结构

3. 编程语言的数据模型

每种编程语言都有自己的数据模型，这些数据模型互不相同，而且通常有相当大的差异。多数编程语言处理数据所遵循的基本原则是：每个程序都可以访问用于表示存储区域的"框"。每个框都具有一个类型，比如 int 或 char。框中可以存储类型对应的值，通常将可以存储到这些框中的值称为数据对象。

还要为这些框命名。一般来说，框的名称可以是任何指示该框的表述性词语。通常会将框的名称视作该程序的变量，不过情况并非完全如此。例如，如果 x 是递归函数 F 的局部变量，那么就可能会有很多名为 x 的框，每个 x 都与对 F 的不同调用相关联。这样的话，这种框的真实名称就是 x 与对 F 的某次调用的组合。

C 语言中的多数数据类型都是我们熟悉的，如整数、浮点数、字符、数组、结构和指针，这些都是 C 语言数据模型的静态部分。而对数据进行的操作，包括对整数和浮点数的常规算术运算、对数组或结构元素的存取操作以及指针的解引用（也就是找到指针所指向的元素），这些运算都只是 C 语言数据模型动态部分的一部分。

同样，Python 编程语言的背后也有类似的数据模型，只不过 Python 的核心是对象，因此所有 Python 中的数据都表示为对象或对象间的关系。每个对象都有一个标识、类型和值。一旦对象被创建，对象的标识就不会改变了，可以把它想象成对象在内存中的地址。可以使用 is 运算符来比较两个对象的标识是否相等。可以使用 id（）函数来得到一个整数，它表示对象的标识。可以使用 type（）函数得到对象的类型。

简单来说，Python 中的数据模型就是 Python 自有的数据类型，及其包含的特殊方法。例如：使用 len（）时会调用 _len_ 特殊方法；使用 list［］时会调用 _getitem_ 方法；使用各类运算符也会调用其相对应的方法。从根本上而言，list［］、+、−、*、/、for i in x 这些写法只是为了更简洁和更具有可读性，但内部跟其他操作一样，也是通过方法实现的，是一些特殊方法。

像 Python 这种诞生时间比较晚的语言，其抽象层次更高，因此语言内置的数据模型比起更加传统的 C 语言来说就更为丰富，这也是众多开发者喜欢 Python 语言的原因之一，因为在处理不同数据类型的时候实在是非常方便与简洁。

5.2.3　数据模型的应用

数据模型在数据科学中占据着核心地位，就如同算法在计算机科学中的地位那样，它对很多相关学科领域都有着重要且深远的影响。这里简单举几个数据模型的应用场景。

第一个就是对程序语言设计的指导。随着信息技术的飞速发展，各个行业都在被计算技术所改变甚至颠覆。新的程序设计语言也层出不穷，有的是面向互联网的，有的是面向物联网的，有的是面向科学计算的，还有的甚至是面向幼儿教育的。不管是哪种场景，都要和数据打交道，因此数据在程序中的地位越来越重要，提供更加丰富的内置数据模型支持已经成为语言设计专家的共识。Python 直接支持集合、队列、字典等结构，R 语言中的 DataFrame 结构，Scala 语言支持模式匹配等。

第二个就是对算法设计的影响，不同的数据模型能够支持不同特性的算法。以排序算法为例，常见的算法都是在一个列表模型上进行的，但也有基于树模型的算法，如二分搜索树算法。图 5.5 所示是一个二分搜索树算法的过程展示，在第一步中，我们根据图中的无序数组构建二分搜索树，二分搜索树每个节点的左子树的值都小于该节点的值，每个节点右子树的值都大于该节点的值，基于这一建树规则，我们将无序列表以树形结构表示出来。第二步中，我们基于中序遍历的规则，依次访问左子树→根节点→右子树，遍历输出该树上的节点，竟然能够神奇地输出已经排列好的序列。

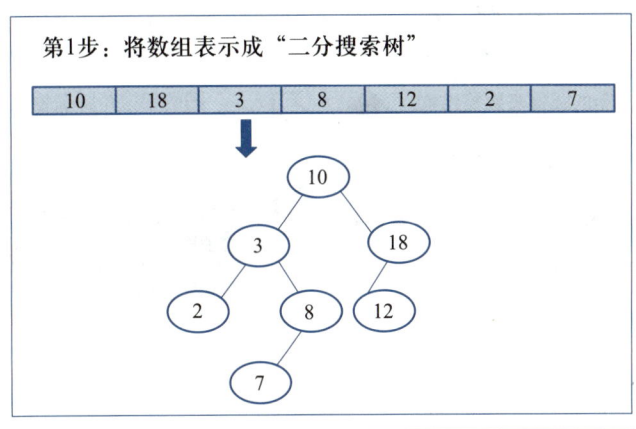
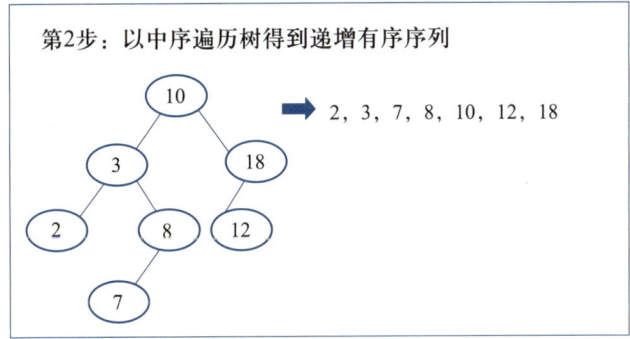

图 5.5　二分搜索树

第三个就是对问题的构造与求解。以搜索引擎为例，复杂的 Web 数据可以表示成一个图数据模型，既可以是有向的也可以是无向的，然后根据不同的问题需求，用不同的数据结构进行程序表示。例如：对于图的搜索问题，如图 5.6 所示，可以将图数据模型表示成邻接表数据结构，而对于图的节点 Ranking 问题，则可以用邻接矩阵进行表示，目的是为后面可以设计高效的基于矩阵运算的 PageRank 算法。因此可以看出，同一个数据模型，为了不同的求解目的，可以通过不同的程序表达进行实现，这就是数据模型之美。

数据模型、数据结构和程序表达，这些都是数据科学和计算机科学中至关重要的内容，数据科学的发展使得数据和算法一样，需要在代码实现的过程中显示并被开发者所关注，随着世界越来越数据化，这种关注也会越来越深入。

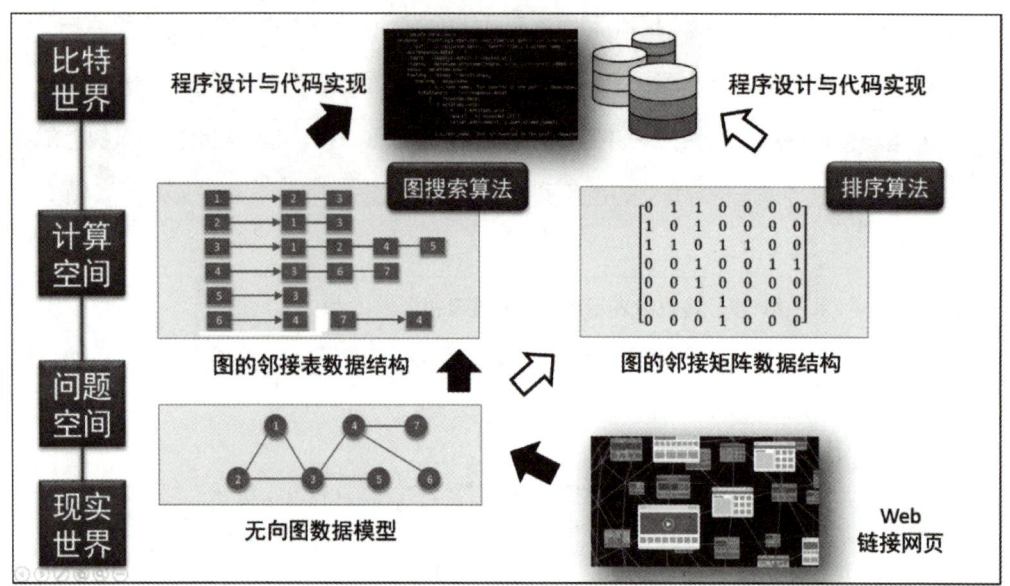

图 5.6　图搜索算法

5.3　数据结构

在计算机科学中，数据结构（data structure）是程序设计的重要理论和技术基础，它所讨论的内容和技术，对从事软件项目的开发有重要作用。学习数据结构要达到的目标是：学会从问题出发，分析和研究计算机加工的数据结构的特性，以便为应用所涉及的数据选择适当的逻辑结构、存储结构及其相应的操作方法，为提高应用计算机解决问题的效率服务。

数据结构是指数据元素的集合（或数据对象）及元素间的相互关系和构造方法。元素之间的相互关系是数据的逻辑结构，数据元素及元素之间关系的存储形式称为物理结构（或存储结构）。算法与数据结构密切相关，数据结构是算法设计的基础，设计合理的数据结构可使算法简单而高效。

数据结构具体指同一类数据元素中，各元素之间的相互关系，包括三个组成成分：数据的逻辑结构、数据的物理结构和数据的运算结构。由于数据的运算操作依赖于数据的物理存储，且不同逻辑结构的运算操作差别较大，这里不重点介绍数据的运算结构。

1. 数据的逻辑结构

数据的逻辑结构是指反映数据元素之间的逻辑关系的数据结构，其中的逻辑关系是指元素之间的前后关系，而与它们在计算机中的存储位置无关。逻辑结构包括：集合、线性结构、树形结构、图形结构。每一种逻辑结构中元素之间的相互关系各不相同。

例如，在集合中，元素之间除了"同属一个集合"的相互关系外，无其他关系，如

图 5.7 所示；在线性结构中，元素之间存在一对一的相互关系，如图 5.8 所示，主要的线性结构包括：线性表、链表、堆、栈等；在树形结构中，元素之间存在一对多的相互关系，如图 5.9 所示；在图形结构中，元素之间存在多对多的相互关系，如图 5.10 所示。

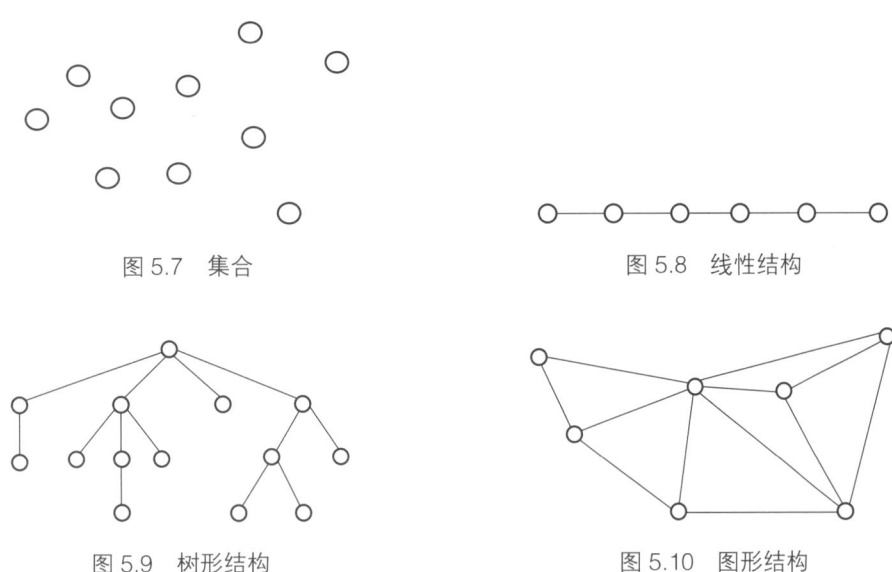

图 5.7 集合

图 5.8 线性结构

图 5.9 树形结构

图 5.10 图形结构

2. 数据的物理结构

数据的物理结构是数据结构在计算机中的表示（又称映像），它包括数据元素的机内表示和关系的机内表示。由于具体实现的方法有顺序、链接、索引、散列等多种，所以一种数据结构可表示成一种或多种存储结构。

数据元素的机内表示（映像方法）：用二进制位（bit）的位串表示数据元素。通常称这种位串为节点（node）。当数据元素由若干个数据项组成时，位串中与数据项对应的子位串称为数据域（data field）。因此，节点是数据元素的机内表示（或机内映像）。

关系的机内表示（映像方法）：数据元素之间的关系的机内表示可以分为顺序映像和非顺序映像，常用两种存储结构：顺序存储结构和链式存储结构。顺序映像借助元素在存储器中的相对位置来表示数据元素之间的逻辑关系。非顺序映像借助指示元素存储位置的指针（pointer）来表示数据元素之间的逻辑关系，如图 5.11 所示。

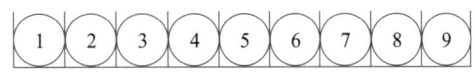

(a) 顺序存储结构

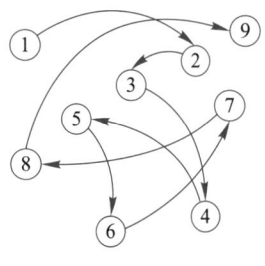

(b) 链式存储结构

图 5.11 常见的两种存储结构

5.3.1 线性结构

线性结构是一种基本的数据结构，主要用于对客观世界中具有单一的前驱和后继的数据关系进行描述。线性结构的特点是数据元素之间呈现一种线性关系，即元素"一个接一个地排列"。

线性表是最简单、最基本也是最常用的一种线性结构。它有两种存储方法：顺序存储和链式存储，主要的基本操作是插入、删除和查找等。

1. 线性表的定义

一个线性表是 n（$n \geq 0$）个元素的有限序列，通常表示为（a_1，a_2，…，a_n）。非空线性表的特点如下。

（1）存在唯一的一个称为"第一个"的元素。

（2）存在唯一的一个称为"最后一个"的元素。

（3）除第一个元素外，序列中的每个元素均只有一个直接前驱。

（4）除最后一个元素外，序列中的每个元素均只有一个直接后继。

2. 线性表的存储结构

线性表的存储结构分为顺序存储和链式存储。

1）线性表的顺序存储

线性表的顺序存储是指用一组地址连续的存储单元依次存储线性表中的数据元素，从而使得逻辑上相邻的两个元素在物理位置上也相邻，如图 5.12 所示。在这种存储方式下，元素间的逻辑关系无须占用额外的空间来存储。

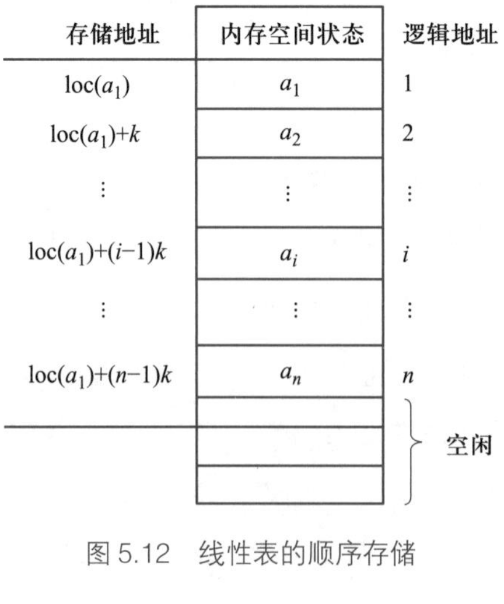

存储地址	内存空间状态	逻辑地址
$\text{loc}(a_1)$	a_1	1
$\text{loc}(a_1)+k$	a_2	2
⋮	⋮	⋮
$\text{loc}(a_1)+(i-1)k$	a_i	i
⋮	⋮	⋮
$\text{loc}(a_1)+(n-1)k$	a_n	n
		⎫
		⎬ 空闲
		⎭

图 5.12　线性表的顺序存储

一般地，以 loc（a_i）表示线性表中第一个元素的存储位置，在顺序存储结构中，第 i 个元素 a_i 的存储位置为

$$loc（a_i）=loc（a_1）+（i-1）\times K$$

其中，K 是表中每个数据元素所占空间的大小。根据该计算关系，可随机存取表中的任一个元素。

线性表采用顺序存储结构的优点是可以随机存取表中的元素，缺点是插入和删除操作需要移动元素。插入元素前要移动元素以挪出空的存储单元，然后再插入元素；删除元素时同样需要移动元素，以填充被删除的元素空出来的存储单元。

2）线性表的链式存储

线性表的链式存储是用节点来存储数据元素，其基本的节点结构如下：

数据域	指针域

其中，数据域用于存储数据元素的值，指针域则存储当前元素的直接前驱或直接后继信息，指针域中的信息称为指针（或链）。存储各数据元素的节点的地址并不要求是连续的，因此存储数据元素的同时必须存储元素之间的逻辑关系。另外，节点空间只有在需要的时候才申请，无须事先分配。

节点之间通过指针域构成一个链表，若节点中只有一个指针域，则称为线性链表（或单链表）。链表有很多种不同的类型：单链表、双向链表以及循环链表。如图 5.13 是单链表的示例。

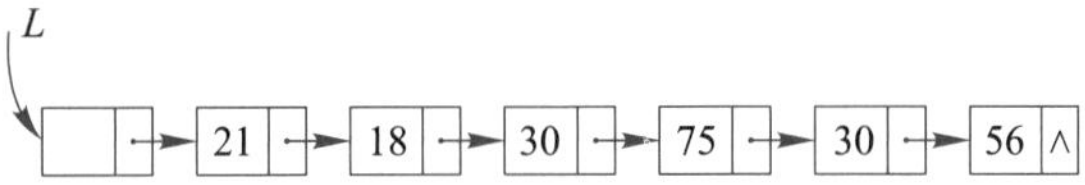

图 5.13　单链表示例

5.3.2　栈和队列

栈和队列是软件设计中常用的两种数据结构，它们的逻辑结构和线性表相同。其特点在于运算有所限制：栈按"后进先出"的规则进行操作，队列按"先进先出"的规则进行操作，故称运算受限的线性表。

1. 栈

1）栈的定义

栈是只能通过访问它的一端来实现数据存储和检索的一种线性数据结构。换句话说，

栈的修改是按先进后出的原则进行的。因此，栈又称为后进先出（last in first out，LIFO）的线性表。在栈中进行插入和删除操作的一端称为栈顶（top），相应地另一端称为栈底（bottom）。不含数据元素的栈称为空栈。

2）栈的基本运算

（1）初始化栈 InitStack（S）：创建一个空栈 S。

（2）判栈空 StackEmpty（S）：当栈 S 为空时返回"真"值，否则返回"假"值。

（3）入栈 Push（S，x）：将元素 x 加入栈顶，并更新栈顶指针。

（4）出栈 Pop（S）：将栈顶元素从栈中删除，并更新栈顶指针。若需要得到栈顶元素的值，可将 Pop（S）定义为一个返回栈顶元素值的函数。

（5）读栈顶元素 Top（S）：返回栈顶元素的值，但不修改栈顶指针。

应用中常使用上述 5 种基本运算实现基于栈结构的问题求解。

3）栈的存储结构

（1）栈的顺序存储。栈的顺序存储是指用一组地址连续的存储单元依次存储自栈顶到栈底的数据元素，同时附设指针 top 指示栈顶元素的位置。采用顺序存储结构的栈也称为顺序栈。在该存储方式下，需要预先定义（或申请）栈的存储空间，也就是说，栈空间的容量是有限的。因此，在顺序栈中当一个元素入栈时，需要判断是否栈满（栈空间中没有空闲单元），若栈满，则元素入栈会发生上溢现象。堆栈示意图如图 5.14 所示。

（2）栈的链式存储。为了克服顺序存储的栈可能存在上溢的不足，可以用链表存储栈中的元素。用链表作为存储结构的栈也称为链栈。由于栈中元素的插入和删除仅在栈顶一端进行，因此不必设置头节点，链表的头指针就是栈顶指针。

4）栈的应用

栈的典型应用包括表达式求值、括号匹配等，在计算机语言的实现以及将递归过程转变为非递归过程的处理中，栈有重要的作用。

2. 队列

1）队列的定义

队列是一种先进先出（first in first out，FIFO）的线性表，它只允许在表的一端插入元素，而在表的另一端删除元素。在队列中，允许插入元素的一端称为队尾（rear），允许删除元素的一端称为队头（front），如图 5.15 所示。例如，排队打饭。

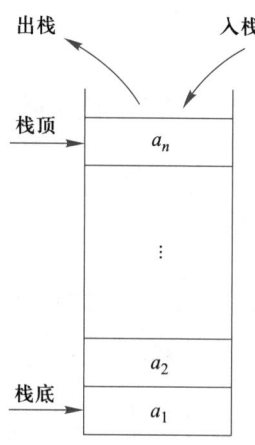

图 5.14　堆栈示意图

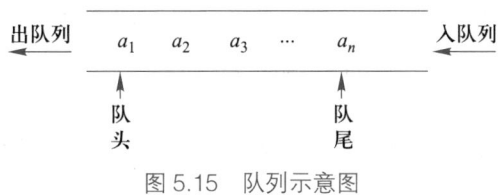

图 5.15 队列示意图

2）队列的基本运算

（1）初始化队 InitQueue（Q）：创建一个空的队列 Q。

（2）判队空 Empty（Q）：当队列为空时返回"真"值，否则返回"假"值。

（3）入队 EnQueue（Q，x）：将元素 x 加入到队列 Q 的队尾，并更新队尾指针。

（4）出队 DeQueue（Q）：将队头元素从队列 Q 中删除，并更新队头指针。

（5）读队头元素 FrontQue（Q）：返回队头元素的值，但不更新队头指针。

3）队列的存储结构

（1）队列的顺序存储。队列的顺序存储结构又称为顺序队列，它也是利用一组地址连续的存储单元存放队列中的元素。由于队列中元素的插入和删除限定在表的两端进行，因此设置队头指针和队尾指针，分别指示出当前的队首元素和队尾元素。

在顺序队列中，为了降低运算的复杂度，元素入队时只修改队尾指针，元素出队时只修改队头指针。由于顺序队列的存储空间是提前设定的，所以队尾指针会有一个上限值，当队尾指针达到该上限时，就不能只通过修改队尾指针来实现新元素的入队操作了。此时，可通过整除取余运算将顺序队列假想成一个环状结构，称之为循环队列。

（2）队列的链式存储。队列的链式存储也称为链队列。这里为了便于操作给链队列添加一个头节点，并令头指针指向头节点。因此，队列为空的判定条件是：头指针和尾指针的值相同，且均指向头节点。

4）队列的应用

队列结构常用于处理需要排队的场合，如操作系统中处理打印任务的打印队列、离散事件的计算机模拟等。

5.3.3 树与二叉树

树结构是一种非常重要的非线性结构，该结构中一个数据元素可以有两个或两个以上的直接后继元素，树可以用来描述客观世界中广泛存在的层次结构关系。

1. 树的定义

树是 n（$n \geq 0$）个节点的有限集合，当 $n=0$ 时称为空树。在任一非空树（$n > 0$）中，有且仅有一个称为根的节点；其余节点可分为 m（$m \geqslant 0$）个互不相交的有限集 T_1，T_2，…，T_m，其中每个 T_i 又都是一棵树，并且称为根节点的子树。

树的定义是递归的，它表明了树本身的固有特性，也就是一棵树由若干棵子树构成，而子树又由更小的子树构成。

该定义只给出了树的组成特点，若从数据结构的逻辑关系角度来看，树中元素之间有明显的层次关系。对树中的某个节点，它最多只和上一层的一个节点（即其双亲节点）有直接的关系，而与其下一层的多个节点（即其孩子节点）有直接关系，如图 5.16 所示。通常，凡是分等级的分类方案都可以用具有严格层次关系的树结构来描述。

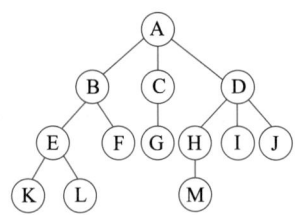

图 5.16 树结构示意图

2. 树的基本概念

（1）双亲、孩子和兄弟：节点的子树的根称为该节点的孩子；相应地，该节点称为其子节点的双亲。具有相同双亲的节点互为兄弟。

（2）节点的度：一个节点的子树的个数记为该节点的度。

（3）叶子节点：也称为终端节点，指度为 0 的节点。

（4）内部节点：度不为 0 的节点称为分支节点或非终端节点。除根节点之外，分支节点也称为内部节点。

（5）节点的层次：根为第一层，根的孩子为第二层，依次类推，若某节点在第 1 层，则其孩子节点在第 i+1 层。

（6）树的高度：一棵树的最大层次数记为树的高度（或深度）。

（7）有序（无序）树：若将树中节点的各子树看成是从左到右具有次序的，即不能交换，则称该树为有序树，否则称为无序树。

3. 二叉树的定义

二叉树是 n（$n \geqslant 0$）个节点的有限集合，它或者是空树（n=0），或者是由一个根节点及两棵不相交的且分别称为左、右子树的二叉树所组成。可见，二叉树同样具有递归性质。特别需要注意的是，尽管树和二叉树的概念之间有许多联系，但它们是两个不同的概念。树和二叉树之间最主要的区别是：二叉树节点的子树要区分左子树和右子树，即使在节点只有一棵子树的情况下，也要明确指出该子树是左子树还是右子树。另外，二叉树节点最大度为 2，而树中不限制节点的度数，如图 5.17 所示给出了二叉树的 5 种基本形态。

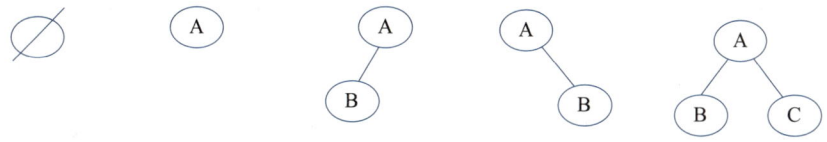

| (a)空二叉树 | (b)仅有根节点 的二叉树 | (c)右子树为空 的二叉树 | (d)左子树为空 的二叉树 | (e)左、右子树均 非空的二叉树 |

图 5.17　二叉树的 5 种基本形态

5.3.4　图

图是比树结构更复杂的一种数据结构。在线性结构中，除首节点没有前驱、末尾节点没有后继之外，一个节点只有唯一的一个直接前驱和唯一的一个直接后继。在树结构中，可认为除根节点没有前驱节点外，其余的每个节点只有唯一的一个前驱（双亲）节点和多个后继（子树）节点。而在图结构中，任意两个节点之间都可能有直接的关系，所以图中一个节点的前驱节点和后继节点的数目是没有限制的。

1. 图的定义

图 G 是由集合 V 和 E 构成的二元组，记做 $G=(V, E)$，其中 V 是图中顶点的非空有限集合，E 是图中边的有限集合。从数据结构的逻辑关系角度来看，图中任一顶点都有可能与其他顶点有关系，而图中所有顶点都有可能与某一顶点有关系。在图中，数据结构中的数据元素用顶点表示，数据元素之间的关系用边表示。图可以分为有向图、无向图、完全图等多种类型。

（1）有向图。若图中每条边都是有方向的，那么顶点之间的关系用 <v, w> 表示，它说明从 v 到 w 有一条有向边（也称为弧）。v 是有向边的起点，称为弧尾；w 是有向边的终点，称为弧头。所有边都有方向的图称为有向图，如图 5.18 所示。

（2）无向图。若图中的每条边都是无方向的，顶点 v 和 w 之间的边用（v, w）表示。因此，在有向图中 <v, w> 与 <w, v> 分别表示两条边，而在无向图中（v, w）与（w, v）表示的是同一条边，如图 5.19 所示。

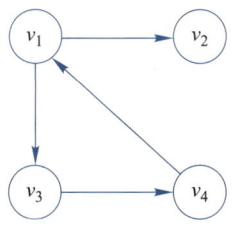

图 5.18　有向图

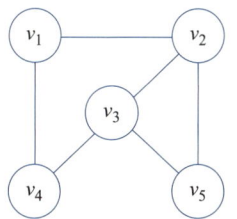

图 5.19　无向图

（3）完全图。若一个无向图具有 n 个顶点，而每一个顶点与其他 $n-1$ 个顶点之间都有边，则称之为无向完全图。显然，含有 n 个顶点的无向完全图共有 $n(n-1)/2$ 条边。类似地，有 n 个顶点的有向完全图中弧的数目为 $n(n-1)$，即任意两个不同顶点之间都有方向相反的两条弧存在。

2. 度、出度和入度

顶点 v 的度是指关联于该顶点的边的数目，记作 $D(v)$。若 G 为有向图，顶点的度表示该顶点的入度和出度之和。顶点的入度是以该顶点为终点的有向边的数目，而顶点的出度指以该顶点为起点的有向边的数目，分别记为 $ID(v)$ 和 $OD(v)$。

选择正确的数据结构可以提高算法的效率。在计算机程序设计的过程中，选择适当的数据结构是一项重要工作。许多大型系统的编写经验显示，程序设计的困难程度与最终成果的质量与表现，取决于是否选择了最适合的数据结构。

微视频
5-3：案
例分析：
Python 实
现数据结
构

5.4　案例分析：Python 实现数据结构

通过本章的学习，可以知道数据模型与数据结构是程序设计语言中的关键，是数据思维和问题求解的核心之一。在学习了数据的表示、数据模型和数据结构之后，应该动手去试一试如何在计算机中表示数据，以及如何使用数据模型和数据结构。

本节将重点实践如何使用 Python 的数据类型，并学习自定义数据类型以实现数据结构中的栈、队列和树，主要内容有：如何用顺序表实现栈、用线性表实现传统队列和双端队列，并且使用嵌套列表实现树。

5.4.1　变量类型

变量来源于数学，是计算机语言中能存储计算结果并能表示值的抽象概念。这就意味着在创建变量时会在内存中开辟一个空间。基于变量的数据类型，解释器会分配指定内存，并决定什么数据可以被存储在内存中。因此，变量可以指定不同的数据类型，这些变量可以存储整数、小数或字符。

Python 中的变量赋值不需要类型声明。每个变量在内存中创建，都包括变量的标识、名称和数据这些信息。每个变量在使用前都必须赋值，变量赋值以后该变量才会被创建，等号（=）用来给变量赋值。等号（=）运算符左边是一个变量名，等号（=）运算符右边是存储在变量中的值，如程序 5-1。

```
#<程序 5-1：变量的赋值>

counter = 100    # 赋值整型变量

miles =1000.0    # 浮点型

name = "John"    # 字符串

print（counter）

print（miles）

print（name）
```

以上实例中，100、1000.0 和 "John" 分别赋值给 counter、miles、name 变量。执行以上程序会输出如下结果：

```
100

1000.0

John
```

5.4.2　栈的实现

栈是一种运算受限的线性表。其限制是仅允许在表的一端进行插入和删除运算。这一端被称为栈顶，相对地把另一端称为栈底。向一个栈插入新元素又称为进栈、入栈或压栈，它是把新元素放到栈顶元素的上面，使之成为新的栈顶元素；从一个栈删除元素又称为出栈或退栈，它是把栈顶元素删除掉，使其相邻的元素成为新的栈顶元素。

栈可以用顺序表实现，也可以用链表实现，这里为了方便就用顺序表实现。

新建一个栈的实现类，并定义 push、pop、peek、empty、size 5 种方法完成队列的相应操作，如程序 5-2。

```
#<程序 5-2：栈的实现>
 class Stack（object）:
 def init（self）:
     self._items = [ ]
 # 栈的操作
 #push（item）添加一个新的元素 item 到栈顶
 def  push（self, item）:
     self.items.append（item）
```

```
#pop（）弹出栈顶元素

def  pop（self）:

return self._items.pop（）

#peek（）返回栈顶元素

def peek（self）:

    return self._tems［self.size（）-1］

#is_empty（）判断栈是否为空

def is_empty（self）:

    return self._items == ［］

#size（）返回栈的元素个数

def size（self）:

    return len（self._items）

# 主函数

if_name_== '_main_':

    stack = Stack（）

    stack.push（2）

    stack.push（3）

    stack.push（4）

    stack.push（5）

    tmp = stack.pop（）

    print（tmp）

    print（stack.peek（））

    print（stack.size（））

    print（stack.is_empty（））
```

5.4.3 树的实现

树是一种特殊的数据结构，它是由 n（$n \geq 0$）个有限节点组成一个具有层次的集合。为了方便，这里选择用嵌套列表实现一棵简单的树。在用嵌套列表表示树时，使用 Python 的列表来编写这些函数。虽然把树写成列表的一系列方法与已实现的其他抽象数据类型有些不同，但这样做比较有意思，因为它提供一个简单、可以直接查看的递归数据结构。在用列表实现树时，将存储根节点作为列表的第一个元素的值，列表的第二个元素的本身是一个表示左子树的列表，这个列表的第三个元素表示在右子树的另一个列表。为了说明这个存储结构，图5.20展示出一个简单的树。

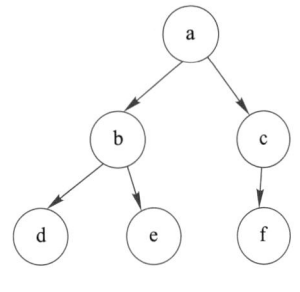

图 5.20　简单树

上述简单树的实现代码如程序5-3。

```
#<程序5-3：简单树的实现>
myTree = ['a', #root
            ['b', #left subtree
            ['d'[], []],
            ['e'[], []]],
            ['c', #right subtree
            ['f'[], []],
            []]
        ]
```

请注意，可以使用索引来访问列表的子树。树的根是 myTree[0]，根的左子树是 myTree[1]，右子树是 myTree[2]。下面的代码说明了如何用列表创建简单树。一旦树被构建，就可以访问根和左、右子树。嵌套列表法一个非常好的特性就是子树的结构与树相同，本身是递归的。子树具有根节点和两个表示叶节点的空列表。列表的另一个优点是它容易扩展到多叉树。在树不仅仅是一棵二叉树的情况下，另一棵子树只是另一个列表，如程序5-4。

```
#<程序5-4：用列表创建简单树>
myTree = ['a', ['b', ['d', [], []], ['e', [], []]], ['c', ['f', [], []], []]]
print（myTree）
print（'left subtree =', myTree[1]）
print（'root =', myTree[0]）
print（'right subtree =', my Tree[2]）
```

通过定义一些函数，可以很容易像使用列表一样操作树。请注意，不需要去定义一个二叉树类。所编写的函数将只是用于操作列表，使之类似于树，如程序5-5。

```
#＜程序 5-5：二叉树类的定义＞
def BinaryTree（r）:
return［r,［］,［］］
```

该二叉树只是构建一个根节点和两个空子节点的列表。左子树添加到树的根，需要插入一个新的列表到根列表的第二个位置。必须注意，如果列表中已经有值在第二个位置，就需要跟踪它，将新节点插入树中作为其直接的左子节点。下面的代码显示了插入左子节点，如程序 5-6。

```
#＜程序 5-6：二叉树中插入左子节点＞
def insertLeft（root, newBranch）:
t = root.pop（1）
if len（t）>1:
    root.insert（1,［newBranch, t,［］］]）
else:
    root.insert（1,［newBranch,［］,［］］]）
return root
```

请注意，要插入一个左子节点，首先获取对应于当前左子节点的列表（可能是空的）。然后，添加新的左子节点，将原来的左子节点作为新节点的左子节点。这样能够将新节点插入到树中的任何位置。对于 insertRight 的代码类似于 insertLeft，如程序 5-7。

```
#＜程序 5-7：二叉树中插入右子节点＞
def insertRight（root, newBranch）:
t = root.pop（2）
if len（t）>1:
    roor.insert（2,［newBranch,［］, t]）
else:
    root.insert（2,［newBranch,［］,［］］]）
return root
```

为了完善树的实现，下面再写几个用于获取和设置根值的函数，以及获得左边或右边子树的函数，如程序 5-8。

```
#<程序5-8：获取和设置根值以及获得左右子树>
def getRootVal（root）:
    return root［0］
def setRootVal（root，newVal）:
    root［0］= newVal
def getLeftChild（root）:
    return root［1］
def getRightChild（root）:
    return root［2］
```

以上就基本实现了一棵简单的树，读者可以尝试合成以上代码，做一做相应的实验。

5.5 本章小结

数据在计算机中以比特的形式存储，抽象成为不同的模型；数据结构也多种多样，不同的数据结构，用于解决不同的问题，提高算法的效率。通过本章的学习，应重点掌握以下内容。

（1）数据是指对客观事件进行记录并可以鉴别的符号，是对客观事物的性质、状态以及相互关系等进行记载的物理符号或这些物理符号的组合，是可识别的、抽象的符号。

（2）数据分为4种类型：文本、图片、音频、视频。

（3）计算机系统中的数据组织形式有两种，即文件和数据库。

（4）数据模型：数据特征的抽象，用来描述问题。

（5）数据结构具体指同一类数据元素中，各元素之间的相互关系，包括三个组成成分：数据的逻辑结构、数据的存储结构和数据的运算结构。

（6）几种常见的数据结构：线性表、栈、队列、树、图。

本章习题

一、填空题

1. 数据结构具体指同一类数据元素中，各元素之间的相互关系，包括三个组成成分：_____、_____和_____。

2. 数据的逻辑结构包括_____、_____、_____和_____。

3. 计算机系统中的数据组织形式有两种，即_____和_____。

二、简答题

1. 如何理解数据是新的能源？

2. 什么是数据？数据有哪些分类？

3. 简要阐明什么是数据模型，在 Python 中，其内置的数据模型有哪些？

4. 数据模型在数据科学领域有哪些应用？通过举例的方式说明。

5. 列举几个常见的数据结构，简单说明不同的数据结构适用于什么样的场景。

6. 按照二叉树的定义，具有 3 个节点的二叉树有多少种，试着画一画。

第 6 章 数据库技术

数据库是计算机科学与技术领域中的一项重要技术，它主要用于组织、存储和管理数据，数据库技术广泛应用于各个领域，如金融、电商、医疗、教育、社交网络、游戏、物联网等。不同的数据库系统根据其特点和优势，适用于不同的应用场景。

6.1 数据库基础

6.1.1 数据库基本概念

1. 数据库（database）

数据库顾名思义，是存放数据的仓库。只不过这个仓库是在计算机存储设备上，而且数据是按一定的格式存放的。

人们收集并抽取出一个应用所需要的大量数据之后，应将其保存起来，以供进一步加工处理，抽取有用信息。在科学技术飞速发展的今天，人们的视野越来越广，数据量急剧增加。过去人们把数据存放在文件柜里，现在人们借助计算机和数据库技术科学地存储和管理大量复杂的数据，以便能方便而充分地利用这些宝贵的信息资源。

严格地讲，数据库是长期存储在计算机内、有组织的、可共享的大量数据的集合。数据库中的数据按一定的数据模型组织、描述和存储，具有较小的冗余度（redundancy）、较高的数据独立性（data independence）和易扩展性（scalability），并可为各种用户共享。

2. 数据库管理系统（dataBase management system，DBMS）

了解了数据和数据库的概念，接下来就是如何科学地组织和存储数据，如何高效地获取和维护数据。完成这个任务的是一个系统软件数据库管理系统。数据库管理系统是位于用户与操作系统之间的一层数据管理软件。数据库管理系统和操作系统一样是计算机的基础软件，也是一个大型复杂的软件系统。它的主要功能包括以下几个方面。

1）数据定义功能

数据库管理系统提供数据定义语言（data definition language，DDL），用户通过它可以方便地对数据库中的数据对象的组成与结构进行定义。

2）数据组织、存储和管理

数据库管理系统要分类组织、存储和管理各种数据，包括数据字典、用户数据、数据的存取路径等。要确定以何种文件结构和存取方式在存储级上组织这些数据，以及如何实现数据之间的联系。数据组织和存储的基本目标是提高存储空间利用率和方便存取，且提供多种存取方法（如索引查找、Hash 查找、顺序查找等）来提高存取效率。

3）数据操纵功能

数据库管理系统还提供数据操纵语言（data manipulation language，DML），用户可以使用它操纵数据，实现对数据库的基本操作，如查询、插入、删除和修改等。

4）数据库的事务管理和运行管理

数据库在建立、运用和维护时由数据库管理系统统一管理和控制，以保证事务的正确运行，保证数据的安全性、完整性、多用户对数据的并发使用及发生故障后的系统恢复。

5）数据库的建立和维护功能

数据库的建立和维护功能包括数据库初始数据的输入、转换功能，数据库的转储、恢复功能，数据库的重组织功能和性能监视、分析功能等。这些功能通常是由一些实用程序或管理工具完成的。

6）其他功能

其他功能包括数据库管理系统与网络中其他软件系统的通信功能，一个数据库管理系统与另一个数据库管理系统或文件系统的数据转换功能，异构数据库之间的互访和互操功能等。

3. 数据库系统（database system，DBS）

数据库系统是由数据库、数据库管理系统（及其应用开发工具）、应用程序和数据库管理员（database administrator，DBA）组成的存储、管理、处理和维护数据的系统。

6.1.2 数据库系统组成

数据库系统是支持数据库运行的集成系统，即整个数据处理系统。数据库是数据库系统的核心和管理对象，每个具体的数据库及其数据的存储、维护以及为应用系统提供的数据支持，都是在数据库系统的环境下运行完成的。数据库系统是实现有组织、动态地存储大量相关的结构化数据，方便各类用户访问数据的计算机软硬件资源的集合。

数据库系统的组成需要在计算机系统的层面上来理解。数据库系统一般由数据库、数据库软件支持的环境（操作系统、数据库管理系统、应用开发工具软件、应用程序等），开发、使用和管理数据库应用系统的人员组成，如图 6.1 所示。

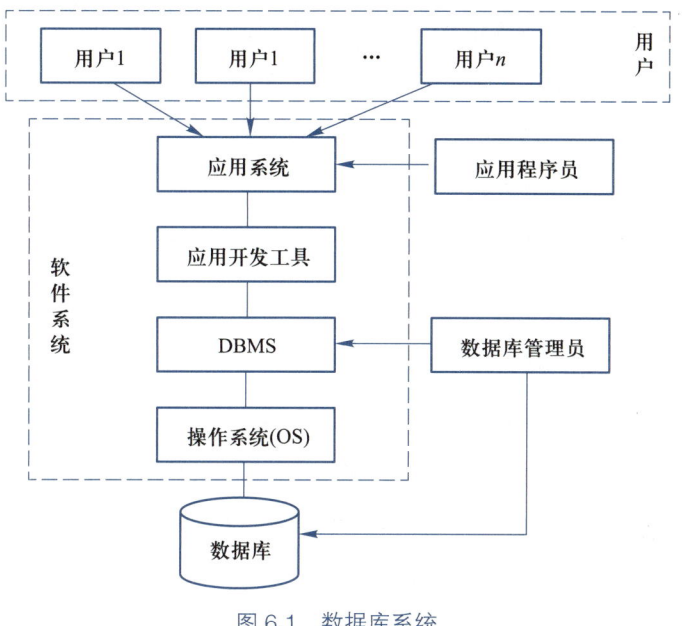

图 6.1　数据库系统

6.1.3　数据库发展历史

数据处理（data processing）是人们利用手工或机器对数据进行加工的过程。对数据行的查找、统计、修改、变换等运算都属于加工。如从学生成绩登记表中查找出年龄最小的学生，统计出平均成绩，按分数从高到低排序输出，修改一个学生某门课程的成绩，在二维直角坐标系中画出某门课程成绩分布曲线等都是数据处理的具体内容。在人类社会进入计算机时代以前，数据只能被静态地记录下来，留给人们阅读和手工处理。当数据量较小时，手工处理是可行的；但对于大量数据，手工处理是无能为力的。

从 20 世纪 40 年代中期美国发明第一台电子数字计算机以来，数据处理进入了计算机时代，目前更进入了网络时代，利用计算机和网络能够快速、及时、准确地处理和共享各种数据，利用计算机进行数据处理，使得数据处理技术不断丰富和发展，到目前为止经历了人工管理、文件管理、数据库管理以及分布式数据库管理等不同发展阶段。

1. 人工管理阶段

在计算机诞生初期，计算机只有硬件系统，并且主要是运算器、控制器和磁心存储器，输入输出设备非常简单，只有穿孔纸带或卡片机，工作效率极低，只能输入输出极少量数据。当时的计算机只能用于科学和工程计算，计算机专业人员按用户计算要求编制出二进制代码程序，并把需要处理的少量数据以二进制的形式穿孔在程序代码之后，上机运算同程序一起输入到内存中，运行程序时读取数据并处理，最后把运算结果输出出来。在这个时期，每个程序处理的数据都跟在该程序之后，一并被穿孔到纸带或卡片上。数据的存储格式和位置、读写路径和方法改变时，处理它的程序也必须做出相应的修改。此时期的程序完全依赖于数据，人们把这一时期的数据处理称为人工管理阶段。

2. 文件管理阶段

从 20 世纪 50 年代中期到 60 年代中期，计算机软硬件技术发展到了一个新阶段。在硬件方面，运算器和控制器由性价比更好的晶体管取代了电子管，磁心存储器也逐渐被大容量低价格的半导体存储器所取代，输入输出设备也替换为便于人们使用的键盘和行式打印机，同时出现了能够永久保存信息的外部磁带和磁盘存储设备。在软件方面，可以把数据单独组织成文件存储到外部存储设备上，出现了主要用于外存文件管理和输入输出设备管理的、控制整个计算机系统运行的操作系统，还出现了既能进行数值计算，又能进行字符处理的计算机汇编语言和各种高级语言，如 BASIC、FORTRAN、Pascal、Cobol 语言等。

在这一时期，数据与程序在存储位置上完全分开，数据被单独组织成文件保存到外部存储器上，数据文件既可以为某个程序单独使用，也可以为多个不同的程序在不同的时间使用，即数据文件可以被任何程序重复利用。当程序读写外存文件时，需要在程序中给出数据的存取格式和方法，不需要给出数据的存储位置和路径，这将由操作系统中的文件管理系统自动完成。当文件中的数据存取方式和方法改变时，所使用程序中的相应语句也必须修改。

总之，在文件管理阶段，虽然程序和数据在存储位置上分开了，操作系统完成了数据的存储位置和存取路径等部分工作，在这方面不用编程者过问，但程序设计仍然受到数据存取格式和方法的影响，不能完全独立于数据。

3. 数据库管理阶段

从 20 世纪 60 年代中期以来，计算机软硬件技术不断取得新的飞跃。在硬件方面，包含运算器、控制器和内存储器的中央处理器由半导体分立元器件逐渐向小规模、中规模、大规模、超大规模等集成电路依次演变，集成度越来越高，存储容量越来越大，运算速度越来越快；外部磁盘存储器的存储容量和读写速度几乎每两年都要翻一番，现在个人计算机和笔记本电脑上的硬盘容量已经高达几百 GB 至几十 TB。硬件技术的飞速发展和进步为存储和处理大数据量的数据库提供了有力的支持和保证。在软件方面，不但操作系统得到了不断地发展、丰富和完善，而且各种数据库管理系统也不断涌现，使得数据库管理技术越来越成熟和完善，成为计算机领域中最具影响力和发展潜力、应用范围最广、成果最显著的技术之一。

数据库管理的优点如下。

1）数据集中管理

集中存储：数据库技术使得所有数据可以集中存储在一个地方，这种集中管理方式使得数据访问变得更加便捷。

多应用共享：集中管理的数据可以被多个应用程序所使用，这有助于提高数据的利用率和应用开发的效率。

一致性和完整性：数据集中管理还保证了数据的一致性和完整性，因为所有的数据更新和查询都遵循统一的规则和流程。

2）数据一致性

避免数据冲突：数据库设计确保了数据一致性，这意味着在数据库中存储的数据始终是一致的，避免了数据冲突和错误。

事务管理：通过事务管理机制，数据库可以确保一系列操作要么全部成功，要么全部失败，从而维护数据的一致性。

3）安全性

用户身份验证：数据库提供了强大的安全措施，包括用户身份验证，确保只有授权用户才能访问数据。

访问控制：通过设置访问权限，数据库管理系统能够控制不同用户对数据的访问级别，保护数据不被未经授权者访问。

数据加密：数据库还可以对敏感数据进行加密，进一步增强数据的安全性。

4）数据备份和恢复

容错性强：数据库提供的数据备份和恢复功能使得数据能够在发生意外时轻松恢复到之前的状态，增强了数据的容错性。

定期备份：通过定期备份数据，可以防止数据丢失，确保数据的持久性和可靠性。

5）可扩展性

添加新数据项：数据库设计允许轻松地添加新的数据项和扩展数据存储能力，这使得数据库能够适应业务的增长和变化。

处理更大数据量：随着数据量的增加，数据库可以通过升级硬件和优化软件来处理更大数据量，满足企业不断发展的需求。

6）数据独立性

逻辑独立性：数据库管理阶段支持数据的逻辑独立性，即应用程序对数据的变化不敏感，数据的逻辑结构可以独立于应用程序而变化。

物理独立性：数据库还提供了物理独立性，即数据在物理存储上的改变不会影响到应用程序，这为数据库的维护和升级提供了便利。

7）SQL 语言和用户友好性

标准化查询语言：数据库管理阶段采用了 SQL（结构化查询语言），这是一种标准化的数据库查询和操作语言，它的使用大大简化了数据库的管理和操作。

用户友好的界面：现代数据库管理系统通常配备用户友好的图形界面，使得非专业人员也能方便地进行数据库的基本操作和管理。

6.2 数据库开发与设计

数据库开发设计流程是一系列结构化的步骤，旨在确保数据库系统能够有效地存储、管理和检索数据，以满足应用程序和最终用户的需求。以下将详细介绍数据库开发与设计的流程。

6.2.1 需求分析

了解用户需求：开发设计流程的第一步是进行系统需求分析。在这一阶段，数据库设计师需要与客户进行深入沟通，了解他们的业务需求、数据需求和处理需求。这一步骤至关重要，因为准确的需求分析将指导后续所有设计工作。

确立目标：需求分析不仅仅是收集信息，还需要确立数据库系统的任务和目标。这包括了解所需存储的数据类型、数据的使用方式以及用户期望的性能标准。

6.2.2 概念模型设计

微视频
6-1：概念模型设计

概念模型设计阶段是将需求分析的结果转化为数据库概念模型。概念模型常用 E-R 模型（entity relationship model）表示。E-R 模型是广泛应用于数据库设计工作中的一种概念模型，使用 E-R 图来表示数据结构（实体型）之间的联系和数据结构（实体型）与数据项（属性）之间的联系。

1. 实体

在 E-R 模型中，实体用矩形表示，通常矩形框内写明实体名。实体是现实世界中可以区别于其他对象的"事件"或"物体"。例如，企业中的每个人都是一个实体。每个实体由一组特性（属性）来表示，其中的某一部分属性可以唯一标识实体，例如职工实体集中的职工号。实体集是具有相同属性的实体集合。例如，学校的所有教师具有相同的属性，因此教师的集合可以定义为一个实体集；学生具有相同的属性，因此学生的集合可以定义为另一个实体集。

2. 联系

在 E–R 模型中，联系用菱形表示，通常菱形框内写明联系名，并用无向边分别与有关实体连接起来，同时在无向边旁标注上联系的类型（1:1、1:n 或 m:n）。实体的联系分为实体内部的联系和实体与实体之间的联系。实体内部的联系反映数据在同一记录内部各字段间的联系。

两个不同实体集之间存在以下 3 种联系类型。

一对一（1:1）：指实体集 E1 中的一个实体最多只与实体集 E2 中的一个实体相联系。

一对多（1:n）：表示实体集 E1 中的一个实体可与实体集 E2 中的多个实体相联系。

多对多（m:n）：表示实体集 E1 中的多个实体可与实体集 E2 中的多个实体相联系。

E–R 模型如图 6.2 所示。

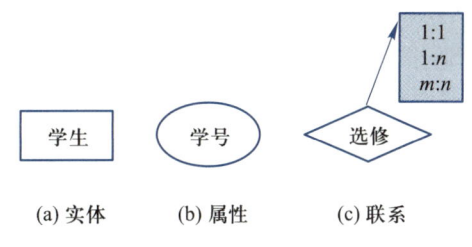

(a) 实体　　　(b) 属性　　　(c) 联系

图 6.2　E–R 模型图示

6.2.3　逻辑模型设计

微视频
6-2：逻辑模型设计

逻辑模型设计是基于概念模型进一步细化的过程。在这一阶段中，将确定数据库的结构和关系，包括基本表和视图的设计。下面介绍不同类型的逻辑模型。

1. 层次数据模型（如图 6.3 所示）

定义：层次数据模型是用树状结构来表示实体类型和实体间联系的数据模型。

其实层次数据模型用图形表示就是一个倒立的树，由基本数据结构中的树（或二叉树）的定义可知，每棵树都有且仅有一个根节点，其余的节点都是非根节点。每个节点表示一个记录类型对应实体的概

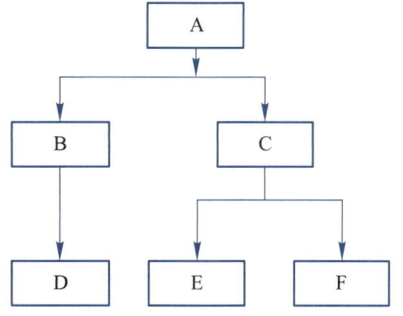

图 6.3　层次数据模型

念，记录类型的各个字段对应实体的各个属性。各个记录类型及其字段都必须记录。

特征：树的性质决定了层次数据模型的特征。

（1）整个模型中有且仅有一个节点没有父节点，其余的节点必须有且仅有一个父节点，但是所有的节点都可以不存在子节点。

（2）所有的子节点不能脱离父节点而单独存在，也就是说，如果要删除父节点，那么父节点下面的所有子节点都要同时删除，但是可以单独删除子节点。

（3）每个记录类型有且仅有一条从父节点通向自身的路径。

优点：

（1）层次数据模型的结构简单、清晰、明了，很容易看到各个实体之间的联系。

（2）操作层次数据类型的数据库语句比较简单，只需要几条语句就可以完成数据库的操作。

（3）查询效率较高，在层次数据模型中，节点的有向边表示了节点之间的联系，在 DBMS 中如果有向边借助指针实现，那么依据路径很容易找到待查的记录。

（4）层次数据模型提供了较好的数据完整性支持，正如上所说，如果要删除父节点，那么其下的所有子节点都要同时删除。

缺点：

（1）层次数据模型只能表示实体之间的 $1:n$ 的关系，不能表示 $m:n$ 的复杂关系，因此现实世界中的很多模型不能通过该模型方便地表示。

（2）查询节点的时候必须知道其双亲节点，因此限制了对数据库存取路径的控制。

2. 网状数据模型（如图 6.4 所示）

定义：用有向图表示实体和实体之间的联系的数据结构模型称为网状数据模型。

其实，网状数据模型可以看作是放松层次数据模型的约束性的一种扩展。网状数据模型中所有的节点允许脱离父节点而存在，也就是说在整个模型中允许存在两个或多个没有根节点的节点，同时也允许一个节点存在一个或者多个父节点，成为一种网状的有向图。因此节点之间的对应关系不再是 $1:n$，而是一种 $m:n$ 的关系，从而克服了层次数据模型的缺点。

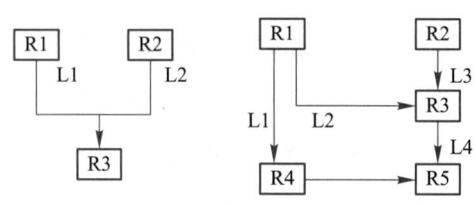

图 6.4　网状数据模型

特征：

（1）可以存在两个或者多个节点没有父节点。

（2）允许单个节点存在一个或者多个父节点，在网状数据模型中的，每个节点表示一个实体，节点之间的有向线段表示实体之间的联系。网状数据模型中需要为每个联系指定对应的名称。以课程和学生之间的关系来说，它们是一种 $m:n$ 的关系，也就是说一个学生能够选修多门课程，一门课程也可以被多个学生同时选修。

优点：

（1）网状数据模型可以很方便地表示现实世界中的很多复杂的关系。

（2）修改网状数据模型时，没有层次数据模型那么多的严格限制，可以删除一个节点的父节点而依旧保留该节点；也允许插入一个没有任何父节点的节点，这样的插入在层次数据模型中是不被允许的，除非首先插入的是根节点。

（3）实体之间的关系在底层中可以借由指针实现，因此在这种数据库中执行操作的效率较高。

缺点：

（1）网状数据模型的结构复杂，使用较难。

（2）网状数据模型数据之间的彼此关联比较大，该模型其实是一种导航式的数据模型结构，不仅要说明要对数据做些什么，还要说明操作的记录的路径。

3. 关系数据模型

定义：使用表格表示实体和实体之间关系的数据模型称为关系数据模型。关系数据库是目前最流行的数据库，同时也是被普遍使用的数据库，如 MySQL 就是一种流行的数据库。支持关系数据模型的数据库管理系统称为关系型数据库管理系统。

特征：

（1）在关系数据模型中，无论是实体，还是实体之间的联系，都被映射成统一的关系：一张二维表。在关系模型中，操作的对象和结果都是一张二维表。

（2）关系数据库可用于表示实体之间多对多的关系，只是此时要借助第三个关系——表，来实现多对多的关系，如下例中的学生选课系统中，学生和课程之间表现出一种多对多的关系，那么需要借助第三个表，也就是选课表将两者联系起来。

（3）关系必须是规范化的关系，即每个属性是不可分割的实体，不允许表中表的存在。

学生选课系统的实体包括：学生、教师、课程；其联系一般为学生与课程之间是一种多对多的关系，教师与课程之间是多对多的关系。学生可以同时选择多门课程，一门课程也可以同时被多个学生同时选择；一位教师可以教授多门课程，一门课程可以由多个教师教授。

优点：

（1）结构简单，关系数据模型是一些表格的框架，实体的属性是表格中列的条目，实体之间的关系也是通过表格的公共属性表示，结构简单明了。

（2）关系数据模型中的存取路径对用户而言是完全隐蔽的，使程序和数据具有高度的独立性，其数据语言的非过程化程度较高。

（3）操作方便，在关系数据模型中操作的基本对象是集合而不是某一个元组。

（4）有坚实的数学理论做基础，包括逻辑计算、数学计算等。

缺点：

（1）查询效率低，关系数据模型提供了较高的数据独立性和非过程化的查询功能（查询的时候只需指明数据存在的表和需要的数据所在的列，不用指明具体的查找路径），因此加大了系统的负担。

（2）由于查询效率较低，因此需要数据库管理系统对查询进行优化，加大了 DBMS 的负担。

关系数据模型定义了三种约束完整性：实体完整性、参照完整性以及用户定义完整性。

实体完整性：实体完整性规则规定实体的所有主属性都不能为空。实体完整性是针对基本关系而言的，一个基本关系对应着现实世界中的一个主题，例如上例中的学生表对应着学生这个实体。现实世界中的实体是可以区分的，他们具有某种唯一性标志，这种标志在关系模型中称为候选码，候选码的属性也就是主属性不能为空。

参照完整性：在关系数据库中主要是指外键参照的完整性。若 A 关系中的某个或者某些属性参照 B 或其他几个关系中的属性，那么在关系 A 中该属性要么为空，要么必须出现在 B 或者其他关系的对应属性中。如上例中的选课关系的学生号和课程号分别是参考学生和课程的外键，那么对于现实的系统而言，学生号和课程号必须分别出现在学生和课程关系中，这就是参照完整性，同时删除的时候根据设置的不同有不同的处理方式。

用户定义完整性：用户定义完整性是针对某一个具体关系的约束条件。它反映的某一个具体应用所对应的数据必须满足一定的约束条件。例如，某些属性必须取唯一值，某些值的范围为 0~100 等。

在逻辑设计阶段，如果采用关系型数据库，那么要设计基本表和视图。逻辑模型更接近于实际的数据库实现。

4. E-R 模型向关系模型的转换

由 E-R 图向关系模型转换有以下两个规则。

1）一个实体转换为一个关系模式

实体的属性就是关系的属性，实体的码就是关系的码。

2）实体间的联系转换为关系模式

一个 1∶1 联系可以转换为一个独立的关系模式，也可以与任意一端所对应的关系模式合并。如果转换为一个独立的关系模式，则与该联系相连的各实体的码以及联系本身的属性都转换为关系的属性，每个实体的码都是该关系的候选码。如果与某一端实体对应的关系模式合并，则需在该关系模式的属性中加入另一个关系模式的码和联系本身的属性。

一个 1∶n 联系可以转换为一个独立的关系模式，也可以与 n 端所对应的关系模式合并。如果转换为一个独立的关系模式，则与该联系相连的各实体的码以及联系本身的属性都转换为关系的属性，且关系的码为 n 端实体的码。如果与 n 端实体对应的关系模式合并，则需在该关系模式的属性中加入一端实体的码和联系本身的属性。

3）一个 m∶n 联系转换为一个独立的关系模式。

与该联系相连的各实体的码以及联系本身的属性都转换为关系的属性，各实体的码组成该关系的码或关系码的一部分。

例如：图书管理系统的 E-R 模型如图 6.5 所示。

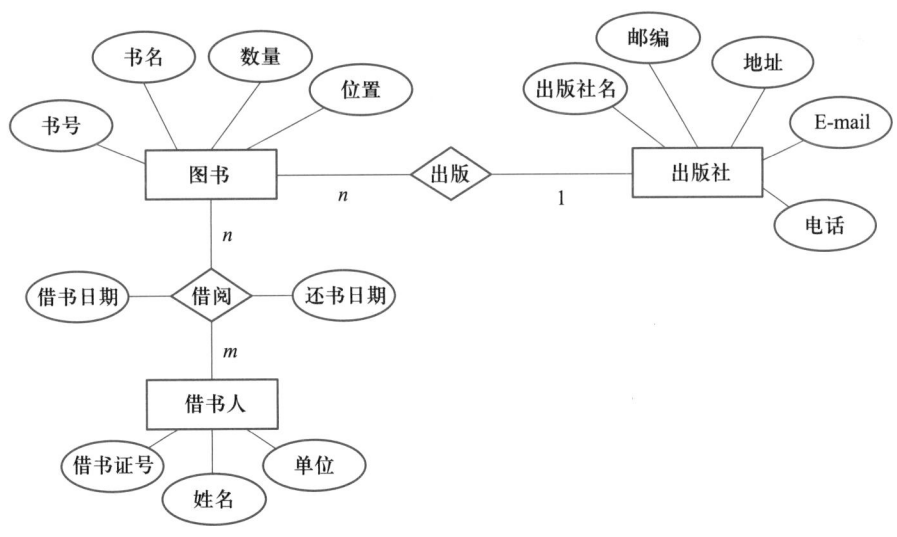

图 6.5　图书管理系统的 E-R 模型

根据上述规则转换成关系模型如下：

图书（书号，书名，数量，位置，出版社名）

借书人（借书证号，姓名，单位）

出版社（出版社名，邮编，地址，电话，E-mail）

借阅（借书证号，书号，借书日期，还书日期）

确保数据一致性：逻辑设计还必须确保数据的一致性和完整性。这涉及定义约束、主键、外键等，以确保数据的准确性和可靠性。

6.2.4　物理设计

数据库在物理设备上的存储结构和存取方法称为数据库的物理结构。对已确定的逻辑数据结构，利用数据库管理系统提供的方法、技术，以较优的存储结构、数据存取路径、合理的数据存储位置以及存储分配，为逻辑数据模型选取一个最适合应用环境的物理结构，就是物理结构设计。

选择存储方式：物理设计阶段是根据逻辑模型设计具体的数据库物理结构。这包括选择合适的存储方式、索引策略和数据文件的布局等。物理设计的目的是优化数据库的性能和存储效率。

优化性能：物理设计还需要考虑查询优化和并发控制。通过合理设计索引和调整数据库参数，可以显著提高数据库的查询速度和处理能力。

数据库的物理结构设计通常分为以下两步。

1. 确定数据库的物理结构

确定数据的存取方法，存取方法是快速存取数据库中数据的技术，具体采用的方法由数据库管理系统根据数据的存储方式决定，用户一般不能干预，

用户一般可以通过建立索引的方法来加快数据的查询效率。

建立索引的一般原则如下。

（1）在经常作为查询条件的属性上建立索引。

（2）在经常作为连接条件的属性上建立索引。

（3）在经常作为分组依据列的属性上建立索引。

（4）对经常进行连接操作的表建立索引。

一个表可以建立多个索引，但只能建立一个聚簇索引。

一般存储方式有顺序存储、散列存储和聚簇存储。

顺序存储：该存储方式的平均查找次数为表中记录数的 1/2。

散列存储：其平均查找次数由散列算法确定。

聚簇存储：为了提高某个属性或属性组的查询速度，把这个属性或属性组上具有相同值

的元组集中存放在连续的物理块上的处理称为聚簇，这个属性或属性组称为聚簇码，通过聚簇可以极大地提高按聚簇码进行查询的速度。在一般情况下，系统都会为数据选择一种最合适的存储方式。

2. 物理结构设计的评价

在物理结构设计过程中需要对时间效率、空间效率、维护代价和各种用户要求进行权衡，从而生成多种设计方案，数据库设计人员应对这些方案进行详细评价，从中选择一个较优的方案作为数据库的物理结构。

评价物理结构设计的方法完全依赖于具体的数据库管理系统，主要考虑的是操作开销，即为使用户获得及时、准确的数据所需的开销和计算机资源的开销，具体可分为查询和响应时间、更新事务的开销、生成报告的开销、主存储空间的开销和辅助存储空间的开销几类。

6.2.5 实 施

数据库的实施包括加载数据、调试和运行应用程序等工作。

1. 加载数据

在数据库系统中数据量一般都很大，各应用环境的差异也很大。

为了保证数据库中的数据正确、无误，必须十分重视数据的校验工作。在将数据输入系统进行数据转换的过程中应该进行多次校验。对于重要数据的校验更应该反复进行多次，在确认无误后再将其放入数据库中。数据库应用程序的设计应与数据库设计同时进行，在加载数据到数据库时还要调试应用程序。

2. 调试和运行应用程序

在有一部分数据加载到数据库之后就可以开始对数据库系统进行联合调试了，这个过程又称为数据库试运行。这一阶段要实际运行数据库应用程序，执行对数据库的各种操作，测试应用程序的功能是否满足设计要求。如果不满足，则要对应用程序进行修改、调整，直到达到设计要求为止。

在数据库试运行阶段还要对系统的性能指标进行测试，分析其是否达到设计目标。

6.2.6 运行和维护

数据库投入运行标志着开发工作的基本完成和维护工作的开始，只要数据库存在，就需要不断地对它进行评价、调整和维护。

在数据库运行阶段，对数据库的经常性维护工作主要由数据库系统管理员完成，主要工作有数据库的备份和恢复，数据库的安全性和完整性控制，监视、分析、调整数据库性能，数据库的重组和重构。

（1）数据库的备份和恢复：数据库的备份和恢复是系统正式运行后重要的维护工作，要对数据库进行定期的备份，一旦出现故障，要能及时地将数据库恢复到尽可能的正确状态，以减少数据库的损失。

（2）数据库的安全性和完整性控制：随着数据库应用环境的变化，对数据库的安全性和完整性要求也会发生变化。例如增加、删除用户，增加、修改某些用户的权限，撤回某些用户的权限，数据的取值范围发生变化等。这都需要系统管理员对数据库进行适当的调整，以适应这些新的变化。

（3）监视、分析、调整数据库性能：监视数据库的运行情况，并对检测数据进行分析找出能够提高性能的可行性，并适当地对数据库进行调整。目前有些数据库管理系统产品提供了性能检测工具，数据库系统管理员可以利用这些工具很方便地监视数据库。

（4）数据库的重组和重构：数据库运行一段时间后，随着数据的不断添加、删除和修改，会使数据库的存取效率降低，数据库管理员可以改变数据库数据的组织方式，通过增加、删除或调整部分索引等方法改善系统的性能。

数据库的重组并不改变数据库的逻辑结构，而数据库的重构主要针对数据库的模式进行修改，有时也可能间接影响内模式。

6.3 数据库管理系统

6.3.1 关系数据库管理系统

1. Oracle

Oracle Database，简称 Oracle，是由甲骨文公司开发的一款高性能关系数据库管理系统。它的处理速度极快，能够满足企业级应用对性能的要求。

高可靠性：Oracle 具有高安全级别和强大的恢复功能，即使硬件损坏也能恢复到故障发生前的状态。此外，它的故障转移能力出众，能够在 30 秒内实现数据库的负载均衡。

扩展性强：Oracle 在数据仓库和网格控制方面也非常强大，适合进行复杂的数据分析和处理。

2. MySQL

MySQL 是一个广泛应用在互联网中小型网站中的小型关系型数据库管理系统。它是一个开放源代码的软件，降低了使用成本。

易用：MySQL 具有高度非过程化和面向集合的操作方式，语法结构简单，易于学习和使用。

灵活性：MySQL 提供多种使用方式，能够满足不同开发者的需求。

3. Access

Access 是微软开发的关系型数据库管理系统，通常用于单机或小型网络应用。它提供了丰富的图形用户界面，使得数据库管理变得简单直观。

集成：Access 与微软 Office 套件紧密集成，可以轻松地与其他 Office 应用程序交换数据。

适用于轻量级应用：Access 适合不需要高性能数据库服务器的小型应用场景。

4. SQL Server

Microsoft SQL Server 是微软推出的一款面向企业级应用的关系型数据库管理系统。它提供了丰富的企业级特性，如支持高事务处理和复杂的分析操作。

可扩展性：SQL Server 具有较高的可扩展性和性能，能够满足中大型企业的需求。

安全性：SQL Server 具有强大的安全特性和数据恢复能力，能够保护企业数据的安全。

5. PostgreSQL

PostgreSQL 是一个功能强大的开源关系型数据库管理系统，它支持复杂的查询和大量数据存储。

兼容性：PostgreSQL 遵循 SQL 标准，确保了良好的兼容性和可移植性。

社区支持：PostgreSQL 拥有活跃的社区支持，不断有新的功能和优化加入。

6. DB2

IBM DB2 是 IBM 提供的一款企业级关系型数据库管理系统，特别适合大型商业环境。

多功能：DB2 支持 XML 文档，具有高级的数据挖掘和分析功能。

安全性和恢复能力：DB2 提供了强大的数据安全性和恢复能力，能确保数据的完整性和可靠性。

7. SQLite

SQLite 是一个轻量级的数据库管理系统，适合于嵌入式系统和移动应用。

无服务器：SQLite 不需要独立的服务器进程，数据库文件直接与应用程序交互。

跨平台：SQLite 具有良好的跨平台性，支持多种操作系统和编程语言。

6.3.2　非关系数据库管理系统

1. MongoDB

NoSQL：MongoDB 是一款流行的 NoSQL 数据库，采用文档数据模型，适合处理大量的非结构化或半结构化数据。

水平扩展：MongoDB 具有很好的水平扩展能力，能够通过分片技术实现数据的分布式存储。

快速开发：MongoDB 支持快速迭代开发，适合现代 Web 和移动应用。

2. Redis

Redis（remote dictionary server），即远程字典服务，是一个开源的使用 ANSI C 语言编写、支持网络、可基于内存也可持久化的日志型、Key-Value 数据库。由于 Redis 使用内存存储数据，因此读写速度非常快，适用于高并发的访问场景。Redis 支持多种数据类型，包括字符串、哈希、列表、集合、有序集合等，可以满足各种不同的应用场景。Redis 支持事务处理，可以保证一组命令的原子性执行，进一步提高了数据的可靠性。

6.3.3　新兴的数据库管理系统

1. 分布式数据库系统

高可扩展性：分布式数据库通过在多个服务器节点上分布数据，提高了数据处理能力和存储容量，可以根据需求动态增减节点，实现水平扩展。

高可用性和故障转移：数据在多个节点上的副本确保了单点故障不会导致整个系统的瘫痪，支持故障检测和自动恢复，保证了业务的连续性。

全局数据一致性：采用先进的同步技术确保跨节点的数据复制过程保持数据一致性，支持跨地域的数据分布和快速访问。

2. 智能数据库系统

自优化和自调优：利用机器学习技术，智能数据库能够自动优化数据存储和查询计划，根据访问模式调整索引，提高系统性能。

自动化维护：实现数据库参数自动配置、性能监控和故障修复等自动化管理功能，减少人工干预，降低运维成本。

预测性分析：集成数据分析功能，能够对数据进行趋势预测和模式识别，帮助用户做出基于数据的决策。

3. 云原生数据库系统

弹性伸缩：云原生数据库支持根据实际负载自动扩展或缩小资源，实现灵活的资源配置和成本控制。

多租户架构：适用于云环境的多租户架构，支持多用户共享同一数据库实例同时保证数据隔离，提高资源利用率。

数据库即服务：提供完整的数据库服务，包括数据的存储、备份、恢复和优化等，用户可以按需购买和使用，简化了数据库管理。

4. 内存数据库系统

高速数据处理：将所有数据存储于内存中，实现高速的读写操作，特别适合需要实时处理大量数据的应用。

实时数据分析：支持即时数据分析和复杂查询，大幅减少数据处理延迟，适用于金融交易、在线游戏等领域。

数据持久化：虽然主要依赖内存，但通过定期刷新到磁盘等方式实现数据的持久化存储，防止数据丢失。

5. 图数据库系统

高效的图形查询：专门优化图数据的存储和查询，高效执行图形遍历、搜索和模式匹配等操作，适用于社交网络、推荐系统等应用。

高度关联的数据处理：针对高度关联的数据集合进行优化，支持复杂的关系分析和路径查找，提升数据洞察力。

实时图形分析：支持实时的图形数据更新和分析，满足动态变化的数据需求，如实时推荐、社交网络分析等。

6. 时序数据库系统

时间序列数据的优化存储：专门处理时间序列数据，如 IoT 传感器数据、股票交易数据等，支持高效的时间范围查询。

高吞吐量数据处理：设计用于处理高并发写入的场景，支持大量数据的快速写入和查询。

数据压缩和降采样：提供高效的数据压缩技术和降采样方法，降低存储成本，提高查询性能。

6.4 数据库安全与维护

6.4.1 数据库恢复技术

1. 事务

事务是一系列的数据库操作，是数据库应用程序的基本逻辑单元。事务处理技术主要包括数据库恢复技术和并发控制技术。数据库恢复机制和并发控制机制是数据库管理系统的重要组成部分。

所谓事务是用户定义的一个数据库操作序列，这些操作要么全做，要么全不做，是一个不可分割的工作单位。例如，在关系数据库中，一个事务可以是一条 SQL 语句、一组 SQL 语句或整个程序。

事务和程序是两个概念。一般来讲，一个程序中包含多个事务。事务的开始与结束可以由用户显式控制。如果用户没有显式地定义事务，则由数据库管理系统按默认规定自动划分事务。

在 SQL 中，定义事务的语句一般有三条：

BEGIN TRANSACTION

COMMIT；

ROLLBACK；

事务通常是以 BEGIN TRANSACTION 开始，以 COMMIT 或 ROLLBACK 结束。COMMIT 表示提交，即提交事务的所有操作。具体地说就是将事务中所有对数据库的更新写回到磁盘上的物理数据库中去，事务正常结束。ROLLBACK 表示回滚，即在事务运行的过程中发生了某种故障，事务不能继续执行，系统将事务中对数据库的所有已完成的操作全部撤销，回滚到事务开始时的状态。这里的操作指对数据库的更新操作。

2. 事务的 ACID 特性

事务具有 4 个特性：原子性（atomicity）、一致性（consistency）、隔离性（isolation 和持续性（durability）。这 4 个特性简称为 ACID 特性（ACID properties）。

（1）原子性：事务是数据库的逻辑工作单位，事务中包括的诸操作要么都做，要么都不做。

（2）一致性：事务执行的结果必须是使数据库从一个一致性状态变到另一个一致性状态。因此当数据库只包含成功事务提交的结果时，就说数据库处于一致性状态。如果数据库系统运行时发生故障，有些事务尚未完成就被迫中断，这些未完成的事务对数据库所做的修改有一份已写入物理数据库，这时数据库就处于一种不正确的状态或者说是不一致的状态。

例如，某公司在银行中有 A、B 两个账号，现在公司想从账号 A 中取出 1 万元，存入账号 B，那么就可以定义一个事务，该事务包括两个操作，第一个操作是从账号 A 中减去 1 万元，第二个操作是向账号 B 中加入 1 万元。这两个操作要么全做，要么全不做。全做或者全不做，数据库都处于一致状态。如果只做一个操作，则逻辑上就会发生错误，减少或增加 1 万元，这时数据库就处于不一致状态了。可见一致性与原子性是密切相关的。

（3）隔离性：事务的执行不能被其他事务干扰。即一个事务的内部操作及使用的数据对其他并发事务是隔离的，并发执行的各个事务之间不能互相干扰。

（4）持续性：持续性也称永久性（permanence），指一个事务一旦提交，它对数据库中数据的改变就应该是永久性的。接下来的其他操作或故障不应该对其执行结果有任何影响。

保证事务 ACID 特性是事务管理的重要任务。事务 ACID 特性可能遭到破坏的因素有：多个事务并行运行时，不同事务的操作交叉执行；事务在运行过程中被强行停止。在第一种情况下，数据库管理系统必须保证多个事务的交叉运行不影响这些事务的原子性；在第二种情况下，数据库管理系统必须保证被强行终止的事务对数据库和其他事务没有任何影响。

3. 故障的种类

数据库系统中可能发生各种各样的故障，大致可以分以下几类。

1）事务内部的故障

事务内部的故障有的是可以通过事务程序本身发现的（见下面转账事务的例子），有的是非预期的，不能由事务程序处理。

例如，银行转账事务，这个事务把一笔金额从一个账户甲转给另一个账户乙。

```
BEGIN TRANSACTION
读账户甲的余额 BALANCE：
BALANCE=BALANCE−AMOUNT              /*AMOUNT 为转账金额 */
就 IF（BALANCE ＜ 0）THEN
{ 打印 "' 金额不足，不能转账；/* 事务内部可能造成事务被回滚的情况 */
ROLLBACK；                          /* 撤销刚才的修改，恢复事务 */
ELSE
{ 读账户乙的余额 BALANCE1；
BALANCE1=BALANCE1+AMOUNT；
写回 BALANCE1；
事务 COMMIT；}
```

这个例子所包括的两个更新操作要么全部完成，要么全部不做，否则就会使数据库处于不一致状态，例如可能出现只把账户甲的余额减少而没有把账户乙的余额增加的情况。

在这段程序中若产生账户甲余额不足的情况，应用程序可以发现并让事务滚回，撤销已作的修改，恢复数据库到正确状态。

事务内部更多的故障是非预期的，是不能由应用程序处理的。如运算溢出、并发事务发生死锁而被选中撤销该事务、违反了某些完整性限制而被终止等。本书后续内容中，事务故障意味着事务没有达到预期的终点（COMMIT 或者显式的 ROLLBACK），因此数据库可能处于不正确状态。恢复程序要在不影响其他事务运行的情况下，强行回滚该事务，即撤销该事务已经做出的任何对数据库的修改，使得该事务好像根本没有启动一样。

这类恢复操作称为事务撤销（undo）。

2）系统故障

系统故障是指造成系统停止运转的任何事件，使得系统要重新启动。例如，特定类型的硬件错误（CPU 故障）、操作系统故障、DBMS 代码错误、系统断电等。这类故障影响正在运行的所有事务，但不破坏数据库。此时主存内容，尤其是数据库缓冲区（在内存）中的内容都被丢失，所有运行事务都非正常终止。发生系统故障时，一些尚未完成的事务的结果可能已送入物理数据库，从而造成数据库可能处于不正确的状态。为保证数据一致性，需要清除这些事务对数据库的所有修改。恢复子系统必须在系统重新启动时让所有非正常终止的事务回滚，强行撤销（undo）所有未完成事务。

另一方面，发生系统故障时，有些已完成的事务可能有一部分甚至全部留在缓冲区，尚未写回到磁盘上的物理数据库中，系统故障使得这些事务对数据库的修改部分或全部丢失，这也会使数据库处于不一致状态，因此应将这些事务已提交的结果重新写入数据库。所以系统重新启动后，恢复子系统除需要撤销所有未完成的事务外，还需要重做（redo）所有已提交的事务，以将数据库真正恢复到一致性状态。

3）介质故障

系统故障常称为软故障，介质故障称为硬故障。硬故障指外存故障，如磁盘损坏、磁头碰撞、瞬时强磁场干扰等。这类故障将破坏数据库或部分数据库，并影响正在存取这部分数据的所有事务。这类故障比前两类故障发生的可能性小得多，但破坏性最大。

4）计算机病毒

计算机病毒是一种人为的故障或破坏，是一些恶作剧者或不法分子研制的一种计算机程序。这种程序与其他程序不同，它像微生物学所称的病毒一样可以繁殖和传播，并造成对计算机系统的危害。计算机病毒的种类很多，不同病毒有不同的特征。小的病毒只有 20 条指令，不到 50 B。大的病毒像一个操作系统，由上万条指令组成。有的计算机病毒传播很快，一旦侵入系统就马上摧毁系统；有的病毒有较长的潜伏期，计算机在感染后数天或数月才开始发作；有的病毒感染系统所有的程序和数据；有的只对某些特定的程序和数据感兴趣。

计算机病毒已成为计算机系统的主要威胁，自然也是数据库系统的主要威胁。为此计算机的安全工作者已研制了许多预防病毒的"疫苗"，检查、诊断、消灭计算机病毒的软件也在不断发展。但是，至今还没有一种可以使计算机"终生"免疫的"疫苗"，因此数据库被破坏时仍要用恢复技术把数据库加以恢复。

4. 恢复的实现技术

恢复机制涉及的两个关键问题是：如何建立冗余数据，以及如何利用这些冗余数据实施数据库恢复。

建立冗余数据最常用的技术是数据转储和登记日志文件。通常在一个数据库系统中，这两种方法是一起使用的。

1）数据转储

数据转储是数据库恢复中采用的基本技术。所谓转储即数据库管理员定期地将整个数据库复制到磁带、磁盘或其他存储介质上保存起来的过程。这些备用的数据称为后备副木或后援副本。

当数据库遭到破坏后可以将后备副本重新装入，但重装后备副本只能将数据库恢复到转储时的状态，要想恢复到故障发生时的状态，必须重新运行自转储以后的所有更新事务。

2）登记日志文件

每个日志记录的内容主要包括：事务标识（标明是哪个事务）、操作的类型（插入、删除或修改）、操作对象（记录内部标识）、更新前数据的旧值（对插入操作而言，此项为空值）、更新后数据的新值（对删除操作而言，此项为空值）。

对于以数据块为单位的日志文件，日志记录的内容包括事务标识和被更新的数据块。

日志文件在数据库恢复中起着非常重要的作用，可以用来进行事务故障恢复和系统故障恢复，并协助后备副本进行介质故障恢复。

5. 恢复策略

当系统运行过程中发生故障，利用数据库后备副本和日志文件就可以将数据库恢复到故障前的某个一致性状态。不同故障其恢复策略和方法也不一样。

1）事务故障的恢复

事务故障是指事务在运行至正常终止点前被终止，这时恢复子系统应利用日志文件撤销（undo）此事务已对数据库进行的修改。事务故障的恢复是由系统自动完成的，对用户是透明的。系统的恢复步骤是：反向扫描日志文件，查找该事务的更新操作。对该事务的更新操作执行逆操作，即将日志记录中"更新前的值"写入数据库。这样，如果记录中是插入操作，则相当于做删除操作；若记录中是删除操作，则做插入操作；若是修改操作，则相当于用修改前的值代替修改后的值。继续反向扫描日志文件，查找该事务的其他更新操作，并做同样处理。如此处理下去，直至读到此事务的开始标记，事务故障恢复就完成了。

2）系统故障的恢复

前面已讲过，系统故障造成数据库不一致状态的原因有两个，一是未完成事务对数据库的更新可能已写入数据库，二是已提交事务对数据库的更新可能还留在缓冲区没来得及写入数据库。因此恢复操作就是要撤销故障发生时未完成的事务，重做已完成的事务。系统故障的恢复是由系统在重新启动时自动完成的，不需要用户干预。

系统的恢复步骤是：正向扫描日志文件（即从头扫描日志文件），找出在故障发生前已经提交的事务，将其事务标识记入重做队列（redo-list）。同时找出故障发生时尚未完成的事务。对撤销队列中的各个事务进行撤销（undo）处理。

进行撤销处理的方法是：反向扫描日志文件，对每个撤销事务的更新操作执行逆操作，即将日志记录中"更新前的值"写入数据库。对重做队列中的各个事务进行重做处理。

进行重做处理的方法是：正向扫描日志文件，对每个重做事务重新执行日志文件登记的操作，即将日志记录中"更新后的值"写入数据库。

3）介质故障的恢复

发生介质故障后，磁盘上的物理数据和日志文件被破坏，这是最严重的一种故障，恢复方法是重装数据库，然后重做已完成的事务。

介质故障的恢复需要数据库管理员介入，但数据库管理员只需要重装最近转储的数据库副本和有关的各日志文件副本，然后执行系统提供的恢复命令即可。

6.4.2 数据库安全

数据库的特点之一是由数据库管理系统提供统一的数据保护功能来保证数据的安全可靠和正确有效。数据库的数据保护主要包括数据的安全性和完整性。

数据库安全性概述：数据库的安全性是指保护数据库以防止不合法使用所造成的数据泄

露、更改或破坏。

安全性问题不是数据库系统所独有的，所有计算机系统都存在不安全因素，只是在数据库系统中由于大量数据集中存放，而且为众多最终用户直接共享，从而使安全性问题更为突出。系统安全保护措施是否有效是数据库系统的主要技术指标之一。

1. 数据库的不安全因素

对数据库安全性产生威胁的因素主要有以下几方面。

1）非授权用户对数据库的恶意存取和破坏

一些黑客和犯罪分子在用户存取数据库时猎取用户名和口令，然后假冒合法用户偷取、修改甚至破坏用户数据。因此，必须阻止有损数据库安全的非法操作，以保证数据免受未经授权的访问和破坏，数据库管理系统提供的安全措施主要包括用户身份鉴别、存取控制和视图等技术。

2）数据库中重要或敏感的数据被泄露

黑客和敌对分子千方百计盗窃数据库中的重要数据，一些机密信息被泄露。为防止数据泄露，数据库管理系统提供的主要技术有强制存取控制、数据加密存储和加密传输等。

此外，在安全性要求较高的部门提供审计功能，通过分析审计日志，可以对潜在的威胁提前采取措施加以防范，对非授权用户的入侵行为及信息破坏情况能够进行跟踪，防止对数据库安全责任的否认。

3）安全环境的脆弱性

数据库的安全性与计算机系统（计算机硬件、操作系统、网络系统等）的安全性是紧密联系的。操作系统安全的脆弱，网络协议安全保障的不足等都会造成数据库安全性的破坏。因此，必须加强计算机系统的安全性保证。随着 Internet 技术的发展，计算机安全性问题越来越突出，对各种计算机及其相关产品、信息系统的安全性要求越来越高。为此，在计算机安全技术方面逐步发展建立了一套可信（trusted）计算机系统的概念和标准。只有建立了完善的可信标准即安全标准，才能规范和指导安全计算机系统部件的生产，较为准确地测定产品的安全性能指标，满足民用和军用的不同需要。

2. 安全标准简介

计算机以及信息安全技术方面有一系列的安全标准，最有影响的当推 TCSEC 和 CC 这两个标准，如图 6.6 所示。

TCSEC 是指 1985 年美国国防部正式公布的《可信计算机系统评估准则》（trusted computer system evaluation criteria，TCSEC）。

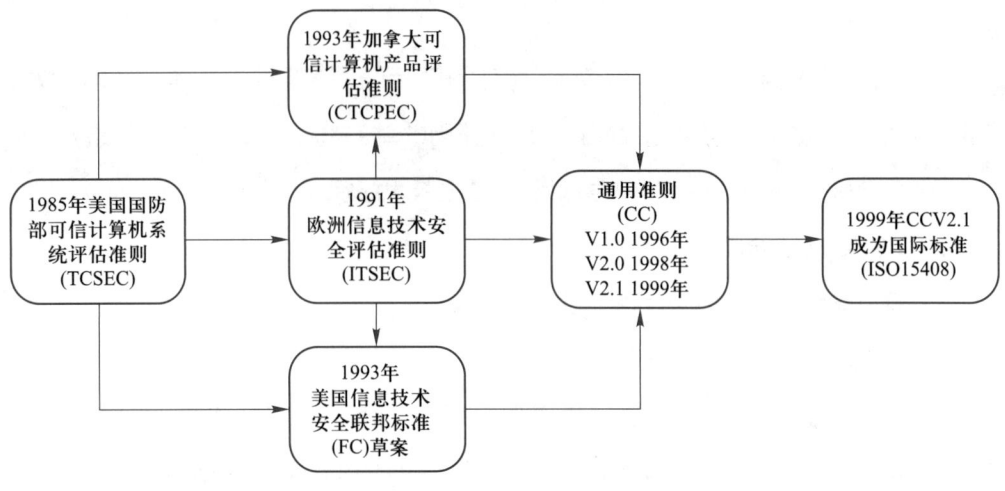

图 6.6　安全标准

3. 安全控制策略

1）用户身份鉴别

用户身份鉴别是数据库管理系统提供的最外层安全保护措施。每个用户在系统中都有一个用户标识。每个用户标识由用户名（User Name）和用户标识号（UID）两部分组成。

UID 在系统的整个生命周期内是唯一的。系统内部记录着所有合法用户的标识，系统鉴别是指由系统提供一定的方式让用户标识自己的名字或身份。每次用户要求进入系统时，由系统进行核对，通过鉴定后才提供使用数据库管理系统的权限。

用户身份鉴别的方法有很多种，而且在一个系统中往往是多种方法结合，以获得更强的安全性。常用的用户身份鉴别方法有以下几种。

（1）静态口令鉴别：这种方式是当前常用的鉴别方法。静态口令一般由用户自己设定，鉴别时只要按要求输入正确的口令，系统将允许用户使用数据库管理系统。这些口令是静态不变的，在实际应用中，用户常常用自己的生日、电话、简单易记的数字等内容作为口令，很容易破解。而一旦被破解，非法用户就可以冒充该用户使用数据库。因此，这种方式虽然简单，但容易被攻击，安全性较低。口令的安全可靠对数据库安全来说至关重要。因此，数据库管理系统应从口令的复杂度，口令的管理、存储及传输等多方面来保障口令的安全可靠。例如，要求口令长度至少是 8 个（或者更多）字符；口令要求是字母、数字和特殊字符混合，其中，特殊符号是除空白符、英文字符、单引号和数字外的所有可见字符。

（2）动态口令鉴别：它是目前较为安全的鉴别方式。这种方式的口令是动态变化的，每次鉴别时均需使用动态产生的新口令登录数据库管理系统，即采用一次一密的方法。常用的方式如短信密码和动态令牌方式，每次鉴别时要求用户使用通过短信或令牌等途径获取的新口令登录数据库管理系统。与静态口令鉴别相比，这种认证方式增加了口令被窃取或破解的难度，安全性相对高一些。

（3）生物特征鉴别：是一种通过生物特征进行认证的技术，其中，生物特征是指生物体唯一具有的，可测量、识别和验证的稳定生物特征，如指纹、虹膜和掌纹等。这种方式通过采用图像处理和模式识别等技术实现了基于生物特征的认证，与传统的口令鉴别相比，无疑产生了质的飞跃，安全性较高。

（4）智能卡鉴别：智能卡是一种不可复制的硬件，内置集成电路的芯片，具有硬件加密功能。智能卡由用户随身携带，登录数据库管理系统时用户将智能卡插入专用的读卡器进行身份验证，由于每次从智能卡中读取的数据是静态的，通过内存扫描或网络监听等技术还是可能取到用户的身份验证信息，存在安全隐患。因此，实际应用中一般采用个人身份识别（PIN）和智能卡相结合的方式。这样，即使 PIN 或智能卡中有一种被窃取，用户身份不会被冒充。

2）存取控制

数据库安全最重要的一点就是确保只授权给有资格的用户访问数据库的权限，同时令所有未被授权的人员无法接近数据，这主要通过数据库系统的存取控制机制实现。

存取控制机制主要包括定义用户权限和合法权限检查两部分。

定义用户权限，并将用户权限登记到数据字典中：用户对某一数据对象的操作权力称为权限。某个用户应该具有何种权限是个管理问题和政策问题，而不是技术问题。数据库管理系统的功能是保证这些决定的执行。为此，数据库管理系统必须提供适当的语言来定义用户权限，这些定义经过编译后存储在数据字典中，被称为安全规则或授权规则。

合法权限检查：每当用户发出存取数据库的操作请求后（请求一般应包括操作类型、操作对象和操作用户等信息），数据库管理系统查找数据字典，根据安全规则进行合法权限检查，若用户的操作请求超出了定义的权限，系统将拒绝执行此操作。

定义用户权限和合法权限检查机制一起组成了数据库管理系统的存取控制子系统。

3）自主存取控制

大型数据库管理系统都支持自主存取控制，SQL 标准也对自主存取控制提供支持，这主要通过 SQL 的 GRANT 语句和 REVOKE 语句来实现。

用户权限是由两个要素组成的：数据库对象和操作类型。定义一个用户的存取权限就是要定义这个用户可以在哪些数据库对象上进行哪些类型的操作。在数据库系统中，定义存取权限称为授权（authorization）。

在非关系系统中，用户只能对数据进行操作，存取控制的数据库对象也仅限于数据本身。

6.5 本章小结

数据库是计算机科学与技术领域中的一项重要技术，它主要用于组织、存储和管理数据，数据库技术广泛应用于各个领域。通过本章的学习，大家应重点掌握以下内容。

（1）数据、数据库、数据库管理系统、数据库系统的概念。数据是数据库中存储的基本对象，数据库顾名思义，是存放数据的仓库，数据库管理系统是位于用户与操作系统之间的一层数据管理软件，数据库系统是由数据库、数据库管理系统（及其应用开发工具）、应用程序和数据管理员组成的存储、管理、处理和维护数据的系统。

（2）数据库发展历史：人工管理阶段、文件管理阶段、数据库管理阶段。

（3）数据库开发和设计流程：需求分析、概念模型设计、逻辑模型设计、物理设计、数据库实施、数据库运行和维护。

（4）常见的数据库管理系统：Oracle、MySQL、Access、SQL Server、PostgreSQL、MongoDB、DB2、SQLite。

（5）事务的概念及常见的故障类型。事务是一系列的数据库操作，是数据库应用程序的基本逻辑单元。故障的种类：事务内部的故障、系统故障、介质故障、计算机病毒。

（6）数据库的不安全因素有：非授权用户对数据库的恶意存取和破坏、数据库中重要或敏感的数据被泄露、安全环境的脆弱性。

本章习题

一、单选题

1. 在下列（   ）数据处理阶段，数据具有结构化的特点。

A. 人工管理　　　　B. 文件管理　　　　C. 数据库管理　　　　D. 分布式数据库

2. 下列（   ）模型是应用于概念设计阶段。

A. 流程图　　　　B. ER 图　　　　C. 数据流图　　　　D. 表

3. 在班级中，每个学生都有唯一的学号，且没有重名，则学号和姓名的联系类型为（   ）。

A. 1 对 1　　　　B. 1 对多　　　　C. 多对多　　　　D. 以上都不是

4. 下列属于逻辑数据模型的有（　　　）。

A. 流程图 　　　　　B. E-R 图 　　　　　C. 数据流图 　　　　　D. 关系数据模型

5. 下列（　　）数据模型是树形结构模型。

A. 层次数据模型 　　　　　　　　　B. 网状数据模型

C. 关系数据模型 　　　　　　　　　D. 对象数据模型

6. 数据库（DB）、数据库系统（DBS）和数据库管理系统（DBMS）三者之间的关系是
（　　）。

A. DBS 包括 DB 和 DBMS 　　　　　B. DB 包括 DBS 和 DBMS

C. DBMS 包括 DB 和 DBS 　　　　　D. DBS 就是 DB，也就是 DBMS

二、简答题

1. 主流的数据库管理系统有哪些？

2. 数据库设计与开发的步骤是什么？

3. 故障的种类有哪些？

4. 数据库安全策略有哪些？

第7章 大数据技术及处理流程

当人们谈到大数据时，并非仅指数据本身，而是数据和大数据技术这两者的综合。所谓大数据技术，是指伴随着大数据的采集、存储、分析和应用的相关技术，是一系列使用非传统的工具来对大量的结构化、半结构化和非结构化数据进行处理，从而获得分析和预测结果的一系列数据处理和分析技术。同时需要指出的是，从广义的层面来说，大数据技术既包括近些年发展起来的分布式存储和计算技术（如 Hadoop、Spark 等），也包括在大数据时代到来之前已经具有较长发展历史的其他技术，比如数据采集和数据清洗、数据可视化、数据隐私和安全等。

本章重点介绍大数据分析全流程所涉及的各种技术，包括数据采集与预处理、数据存储和管理、数据处理与分析、数据可视化、数据安全和隐私保护等。

7.1 概述

下面首先介绍大数据的概念和大数据技术基本处理流程。

7.1.1 大数据

大数据指的是那些数据量特别大、数据类型多样、增长速度快，需要用特殊的技术和工具来处理的数据集合。它通常具有以下 4 个特征，简称为 "4V"。

（1）体量大（volume）：数据的规模非常大，通常从太字节（TB）到拍字节（PB）甚至更多。

（2）速度快（velocity）：数据的生成和处理速度非常快，需要实时或近实时的处理能力。

（3）种类多（variety）：数据类型繁多，包括结构化数据、半结构化数据和非结构化数据。

（4）价值密度低（value）：在海量数据中，有价值的信息可能只占很小的一部分，需要通过分析和挖掘来提取。

从数据量来说，像互联网公司每天会产生海量的用户行为数据，如浏览记录、点击次数等，数据量常常达到 PB（1 PB=1 024 TB）级甚至更高。数据类型也很丰富，有结构化数据，如数据库里的表格数据，它很规整；还有非结构化数据，像图片、音频、视频等。

大数据的价值在于能够挖掘出潜在信息。例如商家可以通过分析消费者购买行为、偏好等大数据，进行精准营销，为用户推荐他们可能感兴趣的商品。在交通领域，通过分析交通流量大数据来优化交通信号灯的时间设置，缓解拥堵。总之，大数据技术在不同行业中的应用场景广泛且深入，为经济发展和社会进步提供了强大动力。未来，随着技术的不断发展和应用深化，大数据技术将为企业和社会带来更多的经济效益和社会价值。

7.1.2 大数据技术基本处理流程

大数据技术基本处理流程主要包括数据采集、存储分析和结果呈现等环节。数据无处不在，网站、政务系统、零售系统、办公系统、自动化生产系统、监控摄像头、传感器等，每时每刻都在不断产生数据。这些分散在各处的数据，需要采用相应的设备或软件进行采集。采集到的数据通常无法直接用于后续的数据分析，因为对于来源众多、类型多样的数据而言，数据缺失和语义模糊等问题是不可避免的，所以必须采取相应措施有效解决这些问题，这就需要一个被称为"数据预处理"的过程，把数据变成一个可用的状态。数据经过预处理以后，会被存放到文件系统或数据库系统中进行存储与管理，然后采用数据挖掘工具对数据进行处理分析，最后采用可视化工具为用户呈现结果。在整个数据处理过程中，还必须注意隐私保护和数据安全问题。

因此，从数据分析全流程的角度，大数据技术主要包括数据采集与预处理、数据存储和管理、数据处理与分析、数据可视化、数据安全和隐私保护等几个层面的内容，具体如表 7.1 所示。

表 7.1　大数据技术的不同层面及其功能

技术层面	功能
数据采集与预处理	利用 EIL 工具将分布的、异构数据源中的数据,如关系数据、平面数据文件等抽取到临时中间层后进行清洗、转换、集成,最后加载到数据仓库或数据集市中成为联机分析处理、数据挖掘的基础;利用日志采集工具(如 Flume、Kaka 等)把实时采集的数据作为流计算系统的输入,进行实时处理分析;利用网页爬虫程序到互联网网站中爬取数据
数据存储和管理	利用分布式文件系统、数据仓库、关系数据库、NoSQL 数据库、云数据库等,实现对结构化、半结构化和非结构化海量数据的存储和管理
数据处理与分析	利用分布式并行编程模型和计算框架,结合机器学习和数据挖掘算法,实现对海量数据的处理和分析
数据可视化	对分析结果进行可视化呈现,帮助人们更好地理解数据、分析数据
数据安全和隐私保护	在从大数据中挖掘潜在的巨大商业价值和学术价值的同时,构建隐私数据保护体系和数据安全体系,有效保护个人隐私和数据安全

□ 7.2 数据采集与预处理

近年来，以大数据、物联网、人工智能、5G 为核心特征的数字化浪潮正席卷全球。随着网络和信息技术的不断普及，人类产生的数据量正在呈指数增长，大约每两年翻一番，这意味着人类在最近两年产生的数据量相当于之前产生的全部数据量。世界上每时每刻都在产生大量的数据，包括物联网传感器数据、社交网络数据、商品交易数据等。面对如此巨大的数据，与之相关的采集、存储、分析等环节会面临一系列的问题。如何收集这些数据并且进行转换、存储以及有效率的分析成为巨大的挑战。因此就需要有一个系统用来收集数据，并且对数据进提取、转换、加载。

7.2.1 数据采集的概念

数据采集也是大数据产业的基石，大数据具有很高的商业价值，但是如果没有数据，价值就无从谈起，就好比没有石油开采，就不会有汽油。数据采集又称"数据获取"，是数据分析的入口，也是数据分析过程中相当重要的一个环节，它通过各种技术手段把外部各种数据源产生的数据实时或非实时地采集并加以利用。在数据大爆炸的互联网时代，被采集的数据的类型也是复杂多样的，包括结构化数据、半结构化数据、非结构化数据。结构化数据最常见，就是保存在关系数据库中的数据。非结构化数据是数据结构不规则或不完整，没有预定义的数据模型，包括所有格式的传感器数据、办公文档、文本、图片、XML、HTML、各类报表、图像和音频/视频信息等。

大数据采集与传统的数据采集既有联系又有区别，大数据采集是在传统的数据采集基础之上发展起来的，一些经过多年发展的数据采集架构、技术和工具都被继承下来，同时，由于大数据本身具有数据量大、数据类型丰富、处理速度快等特性，这使得大数据采集又表现出不同于传统数据采集的一些特点，如表 7.2 所示。

表 7.2 传统的数据采集与大数据采集的区别

数据	采集方式	
	传统的数据采集	大数据采集
数据源	来源单一，数据量相对较少	来源广泛，数据量巨大
数据类型	结构单一	数据类型丰富，包括结构化、半结构化和非结构化
数据存储	关系数据库和并行数据仓库	分布式数据库，分布式文件系统

7.2.2 数据采集的三大要点

数据采集的三大要点如下。

（1）全面性。数据量足够大具有分析价值、数据面足够广支撑分析需求。比如对于"查看商品详情"这一行为，需要采集用户触发时的环境信息、会话以及背后的用户 ID，最后需要统计这一行为在某一时段触发的人数、次数、人均次数、活跃比等。

（2）多维性。数据更重要的是能满足分析需求。必须能够灵活、快速自定义数据的多种属性和不同类型，从而满足不同的分析目标。比如"查看商品详情"这一行为，通过"埋点"，才能知道用户查看的商品是什么、价格、类型、商品 ID 等多个属性，从而知道用户看过哪些商品、什么类型的商品被查看得多、某一个商品被查看了多少次，而不仅仅是知道用户进入了商品详情页。

（3）高效性。高效性包含技术执行的高效性、团队内部成员协同的高效性以及数据分析需求和目标实现的高效性。也就是说采集数据一定要明确采集目的，带着问题搜集信息，使信息采集更高效、更有针对性。此外，还要考虑数据的及时性。

7.2.3 数据采集的数据源

数据采集的主要数据源包括传感器数据、互联网数据、日志文件、企业业务系统数据。

1. 传感器数据

传感器是一种检测装置，能感受到被测量的信息，并能将感受到的信息按一定规律变换成为电信号或其他形式的信息输出，以满足信息的传输、处理、存储、显示、记录和控制等要求。工作现场会安装很多各种类型的传感器，如压力传感器、温度传感器、流量传感器、声音传感器、电参数传感器等。传感器对环境的适应能力很强，可以应对各种恶劣的工作环境。在日常生活中，如温度计、麦克风、DV 录像、手机拍照功能等都属于传感器数据采集的一部分，支持图片、音频、视频等文件或附件的采集工作。

2. 互联网数据

互联网数据的采集通常是借助于网络爬虫来完成的。所谓"网络爬虫"，就是一个在网上到处或定向抓取网页数据的程序。抓取网页的一般方法是，定义一个入口页面，一般一个页面中会包含指向其他页面的 URL，于是从当前页面获取到这些网址加入到爬虫的抓取队列中，然后进入到新页面后再递归地进行上述操作。爬虫数据采集方法可以将非结构化数据从网页中抽取出来，将其存储为统一的本地数据文件，并以结构化的方式存储。它支持图片、音频、视频等文件或附件的采集，附件与正文可以自动关联。

3. 日志文件

许多公司的业务平台每天都会产生大量的日志文件。日志文件数据一般由数据源系统产生，用于记录数据源执行的各种操作活动，比如网络监控的流量管理、金融应用的股票记账和 Web 服务器记录的用户访问行为。通过采集这些日志信息，然后进行数据分析，就可以从公司业务平台日志数据中挖掘得到具有潜在价值的信息，为公司决策和公司后台服务器平台性能评估提供可靠的数据保证。系统日志采集系统做的事情就是收集日志数据供离线和在线的实时分析使用。很多互联网企业都有自己的海量数据采集工具，多用于系统日志采集，如 Hadoop 的 Chukwa，Cloudera 的 Flume，Facebook 的 Scribe 等，这些工具均采用分布式架构，能满足每秒数百兆字节的日志数据采集和传输需求。

4. 企业业务系统数据

一些企业会使用传统的关系型数据库 MySQL 和 Oracle 等来存储业务系统数据，除此之外，Redis 和 MongoDB 这样的 NoSQL 数据库也常用于数据的存储。企业每时每刻产生的业务数据，以数据库一行记录的形式被直接写入到数据库中。企业可以借助工具，把分散在企业不同位置的业务系统的数据，抽取、转换、加载到企业数据仓库中，以供后续的商务智能分析使用，如图 7.1 所示。通过采集不同业务系统的数据并统一保存到一个数据仓库中就可以为分散在企业不同地方的商务数据提供统一的视图，以满足企业的各种商务决策分析需求。

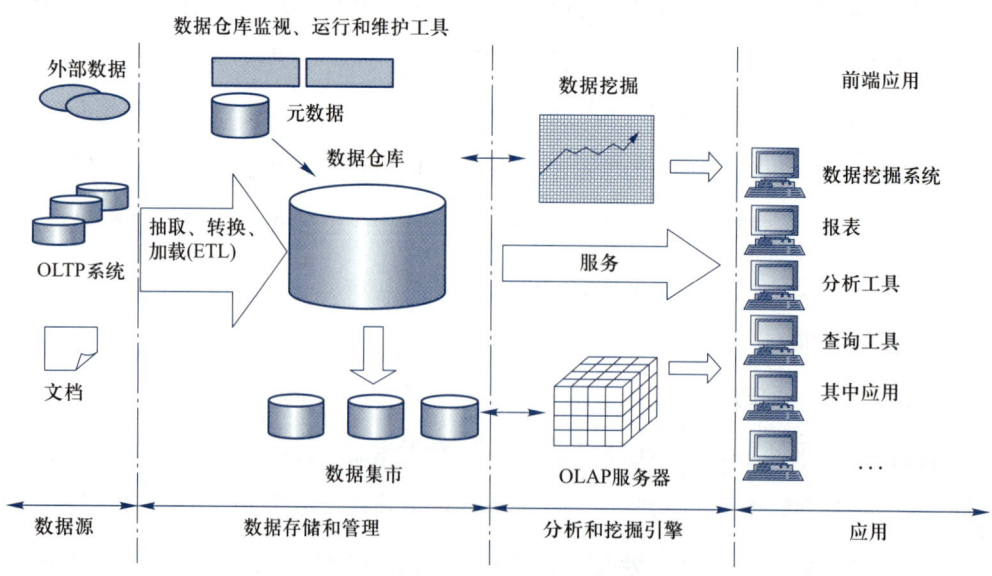

图 7.1　数据仓库体系架构

在采集企业业务系统数据时，由于采集的数据种类错综复杂，对于不同类型的数据，在进行数据分析之前，必须通过数据抽取技术，将复杂格式的数据进行数据抽取，从数据原始格式中抽取出我们需要的数据，这里可以丢弃一些不重要的字段。对于抽取得到的数据，由于数据源头的采集可能存在不准确的情况，所以必须进行数据清洗（预处理），对于不正确的数据进行过滤、剔除。针对不同的应用场景，对数据进行分析的工具或者系统不同，还需要对数据进行转换操作，将数据转换成不同的数据格式，最终按照预先定义好的数据仓库模型，将数据加载到数据仓库中去。

7.2.4　数据清洗

数据清洗是指将大量原始数据中的"脏"数据"洗掉"，它是发现并纠正数据文件中可识别的错误的最后一道程序，包括检查数据一致性，处理无效值和缺失值等。比如，在构建数据仓库时，由于数据仓库中的数据是面向某一主题的数据的集合，这些数据从多个业务系统中抽取而来，而且包含历史数据，这样就避免不了有的数据是错误数据、有的数据相互之间有冲突，这些错误的或有冲突的数据显然是我们不想要的，称为"脏数据"。要按照一定的规则把"脏数据"给"洗掉"，这就是"数据清洗"。

1. 需要清洗的数据的主要类型

需要清洗的数据主要包括以下几类。

（1）残缺数据。这一类数据主要是指重要信息的缺失，如供应商的名称、分公司的名称、客户的区域信息缺失，业务系统中主表与明细表不能匹配等。将这一类数据过滤出来，按缺失的内容分别写入不同 Excel 文件并反馈给客户，要求在规定的时间内补全，补全后才写入数据仓库。

（2）错误数据。这一类错误产生的原因是业务系统不够健全，在接收输入后没有进行判断直接写入后台数据库造成的，例如数值数据以全角数字字符形式输入、字符串数据后面有个回车操作、日期格式不正确、日期越界等。针对这类数据需进行分类处理。像全角字符、数据前后存在不可见字符等问题，只能通过编写 SQL 语句找出，之后要求客户在业务系统中修正，再进行抽取。而日期格式不正确或日期越界的错误，会致使 ETL 运行失败。这类错误需在业务系统数据库中，利用 SQL 语句筛选出来，交由业务主管部门限期修正，待修正完成后再进行抽取。

（3）重复数据。针对这类数据，尤其是在二维表中出现的情况，需将重复数据记录的所有字段导出，交由客户进行确认与整理。

2. 数据清洗的内容

数据清洗主要包括以下内容。

（1）一致性检查。一致性检查（consisteney check）是根据每个变量的合理取值范围和相互关系，检查数据是否合乎要求，发现超出正常范围、逻辑上不合理或者相互矛盾的数据。例如，用1~7级量表测量的变量出现了0值，体重出现了负数，都应视为超出正常值域范围。SPSS、SAS 和 Excel 等计算机软件都能够根据定义的取值范围，自动识别每个超出范围的变量值。逻辑上不一致的答案可能以多种形式出现，例如，许多调查对象说自己开车上班，又报告没有汽车；或者调查对象报告自己是某品牌的重度购买者和使用者，但同时又在熟悉程度量表上给了很低的分值。发现不一致时，要列出问卷序号、记录序号、变量名称、错误类别等，便于进一步核对和纠正。

（2）无效值和缺失值的处理。由于调查、编码和录入误差，数据中可能存在一些无效值和缺失值，需要进行适当的处理。常用的处理方法有估算、整例删除、变量删除和成对删除。

① 估算（estimation）。最简单的方法就是用某个变量的样本均值、中位数或众数代替无效值和缺失值。这种方法简单，但没有充分考虑数据中已有的信息，误差可能较大。另一种方法就是根据调查对象对其他问题的答案，通过变量之间的相关分析或逻辑推论进行估计。例如，某一产品的拥有情况可能与家庭收入有关，可以根据调查对象的家庭收入，推算拥有这一产品的可能性。

② 整例删除（casewise deletion）是剔除含有缺失值的样本。由于很多问卷都可能存在缺失值，所以这种方法的结果可能导致有效样本量大大减少，无法充分利用已经收集到的数据。因此，只适合关键变量缺失，或者含有无效值或缺失值的样本比重很小的情况。

③ 变量删除（variable deletion）。如果某一变量的无效值和缺失值很多，而且该变量对于所研究的问题不是特别重要，则可以考虑将该变量删除。这种方法减少了供分析用的变量数目，但没有改变样本量。

④ 成对删除（pairwise deletion）是指用一个特殊代码（通常是9、99、999等）来代表无效值和缺失值，同时保留数据集中的全部变量和样本。在具体计算时，该方法仅采用具有完整数据的样本。由于不同分析所涉及的变量各异，所以每次分析的有效样本量也会有所不同。这是一种较为保守的处理方法，它能够最大限度地留存数据集中的可用信息。

7.3 数据存储和管理

本节首先介绍传统的数据存储和管理技术，包括文件系统、关系数据库、数据仓库、并行数据库，然后介绍大数据时代的数据存储和管理技术，包括分布式文件系统、NewSQL 和 NoSQL 数据库。

7.3.1 传统的数据存储和管理技术

1. 文件系统

文件系统是操作系统用于明确存储设备（常见的是磁盘，也有基于 NAND Flash 的固态硬盘）或分区上的文件的方法和数据结构，即在存储设备上组织文件的方法。操作系统中负责管理和存储文件信息的软件机构称为文件管理系统，简称"文件系统"。文件系统由三部分组成：文件系统的接口，对象及属性，对对象操纵和管理的软件集合。从系统角度来看，文件系统是对文件存储设备的空间进行组织和分配，负责文件存储并对存入的文件进行保护和检索的系统。具体来说，它负责为用户建立文件，存入、读出、修改、转储文件，控制文件的存取，当用户不再使用时撤销文件等。

人们平时在计算机上使用的 Word 文件、PPT 文件、文本文件、音频文件、视频文件等，都是由操作系统中的文件系统进行统一管理的。

2. 关系数据库

除了文件系统之外，数据库是另外一种主流的数据存储和管理技术。数据库是指以一定方式存储在一起、能为多个用户共享、具有尽可能小的冗余度、与应用程序彼此独立的数据集合。对数据库进行统一管理的软件被称为"数据库管理系统"，在不引起歧义的情况下，经常会混用"数据库"和"数据库管理系统"这两个概念。在数据库的发展历史上，先后出现过网状数据库、层次数据库、关系数据库等不同类型的数据库，这些数据库分别采用了不同的数据模型（数据组织方式），目前比较主流的数据库是关系数据库，它采用了关系数据模型来组织和管理数据。一个关系数据库可以看成是许多关系表的集合，每个关系表可以看成一张二维表格，如表 7.3 所示的学生信息表。

表 7.3 学生信息表

学号	姓名	性别	年龄	考试成绩
202401012101	张明	男	21	86
202401012102	李嘉	男	20	97
202401012103	王浩	男	21	78
202401012104	赵辰	女	20	95

目前市场上常见的关系数据库产品包括 Oracle、SQL Server、MySQL、DB2 等。

3. 数据仓库

数据仓库（data warehouse）是一个面向主题的、集成的、相对稳定的、反映历史变化的数据集合，用于支持管理决策。

（1）面向主题。操作型数据库的数据组织面向事务处理任务，而数据仓库中的数据是按照一定的主题进行组织。主题是指用户使用数据仓库进行决策时所关心的重点方面，一个主题通常与多个操作型信息系统相关。

（2）集成。数据仓库的数据来自分散的操作型数据，将所需数据从原来的数据中抽取出来，进行加工与集成、统一与综合之后才能进入数据仓库。

（3）相对稳定。数据仓库是不可更新的，数据仓库主要是为决策分析提供数据，涉及的操作主要是数据的查询。

（4）反映历史变化。在构建数据仓库时，会每隔一定的时间（比如每周、每天或每小时）从数据源抽取数据并加载到数据仓库，比如，1 月 1 日晚上 12 点"抓拍"数据源中的数据保存到数据仓库，然后 1 月 2 日、1 月 3 日一直到月底，每天"抓拍"数据源中的数据保存到数据仓库，这样经过一个月以后，数据仓库中就会保存了 1 月份每天的数据"快照"，由此得到的 31 份数据"快照"，就可以用来进行商务智能分析，例如分析一个商品在 1 个月内的销量变化情况。

综上所述，数据库是面向事务设计的，数据仓库是面向主题设计的。数据库一般存储在线交易数据，数据仓库存储的一般是历史数据。数据库是为捕获数据而设计，数据仓库是为分析数据而设计。

4. 并行数据库

并行数据库是指在无共享的体系结构中进行数据操作的数据库系统。这些系统大部分采用了关系数据模型并且支持 SQL 语句查询，但为了能够并行执行 SQL 的查询操作，系统中采用了两个关键技术：关系表的水平划分和 SQL 查询的分区执行。并行数据库系统的目标是高性能和高可用性，通过多个节点并行执行数据库任务，提高整个数据库系统的性能和可用性。最近不断涌现一些提高系统性能的新技术，如索引、压缩、实体化视图、结果缓存、I/O 共享等，这些技术都比较成熟且经得起时间的考验。与一些早期的系统如 Teradata 必须部署在专有硬件上不同，最近开发的系统如 Aster、Vertica 等可以部署在普通的商业机器上。

并行数据库系统的主要缺点就是没有较好的弹性，而这种特性对中小型企业和初创企业是有利的。人们在对并行数据库进行设计和优化的时候认为集群中节点的数量是固定的，若需要对集群进行扩展和收缩，则必须为数据转移过程制订周全的计划。这种数据转移的代价是昂贵的，并且会导致系统在某段时间内不可访问，而这种较差的灵活性直接影响到并行数据库的弹性以及现用现付商业模式的实用性。

并行数据库的另一个问题就是系统的容错性较差，过去人们认为节点故障是个特例，并不经常出现，因此系统只提供事务级别的容错功能，如果在查询过程中节点发生故障，那么整个查询都要从头开始重新执行。这种重启任务的策略使得并行数据库难以在拥有数千个节点的集群上处理较长的查询，因为在这类集群中节点的故障经常发生。基于这种分析，并行数据库只适合资源需求相对固定的应用程序。不管怎样，并行数据库的许多设计原则为其他海量数据系统的设计和优化提供了比较好的借鉴。

7.3.2 大数据时代的数据存储和管理技术

1. 分布式文件系统

大数据时代必须解决海量数据的高效存储问题，为此，分布式文件系统应运而生。相对于传统的本地文件系统而言，分布式文件系统（distributed file system，DFS）是一种通过网络实现文件在多台主机上进行分布式存储的文件系统。分布式文件系统的设计一般采用"客户端/服务器"（client/server）模式，客户端以特定的通信协议通过网络与服务器建立连接，提出文件访问请求，客户端和服务器可以通过设置访问权来限制请求方对底层数据存储块的访问。

谷歌开发了分布式文件系统（Google file system，GFS），通过网络实现文件在多台机器上的分布式存储，较好地满足了大规模数据存储的需求。Hadoop分布式文件系统（hadoop distributed file system，HDFS）是针对 GFS 的开源实现，它是 Hadoop 两大核心组成部分之一，提供了在廉价服务器集群中进行大规模分布式文件存储的能力。HDFS 具有很好的容错能力，并且兼容廉价的硬件设备，因此可以以较低的成本利用现有机器实现大流量和大数据量的读写。

2. NewSQL 和 NoSQL 数据库

传统的关系数据库可以较好地支持结构化数据存储和管理，它以完善的关系代数理论作为基础，具有严格的标准，支持事务 ACID 特性，借助索引机制可以实现高效的查询，因此，它自从 20 世纪 70 年代诞生以来就一直是数据库领域的主流产品类型。但是，Web 2.0 的迅猛发展以及大数据时代的到来，使关系数据库的发展越来越力不从心。在大数据时代，数据类型繁多，包括结构化数据和各种非结构化数据，其中，非结构化数据的比例更是高达

90% 以上。传统的关系数据库由于数据模型不灵活、水平扩展能力较差等局限性，已经无法满足各种类型的非结构化数据的大规模存储需求。不仅如此，传统关系数据库引以为豪的一些关键特性，如事务机制和支持复杂查询，在 Web 2.0 时代的很多应用中都成为"鸡肋"。因此，在新的应用需求驱动下，各种新型数据库不断涌现，并逐渐获得市场的青睐，主要包括 NewSQL 数据库和 NoSQL 数据库。

1）NewSQL 数据库

NewSQL 是对各种新的可扩展、高性能数据库的简称，这类数据库不仅具有对海量数据的存储管理能力，还保持了传统数据库支持 ACID 和 SQL 等的特性。不同的 NewSQL 数据库的内部结构差异很大，但是它们有两个显著的共同特点：都支持关系数据模型以及都使用 SQL 作为其主要的接口。目前具有代表性的 NewSQL 数据库主要包括 Spanner、Clustrix、GenieDB、ScalArc、Schooner、VoltDB、RethinkDB 等，此外，还有一些在云端提供的 NewSQL 数据库，包括 Amazon RDS、Microsoft SQL Azure、Data-base.com、Xeround 和 FathomDB 等。在众多 NewSQL 数据库中，Spanner 备受瞩目，它是一个可扩展、多版本、全球分布式并且支持同步复制的数据库，是谷歌的第一个可以全球扩展且支持外部一致性的数据库。Spanner 能做到这些，离不开一个用 GPS 和原子钟实现的时间 API。这个 API 能将数据中心之间的时间同步精确到 10 ms 以内。

一些 NewSQL 数据库比传统的关系数据库具有明显的性能优势。例如，VoltDB 系统使用了 NewSQL 创新的体系架构，释放了主内存运行的数据库中消耗系统资源的缓冲池，在执行交易时可比传统关系数据库快 45 倍。VoltDB 可扩展服务器数量为 39 个，并可以每秒处理 160 万个交易（300 个 CPU 核心），而具备同样处理能力的 Hadoop 则需要更多的服务器。

2）NoSQL 数据库

NoSQL 是一种不同于关系数据库的数据库管理系统设计方式，是对非关系型数据库的统称，它所采用的数据模型并非传统关系数据库的关系模型，而是类似键/值、列族、文档等非关系模型。NOSQL 数据库没有固定的表结构，通常也不存在连接操作，也没有严格遵守 ACID 约束，因此，与关系数据库相比，NoSQL 具有灵活的水平可扩展性，可以支持海量数据存储。此外，NoSQL 数据库支持 MapReduce 风格的编程，可以较好地应用于大数据时代的各种数据管理。NoSQL 数据库的出现，一方面弥补了关系数据库在当前商业应用中存在的各种缺陷，另一方面也撼动了关系数据库的传统垄断地位。

近些年，NoSQL 数据库发展势头非常迅猛。在短短六七年时间内，NoSQL 领域就爆炸性地产生了 50~150 个新的数据库。根据一项网络调查显示，行业中最需要的开发人员技能前十名依次是 HTML5、MongoDB、iOS、Android、手机 App、Puppet、Hadoop、jQuery、PaaS 和 Social Media。可以看出，其中 MongoDB（一种文档数据库，属于 NoSQL）的热度甚至位于 iOS 之前，足以看出 NoSQL 的受欢迎程度。NoSQL 数据库虽然数量众多，但是，归结起来典型的 NoSQL 数据库通常包括键 / 值数据库、列族数据库、文档数据库和图数据库。

当应用场合需要简单的数据模型、灵活的可扩展系统、较高的数据库性能，和较低的数据库保持一致时，NoSQL 数据库是一个很好的选择。通常 NoSQL 数据库具有以下几个特点。

（1）灵活的可扩展性。传统的关系型数据库由于自身设计机理的原因，通常很难实现"横向扩展"，在面对数据库负载大规模增加时，往往需要通过升级硬件来实现"纵向扩展"。但是，当前的计算机硬件制造工艺已经达到一个限度，性能提升的速度开始趋缓，已经远远赶不上数据库系统负载的增加速度，而且，配置高端的高性能服务器价格不菲，因此，寄希望于通过"纵向扩展"满足实际业务需求，已经变得越来越不现实。相反，"横向扩展"仅需要非常普通廉价的标准化刀片服务器，不仅具有较高的性价比，也提供了理论上近乎无限的扩展空间。NoSQL 数据库在设计之初就是为了满足"横向扩展"的需求，因此天生具备良好的水平扩展能力。

（2）灵活的数据模型。关系模型是关系数据库的基石，它以完备的关系代数理论为基础，具有规范的定义，遵守各种严格的约束条件。这种做法虽然保证了业务系统对数据一致性的需求，但是，过于死板的数据模型，也意味着无法满足各种新兴的业务需求。相反，NoSQL 数据库旨在摆脱关系数据库的各种束缚条件，摒弃了流行多年的关系数据模型，转而采用键 / 值、列族等非关系模型，允许在一个数据元素里存储不同类型的数据。

（3）与云计算紧密融合。云计算具有很好的水平扩展能力，可以根据资源使用情况进行自由伸缩，各种资源可以动态加入或退出，NoSQL 数据库可以凭借自身良好的横向扩展能力，充分利用云计算基础设施，很好地融入云计算环境中，构建基于 NoSQL 的云数据库服务。

3）大数据引发数据库架构变革

综合来看，大数据时代的到来，引发了数据库架构的变革。以前，业界和学术界追求的方向是一种架构支持多类应用（one size fits all），如图 7.2 所示，包括事务型应用（OLTP系统）、分析型应用（OLAP、数据仓库）和互联网应用（Web 2.0）。但是实践证明，这种理想愿景是不可能实现的，不同应用场景的数据管理需求截然不同，一种数据库架构根本无法满足所有场景。因此，到了大数据时代，数据库架构开始向着多元化方向发展，并形成了传统关系数据库（OldSQL）、NoSQL 数据库和 NewSQL 数据库 3 个阵营，三者各有自己的应用场景和发展空间。尤其是传统关系数据库，并没有就此被其他两者完全取代，在基本架构不变的基础上，许多关系数据库产品开始引入内存计算和一体机技术以提升处理性能。在未来一段时期内，3 个阵营共存共荣的局面还将持续，不过传统的关系数据库辉煌的时期已经过去了。

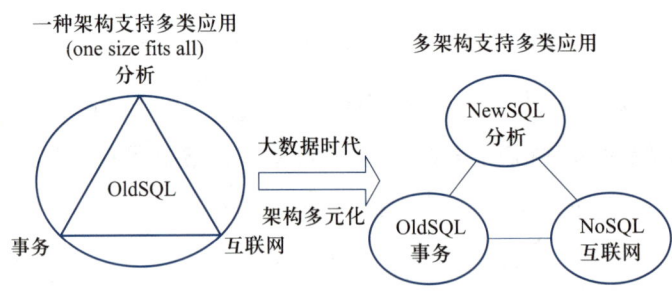

图 7.2　大数据引发数据库架构变革

7.4　数据处理与分析

在数据处理与分析环节，可以利用数据挖掘和机器学习算法，并结合大数据处理技术（MapReduce 和 Spark 等），对海量数据进行计算，以得到有价值的结果，服务于生产和生活。

7.4.1　数据挖掘和机器学习算法

数据挖掘和机器学习是计算机学科中最活跃的研究分支之一。机器学习是一门多领域交叉学科，涉及概率论、统计学、逼近论、凸分析、算法复杂度理论等多门学科，专门研究计算机怎样模拟或实现人类的学习行为，以获取新的知识或技能，重新组织已有的知识结构使之不断改善自身的性能，它是人工智能的核心，是使计算机具有智能的根本途径，其应用遍及人工智能的各个领域。

数据挖掘是指从大量的数据中通过算法搜索隐藏于数据中的信息的过程。数据挖掘可以视为机器学习与数据库的交叉，它主要利用机器学习界提供的算法来分析海量数据，利用数据库界提供的存储技术来管理海量数据。从知识的来源角度而言，数据挖掘领域的很多知识也间接来自统计学界，之所以说"间接"，是因为统计学界一般偏重于理论研究而不注重实用性，统计学界中的很多技术需要在机器学习界进行验证和实践并变成有效的机器学习算法以后，才可能进入数据挖掘领域，对数据挖掘产生影响。

虽然数据挖掘的很多技术都来自机器学习领域，但是，并不能因此就认为数据挖掘只是机器学习的简单应用。毕竟，机器学习通常只研究小规模的数据对象，往往无法应用到海量数据的情形，数据挖掘领域必须借助于海量数据管理技术对数据进行存储和处理，同时对一些传统的机器学习算法进行改进，使其能够支持海量数据的情形。

典型的机器学习和数据挖掘算法包括分类、聚类、回归分析和关联规则等。

（1）分类：分类是找出数据库中的一组数据对象的共同特点并按照分类模式将其划分为不同的类，其目的是通过分类模型，将数据库中的数据项映射到某个给定的类别中。可以应用到应用分类、趋势预测中，如淘宝商铺将用户在一段时间内的购买情况划分成不同的类，根据情况向用户推荐关联类的商品，从而增加商铺的销售量。

（2）聚类：聚类类似于分类，但与分类的目的不同，是针对数据的相似性和差异性将一组数据分为几个类别。属于同一类别的数据间的相似性很大，但不同类别之间数据的相似性很小，跨类的数据关联性很低。

（3）回归分析：回归分析反映了数据库中数据的属性值的特性，通过函数表达数据映射的关系来发现属性值之间的依赖关系。它可以应用到对数据序列的预测及相关关系的研究中去。在市场营销中，回归分析可以被应用到各个方面。如通过对本季度销售的回归分析，对下一季度的销售趋势做出预测以及针对性的营销改变。

（4）关联规则：关联规则是隐藏在数据项之间的关联或相互关系，即可以根据一个数据项的出现推导出其他数据项的出现。关联规则挖掘技术已经被广泛应用于金融行业企业中用以预测客户的需求，各银行在自己的 ATM 上通过捆绑客户可能感兴趣的信息供用户了解并获取相应信息来改善自身的营销策略。

7.4.2 大数据处理与分析技术

MapReduce 是大家熟悉的大数据处理技术，当人们提到大数据时就会很自然地想到 MapReduce，可见其影响力之大。实际上，由于企业内部存在多种不同的应用场景，因此，大数据处理的问题复杂多样，单一的技术是无法满足不同类型的计算需求的，MapReduce 其实只是大数据处理技术中的一种，它代表了针对大规模数据的批量处理技术，除此以外，还有查询分析计算、图计算、流计算等多种大数据处理分析技术，如表 7.4 所示。

表 7.4　大数据处理分析技术类型及其代表产品

大数据计算模式	解决问题	代表产品
批处理计算	针对大规模数据的批量处理	MapReduce、Spark 等
流计算	针对流数据的实时计算	Storm、S4、Flume、Streams、Puma、DStream、Super Mario、银河流数据处理平台等
图计算	针对大规模图结构数据的处理	Pregel、GraphX、Giraph、PowerGraph、Hama、GoldenOrb 等
查询分析计算	大规模数据的存储管理和查询分析	Dremel、Hive、Cassandra、Impala 等

1. 批处理计算

批处理计算主要解决针对大规模数据的批量处理，也是日常数据分析工作中常见的一类数据处理需求。MapReduce 是最具有代表性和影响力的大数据批处理技术，可以并行执行大数据处理任务，用于大规模数据集（大于 1 TB）的并行运算。MapReduce 极大地方便了分布式编程工作，它将复杂的、运行于大规模集群上的并行计算过程高度地抽象到了两个函数——Map 和 Reduce，编程人员在不会分布式并行编程的情况下，也可以很容易地将自己的程序运行在分布式系统上，完成海量数据集的计算。

Spark 是一个针对超大数据集合的低延迟的集群分布式计算系统，比 MapReduce 快许多，Spark 启用了内存分布数据集，除了能够提供交互式查询外，还可以优化迭代工作负载。在 MapReduce 中，数据流从一个稳定的来源，进行一系列加工处理后，流出到一个稳定的文件系统（如 HDFS）。而对于 Spark 而言，则使用内存替代 HDFS 或本地磁盘来存储中间结果，因此 Spark 要比 MapReduce 的速度快很多。

2. 流计算

流数据也是大数据分析中的重要数据类型。流数据（或数据流）是指在时间分布和数量上无限的一系列动态数据集合体，数据的价值随着时间的流逝而降低，因此，必须采用实时计算的方式给出秒级响应。流计算可以实时处理来自不同数据源的、连续到达的流数据，经过实时分析处理，给出有价值的分析结果。目前业内已涌现出许多的流计算框架与平台，第一类是商业级的流计算平台，包括 IBM InfoSphere Streams 和 IBM StreamBase 等，第二类是开源流计算框架，包括 Twitter Storm、Yahoo S4（simple scalable streaming system）、Spark Streaming 等，第三类是公司为支持自身业务开发的流计算框架，如 Facebook 使用 Puma 和 HBase 相结合来处理实时数据，百度开发了通用实时流数据计算系统 DSteam，淘宝开发了通用流数据实时计算系统——银河流数据处理平台。

3. 图计算

在大数据时代，许多大数据都是以大规模图或网络的形式呈现，如社交网络、传染病传播途径、交通事故对路网的影响等，此外，许多非图结构的大数据，也常常会被转换为图模型后再进行处理分析。MapReduce 作为单输入、两阶段、粗粒度数据并行的分布式计算框架，在表达多迭代、稀疏结构和细粒度数据时，往往显得力不从心，不适合用来解决大规模图计算问题。因此，针对大型图的计算，需要采用图计算模式，目前已经出现了不少相关图计算产品。Pregel 是一种基于整体同步并行计算（bulk synchronous parallel，BSP）模型实现的并行图处理系统。为了解决大型图的分布式计算问题，Pregel 搭建了一套可扩展的、有容错机制的平台，该平台提供了一套非常灵活的 API，可以描述各种各样的图计算。Pregel 主要用于图遍历、最短路径、PageRank 计算等。其他代表性的图计算产品还包括 Facebook 针对 Pregel 的开源实现 Giraph、Spark 下的 GraphX、图数据处理系统 PowerGraph 等。

4. 查询分析计算

针对超大规模数据的存储管理和查询分析，需要提供实时或准实时的响应，才能很好地满足企业经营管理需求。谷歌公司开发的 Dremel，是一种可扩展的、交互式的实时查询系统，支持对嵌套数据的分析和查询。通过结合多级树形执行过程和列式数据结构，它能在几秒内完成对万亿张表的聚合查询。系统可以扩展到成千上万的 CPU 上，满足谷歌上万用户操作拍字节（PB）级的大数据，并且可以在 2~3 秒内完成拍字节（PB）级别数据的查询。此外 Cloudera 公司参考 Dremel 系统开发了实时查询引擎 Impala，它提供 SQL 语义，能快速查询存储在 Hadoop 的 HDFS 和 HBase 中的拍字节（PB）级的大数据。

□ 7.5 数据可视化

微视频
7-3：数据可视化

在大数据时代，人们面对海量数据，有时难免显得无所适从。一方面，各种不同类型的数据大量涌来，庞大的数据量已经大大超出了人们的处理能力，在日益紧张的工作中已经不允许人们在阅读和理解数据上花费大量时间。另一方面，人类大脑无法从堆积如山的数据中快速发现核心问题，必须有一种高效的方式来刻画和呈现数据所反映的本质问题。要解决这个问题，就需要数据可视化，它通过丰富的视觉效果，把数据以直观、生动易理解的方式呈现给用户，可以有效提升数据分析的效率和效果。

7.5.1 数据可视化的概念

数据通常是枯燥乏味的，相对而言，人们对于大小、图形、颜色等有更加浓厚的兴趣。

利用数据可视化平台,枯燥乏味的数据转变为丰富生动的视觉效果,不仅有助于简化人们的分析过程,也在很大程度上提高了分析数据的效率。

数据可视化是指将大型数据集中的数据以图形图像形式表示,并利用数据分析和开发工具发现其中未知信息的处理过程。数据可视化技术的基本思想是将数据库中每一个数据项用单个图元素表示,大量的数据集构成数据图像,同时将数据的各个属性值以多维数据的形式表示,可以从不同的维度观察数据,从而对数据进行更深入的观察和分析。

虽然可视化在数据分析领域并非最具技术挑战性的部分,但它是整个数据分析流程中最重要的一个环节。

7.5.2 数据可视化的重要作用

在大数据时代,数据容量和复杂性不断增加,限制了普通用户从大数据中直接获取知识,可视化的需求越来越大,依靠可视化手段进行数据分析必将成为大数据分析流程的主要环节之一。让“茫茫数据”以可视化的方式呈现,让枯燥的数据以简单友好的图表形式展现出来,可以让数据变得更加通俗易懂,有助于用户更加方便快捷地理解数据的深层次含义,有效参与复杂的数据分析过程,提升数据分析效率,改善数据分析效果。

在大数据时代,可视化技术可以支持实现多种不同的目标。

1. 观测、跟踪数据

许多实际应用中的数据量已经远远超出人类大脑可以理解及消化吸收的能力范围,对于处于不断变化中的多个参数值,如果还是以枯燥的数值形式呈现,人们必将茫然无措。利用变化的数据生成实时变化的可视化图表,可以让人们一眼看出各种参数的动态变化过程,有效地跟踪各种参数值。例如,提供实时路况服务,可以查询包括郑州在内的各大城市的实时交通路况信息。

2. 分析数据

利用可视化技术,实时呈现当前分析结果,引导用户参与分析过程,根据用户反馈信息执行后续分析操作,完成用户与分析算法的全程交互,实现数据分析算法与用户领域知识的完美结合。一个典型的可视化分析过程如图 7.3 所示,数据首先被转化为图像呈现给用户,通过视觉系统进行观察分析,同时结合自己的领域背景知识,对可视化图像进行认知从而理解和分析数据的内涵与特征。随后,用户还可以根据分析结果,通过改变可视化程序系统的设置,来交互式地改变输出的可视化图像,从而可以根据自己的需求从不同角度对数据进行理解。

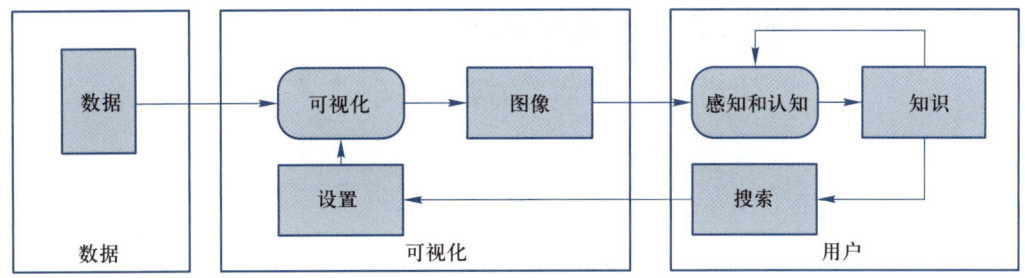

图 7.3　用户参与的可视化分析过程

3. 辅助理解数据

帮助普通用户更快、更准确地理解数据背后的含义，如用不同的颜色区分不同对象、用动画显示变化过程、用图结构展现对象之间的复杂关系等。例如，微软亚洲研究院设计开发的人立方关系搜索，能从超过 10 亿的中文网页中自动地抽取出人名、地名、机构名以及中文短语，并通过算法自动计算出它们之间存在关系的可能性，最终以可视化的关系图形式呈现结果，如图 7.4 所示。

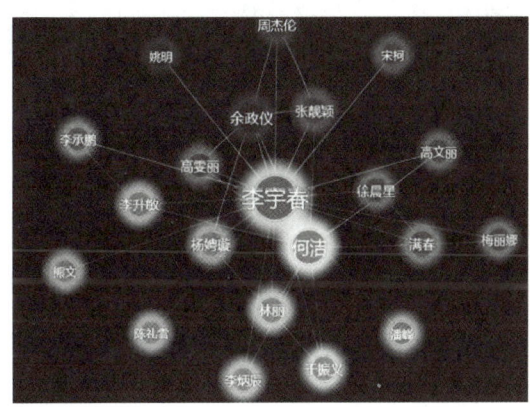

图 7.4　微软"人立方"展示的人物关系图

4. 增强数据吸引力

枯燥的数据被制作成具有强大视觉冲击力和说服力的图像，可以大大增强读者的阅读兴趣。可视化的图表新闻（如图 7.5 所示）就是一个非常受欢迎的应用。在海量的新闻信息面前，读者的时间和精力都开始显得有些捉襟见肘。传统单调保守的讲述方式已经不能引起读者的兴趣，需要更加直观、高效的信息呈现方式。因此，现在的新闻播报越来越多地使用数据图表，动态、立体化地呈现报道内容，让读者对内容一目了然，能够在短时间内迅速消化和吸收，大大提高了知识理解的效率。

图 7.5　一个可视化的图表新闻实例

7.5.3　数据可视化案例

本节给出数据可视化的几个典型案例，包括智能工厂 3D 可视化、电商物流大数据可视化、互联网地图可视化、世界国家健康与财富之间的关系可视化等。

1. 智能工厂 3D 可视化

运用三维建模、大数据等技术，将工厂的物理环境、生产流程、设备状态等多维度信息，以三维可视化的方式呈现。管理者可直观看到工厂运行状态，及时发现并解决问题，也可用于生产流程优化、资产管理与维护等，如图 7.6 所示。

2. 电商物流大数据可视化

展示订单量 Top 3、订单运输数据、仓储库存数据等核心指标，采用地图可视化元素对各大城市、仓库订单数量进行打点显示。从时间段、品类和仓库不同维度监控实时订单情况，直观查看期间订单完成量是否达到目标，以便合理配置资源，还可突出显示异常订单形成预警数据，如图 7.7 所示。

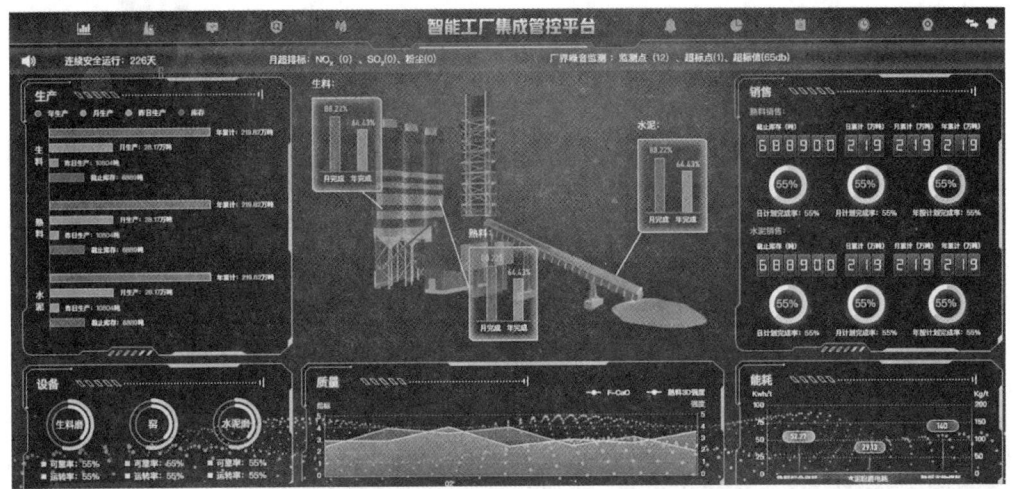

图 7.6　智能工厂 3D 可视化

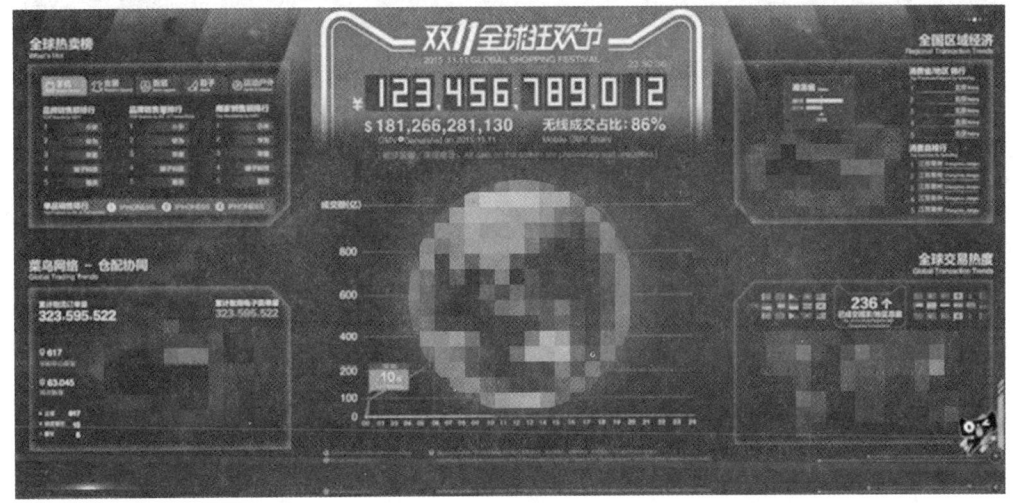

图 7.7　电商物流大数据可视化

3. 互联网地图可视化

为了探究互联网这个庞大的宇宙，俄罗斯工程师 Ruslan Enikeev 根据 2011 年年底的数据将全球 196 个国家的 35 万个网站数据整合起来，并根据 200 多万个网站链接将这些"星球"通过关系链联系起来，每一个"星球"的大小根据其网站流量来决定，而"星球"之间的距离远近则根据链接出现的频率、强度和用户跳转时创建的链接来确定，由此绘制得到了"互联网地图"，如图 7.8 所示。

4. 世界国家健康与财富之间的关系可视化

"世界国家健康与财富之间的关系"利用可视化技术，把世界上 200 多个国家，从 1810 年到 2010 年 200 年间各国国民的健康、财富变化数据（收集了 1 000 多万个数据）制作成三维动画进行直观展示，如图 7.9 所示。

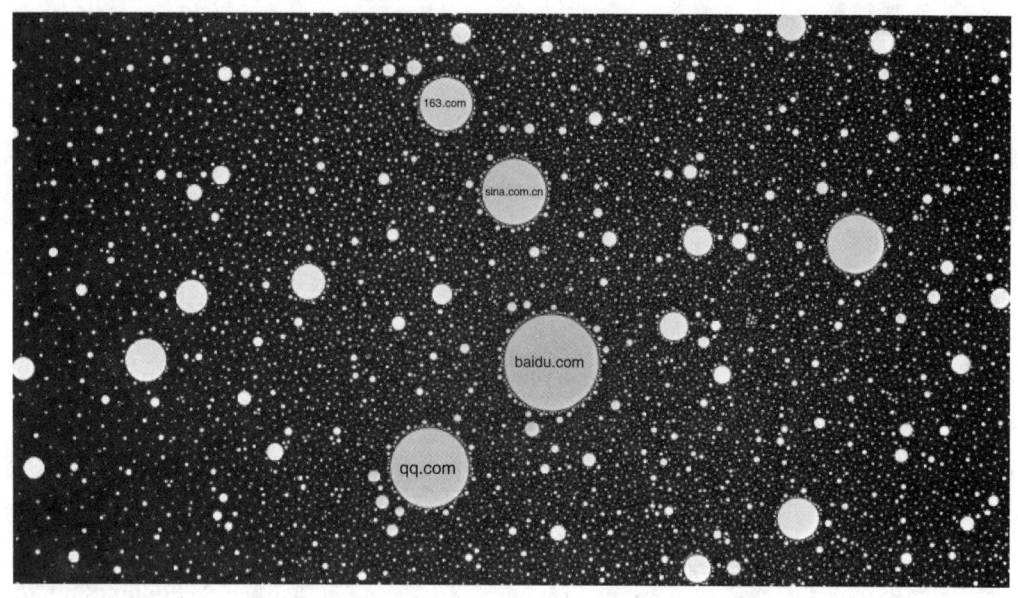

图 7.8 俄罗斯工程师绘制的"互联网地图"

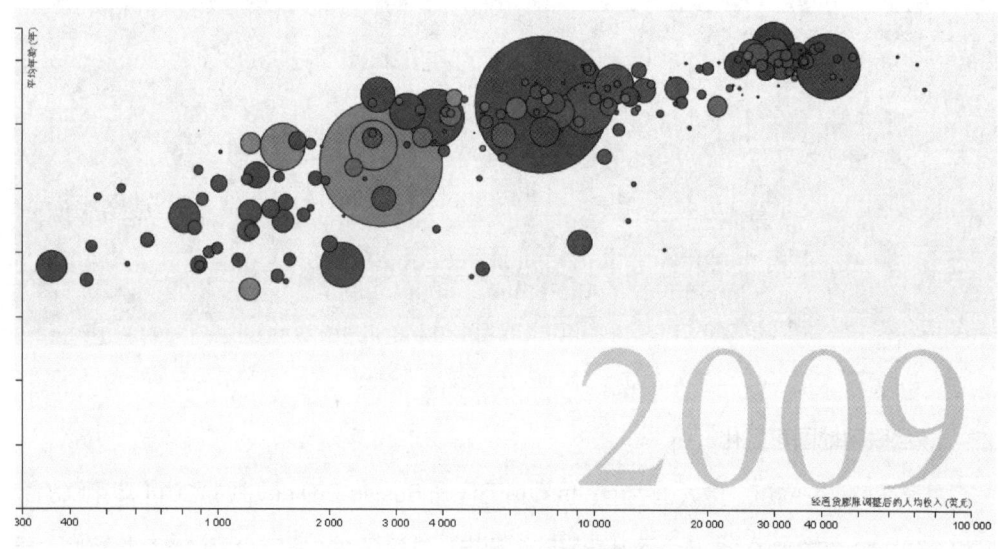

图 7.9 世界上 200 多个国家健康与财富之间的关系

□ 7.6 数据安全和隐私保护

人类从使用数据之初,就存在数据安全和隐私保护的问题,这并非大数据时代特有的问题,因此在过去几十年发展出来的数据安全和隐私保护技术,都可以很好地用于大数据的安全保护。

7.6.1　数据安全技术

数据安全技术是保障数据在存储、传输和使用过程中保密性、完整性、可用性的重要手段，数据安全技术种类繁多，主要包括加密技术、访问控制技术、数据备份与恢复技术、数据脱敏技术、数据水印技术、网络安全防护技术等。

1. 加密技术

（1）对称加密：使用同一密钥进行加密和解密，如 AES 算法，加密速度快，适用于大量数据加密，但密钥管理复杂。

（2）非对称加密：有公钥和私钥，公钥加密的信息只能用私钥解密，反之亦然，如 RSA 算法，常用于数字签名和密钥交换，安全性高但速度慢。

（3）哈希算法：将任意长度的数据映射为固定长度的哈希值，如 MD5、SHA 系列，用于验证数据完整性和用户身份认证。

2. 访问控制技术

（1）自主访问控制：用户可自主决定其资源的访问权限，灵活性高但安全性相对低，常用于操作系统和数据库系统。

（2）强制访问控制：系统根据主体和客体的安全级别进行访问控制，安全性高但缺乏灵活性，适用于对安全性要求极高的场景。

（3）基于角色的访问控制：根据用户角色分配访问权限，便于管理和维护，广泛应用于企业级应用系统。

3. 数据备份与恢复技术

（1）全量备份：定期对所有数据进行完整备份，恢复时可直接从备份中获取全部数据，优点是恢复简单，缺点是占用空间大、备份时间长。

（2）增量备份：只备份自上次备份以来更改的数据，节省时间和空间，但恢复时需结合多个备份进行，恢复过程相对复杂。

（3）差异备份：备份自上次全量备份以来更改的数据，恢复时只需最近一次全量备份和最新的差异备份，兼顾了备份速度和恢复效率。

4. 数据脱敏技术

（1）替换：用虚构数据替换敏感数据，如用统一的"XXX"替换身份证号等。

（2）掩码：部分隐藏敏感数据，如将银行卡号中间几位显示为"*"。

（3）加密：对敏感数据加密处理，在使用时解密，保证数据在非授权访问时不可读。

5. 数据水印技术

（1）鲁棒水印：能抵抗常见信号处理和几何攻击，用于版权保护，如在数字图像、音频、视频中嵌入水印标识版权所有者。

（2）脆弱水印：对数据改动敏感，用于数据完整性认证，数据被篡改时水印会被破坏。

6. 网络安全防护技术

（1）防火墙：基于规则控制网络流量，阻止未经授权的访问，分为包过滤防火墙、代理防火墙等。

（2）入侵检测系统（IDS）/入侵防御系统（IPS）：实时监测网络活动，发现和阻止入侵行为，IDS侧重检测并告警，IPS可主动阻断攻击。

（3）VPN：通过加密和隧道技术在公网上建立安全通道，实现远程安全访问，常用于企业远程办公等场景。

7.6.2 隐私保护技术

隐私保护技术是指在数据处理和信息交互过程中，用于保护个人或组织敏感信息不被泄露、滥用或非法获取的一系列技术手段，以下是一些常见的隐私保护技术。

1. 匿名化技术

（1）泛化：对数据中的敏感属性进行概括处理，降低数据的精确性，使个体身份难以识别。例如，将具体的出生日期泛化为出生年份。

（2）抑制：通过删除或隐藏部分敏感数据，避免直接暴露个人隐私。比如，不显示用户的详细家庭住址，只显示所在城市。

2. 差分隐私技术

（1）添加噪声：在数据中添加随机噪声，以干扰数据的真实值，同时确保数据的统计特性基本保持不变。在统计人口收入数据时，添加适量噪声，使单个个体收入难以被准确推断，又能保证总体统计结果的可用性。

（2）敏感度控制：根据数据的敏感度来调整隐私保护的强度，对高敏感度数据添加更多噪声或采用更严格的处理方式。

3. 同态加密技术

（1）部分同态加密：支持特定类型的计算，如同态加法或同态乘法，在加密数据上进行特定运算后，解密结果与在明文上进行相同运算的结果一致。可用于对加密的数字进行简单统计计算。

（2）全同态加密：能在加密数据上进行任意类型的计算，无须先解密，计算结果解密后与在明文上计算的结果相同，但目前性能和效率有待提升。

4. 联邦学习技术

（1）横向联邦学习：适用于数据特征重叠较多、样本 ID 不同的场景，各参与方在本地训练模型，仅上传模型参数或中间结果进行聚合，不上传原始数据。多家银行合作进行客户信用风险评估，可使用横向联邦学习保护各自客户数据隐私。

（2）纵向联邦学习：用于数据样本 ID 重叠较多、特征不同的情况，通过加密交互和协同计算，在不共享原始数据的前提下联合训练模型。如电商平台和金融机构合作进行用户风险评估时可采用。

5. 零知识证明技术

（1）基于身份的零知识证明：证明者能向验证者证明自己知道某些信息，又不泄露任何相关内容。如用户向网站证明自己拥有特定身份，无须提交密码等敏感信息。

（2）非交互式零知识证明：无须证明者和验证者之间进行多次交互，证明者可一次性生成证明，验证者直接验证，提高了效率和实用性，适用于区块链等分布式系统中的隐私保护。

在进行用户隐私的保护中，应当能够充分使用保护技术，顺应大数据背景发展的实际需要。用户隐私保护的渠道更加众多，同时能够贯穿于数据产生的全过程，主要是针对生产收购以及加工存储的各项环节，同时能够在数据传输中实现隐私安全保护体系的构建，在数据的整个生命周期中，实现对用户信息的保护，并能够使用信息过滤技术以及位置匿名技术等，对个人信息中的敏感部分加以保护，实现对用户隐私的合理保护，建立和完善数据信息保护系统。

▢ 7.7 大数据技术应用案例

微视频 7-4：大数据技术应用案例

网络爬虫是一种自动化的程序，用于在网络上抓取和收集信息。这些程序通过访问网站，下载页面内容，并根据预设的规则提取所需的数据。本案例使用 Python 等工具，实现电影网站数据爬取。

1. 使用工具

本次爬虫开发使用到的工具主要有：Python 编译器、PyCharm、谷歌浏览器、Excel、谷歌浏览器插件 xpath。

2．环境部署

（1）该爬虫通过 Python 语言实现，需要提前安装 Python 且安装相关"Python 依赖"，Python、PyCharm 及 xpath 插件安装过程可以参考 CSDN 博客中相关教程。

（2）安装第三方依赖。所谓的 Python 依赖，就是 Python 的第三方库，而非 Python 自带的库，所以安装完 Python 之后，还需要安装相关依赖，当前爬虫所用到的依赖第三方库主要有：requests、lxml、xlwt。

安装第三方依赖，需要在命令行中输入安装命令，Windows 命令的打开方式为：按住 Win+R 键，输入 cmd，如图 7.10 所示。

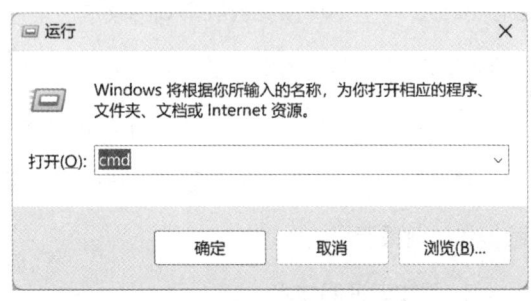

图 7.10　输入 cmd 命令

按回车键，会弹出命令行界面，如图 7.11 所示。

图 7.11　命令行界面

在命令行中输入安装指令，安装指令分别为：

pip install　requests　–i

pip install　lxml　–i

pip insatll xlwt　–i

按回车键，结果如图 7.12 所示。

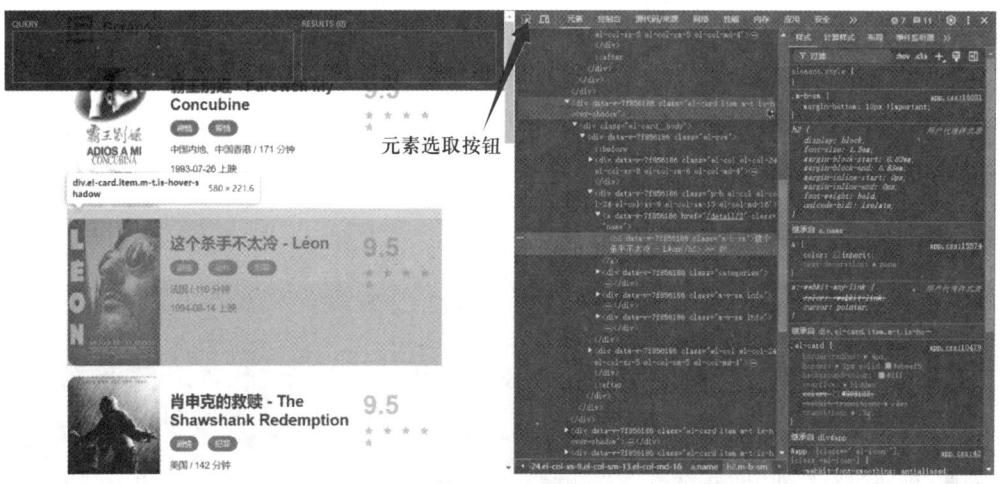

图 7.12　输入安装指令界面

3. 实现过程

1）定位元素

定位目标数据，这里使用谷歌浏览器的 xpath 插件，首先在浏览器中打开 scrape 网页，按 F12 键会弹出开发者面板，然后打开 xpath 插件，使用元素选取按钮，定位网页中的元素，比如单击电影标题，会定位到标题对应的 html 元素，然后右击元素，在弹出的快捷菜单中，选择 "复制" → "复制 xpath" 命令，如图 7.13（a）所示。

复制到的 xpath 内容为：

//* [@id= "index"] /div [1] /div [1] /div [2] /div/div/div [2] /a/h2

删除 xpath 中的 [2]，然后放入 xpath 插件的内容框中，如图 7.13（b）所示。

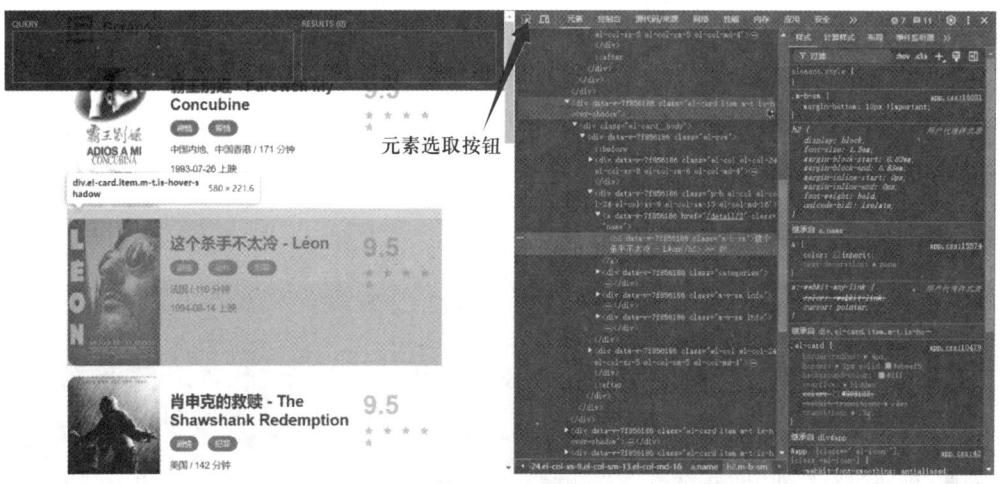

(a) 定位目标数据1

(b) 定位目标数据2

图 7.13　定位目标数据

此时就可以看到 xpath 已经定位到了网页中的所有标题，获取评分也是同样的操作

评分的 xpath 路径为：

//*［@id=\''index\''］/div［1］/div［1］/div/div/div/div［3］/p［1］/text（）

上映时间的 xpath 路径为：

//*［@id=\''index\''］/div［1］/div［1］/div/div/div/div［2］/div［3］/span/text（）

2）编写爬虫代码

导入第三方模块，具体步骤如下。

```
import time    # 导入time模块用于休眠功能
import requests    # 导入requests库用于发送HTTP请求
from lxml import etree    # 导入lxml库中的etree模块用于解析HTML文档
import xlwt    # 导入xlwt库用于创建Excel文件
```

（1）创建 Movie 类，并且创建 init（）方法，设置爬虫的请求头，以及数据存储字典 movieData。

```python
class Movie:
    """
    定义一个名为Movie的类，用于爬取电影数据并保存至Excel文件。
    """
    def __init__(self):
        """
        初始化方法，设置请求头信息以及准备存储电影数据的字典。
        """
        self.headers = {
            'User-Agent': 'Mozilla/5.0 (Windows NT 10.0; Win64; x64) AppleWebKit/537.36 (KHTML, like Gecko) Chrome/125.0.0.0 Safari/537.36'}
        # 准备一个字典来存储不同类型的电影信息
        self.movieData = {"title": [], "score": []}
```

（2）使用 get_movie_data（）爬取函数，请求网页，通过 xpah 定位网页中的内容，将内容放入 movieData 中。

```python
def get_movie_data(self, page):
    """
    获取指定页码的电影数据，并将获取到的数据添加到movieData字典中。
    参数：
    - page: 需要爬取的页面编号。
    """
    url = f"https://ssr1.scrape.center/page/{page}"  # 构建目标URL
    print("[*] 正在爬取" + url)
    response = requests.get(url, headers=self.headers).text  # 发送GET请求并获取响应文本
    html = etree.HTML(response)  # 解析响应内容为HTML文档
    # 使用XPath提取标题元素，并将其添加到'title'列表中
    titles = html.xpath("//*[@id=\"index\"]/div[1]/div[1]/div/div/div/div[2]/a/h2/text()")
    self.movieData["title"] += titles
    # 提取评分元素，清理字符串格式（移除空格和换行符），然后添加到'score'列表中
    scores = html.xpath("//*[@id=\"index\"]/div[1]/div[1]/div/div/div/div[3]/p[1]/text()")
    cleaned_scores = [str(score).replace(" ", "").replace("\n", "") for score in scores]
    self.movieData["score"] += cleaned_scores
```

（3）使用 save_data 方法，将 movieData 中的数据存储到 Excel 表格。

```python
def save_data(self):
    """
    将爬取到的电影数据保存到Excel文件中。
    """
    print('[*] 正在保存数据....')
    workbook = xlwt.Workbook()  # 创建一个新的工作簿
    sheet = workbook.add_sheet('电影数据爬取')  # 在工作簿中添加一个新表单
    # 写入表头
    sheet.write(0, 0, '影名')
    sheet.write(0, 1, '评分')
    row = 1  # 设置初始行号
    col = 0  # 设置初始列号
    # 遍历电影数据，写入Excel表格
    for i in range(len(self.movieData['title'])):
```

```
        data = [
            self.movieData["title"][i],
            self.movieData["score"][i],
        ]
        for item in data:
            sheet.write(row, col, item)  # 写入单元格
            col += 1  # 移动到下一列
        col = 0  # 重置列号
        row += 1  # 移动到下一行
    workbook.save('movies.xls')  # 保存工作簿到文件
```

（4）使用 run（）方法，项目的启动代码是项目的启动入口，负责调用并执行上述定义的各种方法。

```
def run(self):
    """
    程序运行的入口方法，负责调用其他方法以完成整个流程。
    """
    for i in range(1, 5):  # 爬取第1页到第2页的数据
        self.get_movie_data(i)  # 调用get_movie_data方法获取每一页的数据
        time.sleep(1)  # 每次爬取后暂停1秒，避免过于频繁请求
    self.save_data()  # 所有数据爬取完毕后保存数据
```

（5）实例化类，并调用启动方法。

```
if __name__ == '__main__':
    """
    主程序入口，当此脚本被直接执行时会创建Movie类的实例并调用run方法开始爬取任务。
    """
    movie_scraper = Movie()
    movie_scraper.run()
```

具体代码的执行流程，如图 7.14 所示。

4. 运行结果

数据爬取过程如图 7.15 所示。

运行后，会在代码目录中生成一个 xls 表格文件，表格内容如图 7.16 所示。

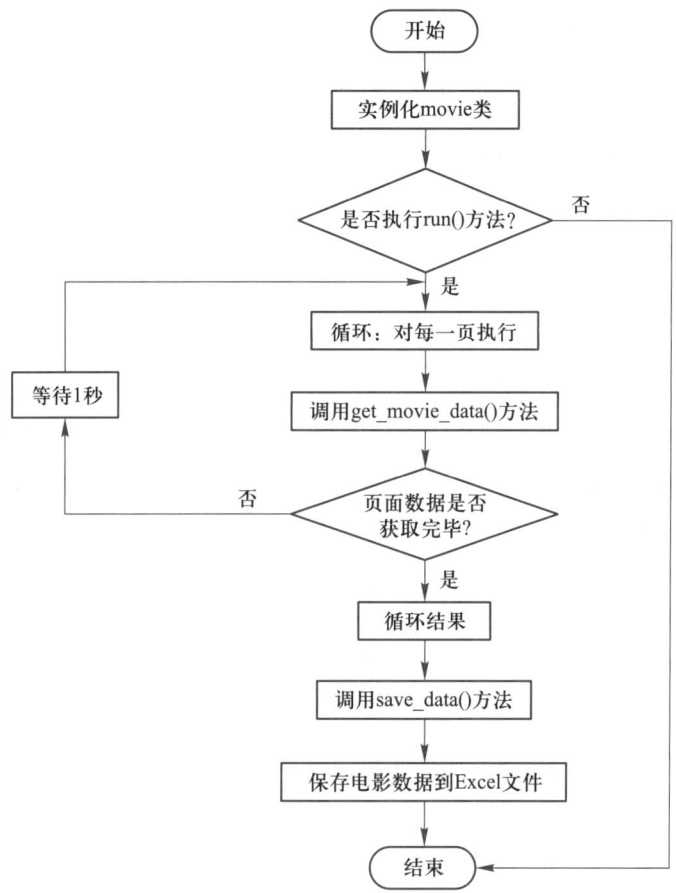

图 7.14 代码流程图

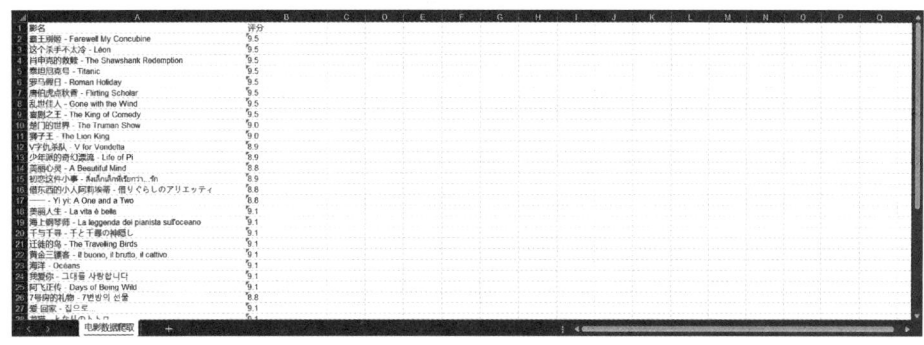

图 7.15 数据爬取过程

图 7.16 生成数据结果

■ 7.8 本章小结

大数据技术是与数据的采集、存储、分析、可视化、安全、实例应用等相关技术的集合。通过本章的学习，应重点掌握以下内容。

（1）大数据的概念。大数据的"4V"特征：体量大（volume）、速度快（velocity）、种类多（variety）、价值密度低（value）。

（2）大数据技术的基本处理流程：数据采集与预处理、数据存储和管理、数据处理与分析、数据可视化、数据安全和隐私保护。

（3）大数据采集与预处理的概念和相关技术。

（4）大数据的数据存储和管理技术，包括分布式文件系统、NewSQL 数据库、NoSQL 数据库等。

（5）典型的大数据处理与分析技术，包括批处理计算、流计算、图计算和查询分析计算方面的技术。

（6）了解大数据可视化技术。

（7）了解数据隐私和安全保护的相关技术。

■ 本章习题

一、简答题

1. 数据采集的三大要点是什么？

2. 数据清洗主要包括哪些内容？

二、填空题

1. 传统数据采集与大数据采集的区别在于，大数据采集更注重数据的_____和_____。

2. 数据采集的数据源包括_____、_____、_____。

3. 数据清洗主要包括_____、_____、_____等内容。

4. 大数据时代的存储和管理技术包括_____、_____等。

三、论述题

1. 请阐述数据可视化的重要作用。

2. 请阐述数据安全和隐私保护的相关技术。

3. 请阐述数据挖掘和机器学习的关系。

第三篇
人工智能及其应用

　　我们正处在一个前所未有的变革时代，以人工智能（artificial intelligence，AI）为核心的第四次工业革命浪潮，正在深刻地重塑人类社会。这不仅是一场技术的革命，更是一场智慧与价值观的深刻对话。善用人工智能就能收获"智能红利"，无视人工智能必定导致"智能鸿沟"。处在智能时代的每一位大学生都应当具备基本的人工智能素养。

第8章 人工智能初探

"人工智能"作为一个专业名词，于 1955 年首次出现，然而人类对人造机械智能的想象与思考却有着悠久的历史。在古代的神话传说中，技艺高超的工匠可以制作人造人，并为其赋予智能或意识，希腊神话中出现了诸如赫淮斯托斯的黄金机器人和皮格马利翁的伽拉忒亚这样的机械人和人造人；根据《列子·汤问》篇的记载，中国西周时期也出现了偃师造人的故事。

教学课件：
第 8 章
人工智能
初探

8.1 人工智能的概念和思想

人类对人工智能的凭空幻想阶段一直持续到了 20 世纪 40 年代。由于第二次世界大战各交战国对计算能力、通信能力在军事应用上的迫切需求，使得这些领域的研究成为人类科学的主要发展方向。信息科学的出现和电子计算机的发明，让一批学者得以真正开始严肃地探讨构造人造机械智能的可能性。

微视频
8-1：人工
智能的概
念和思想

8.1.1 思想的萌芽

雷蒙·卢尔（1232—1315 年），加泰罗尼亚人，是一个杰出的作家、哲学家和科学家。大约在 1275 年，卢尔设计了一种基于逻辑机械的方法。他在《终极概念艺术》（1305 年出版）中完整地描述了这种方法。实际上，卢尔在逻辑领域的创新是由纸制成的机器来生成思维的结构，即语言元素。他在相互关联的几何图形装置的帮助下，遵循一个精确定义的规则框架，试图产生人类思维可以思考的所有可能的声明，这些声明或陈述仅由一系列符号表示，即字母链。人们认为，雷蒙·卢尔在是第一批尝试以机械方式而不是心理方式进行逻辑推理的人之一。

1666 年，数学家和哲学家莱布尼茨（Gottfried Leibniz）出版《论组合的艺术》，他继承了雷蒙·卢尔的思想，莱布尼茨认为人类的所有创意全都来自少量简单概念的结合。创立了关于"普遍特征"的"通用代数"，即数理逻辑的新思想，并与英国数学家、大物理学家牛顿分别独立地创立了微积分学。这个时期的巴斯卡和莱布尼茨，已经萌生了会产生智能机器的想法，这便是人工智能思想的萌芽，并且图灵机（Turing machine）的思想也是从莱布尼茨的"可能世界"创想进行严格化、精确化演变而成的。

8.1.2 图灵和他的密码破译机

第二次世界大战时，电子计算机还没有出现，而德国海陆空全军上下都装备了一种叫"enigma"（以下称之为恩尼格玛机）的机器。这种机器外观看起来只是一个普通小箱子，上面有一个包括各个字母的键盘，还有一个"显示屏"，不过这个屏幕很简单，只是每个字母旁边有一个灯。在键盘和显示屏之间的构造非常复杂，有三个大齿轮，每个大齿轮可以把它们的位置调到 26 个字母中的一个。在机器的旁边还有一大堆插孔，每次可以选择把其中的一些字母两两连到一起，如图 8.1 所示。

图 8.1　德军的恩尼格玛机

恩尼格玛机主要由三部分组成，分别是键盘、显示板和编码器。

1. 键盘

这是恩尼格玛机的"输入设备"，它与普通打字机相似，用来输入信息的原文。但出于安全考虑，键盘只有 26 个字母，而没有标点符号。

2. 显示板

这是恩尼格玛机的"输出设备"，板上显示 26 个字母，每个字母下面有一个小灯泡，用来显示加密或解密后的字母。

3. 编码器

这是恩尼格玛机的核心部分，由一堆可以手工设置的机械部件组成，主要包括了转子、反射器和接线板，通过线路与键盘和显示板相连接，任何地方的调整都会改变加密的结果。

使用恩尼格玛机完成一次加密，要经过 9 个步骤。通过恩尼格玛机的组成和操作过程可以看出，它的基本原理是替代加密法，只不过由于经过了多套替换。在整个加密过程中，一个字母要经过 7~9 次的替换：被 3 套齿轮各替换两次，被反射器替换一次，共 7 次；如果还经过接线板，则再加两次，一共 9 次。下面我们来计算一下有多少种替换的可能。

（1）3 个齿轮的排列位置可以是任意的，所以共有 3！=6 种排列方式。

（2）3 个齿轮的排列位置确定后，一共可以有 26^3=17 576 种初始转动位置。

（3）接线板上，从 26 个字母中任意选取 6 对字母互换的方式可以有 100 391 791 500 种。

所以，替换的可能数有：$6 \times 17\,576 \times 100\,391\,791\,500 = 10\,586\,916\,764\,424\,000$，即大约 1 亿亿余种可能。

在图灵之前，首次破解恩尼格玛机要归功于三位年轻的波兰数学家，他们是雷杰夫斯基、齐加尔斯基和鲁日茨基。然而，随着战事的迅速扩展，数量巨大的密码信息需要破解，同时，德国人又再次对恩尼格玛机进行了改进和升级，寻求新的技术破解恩尼格玛机已经迫在眉睫。波兰人的成功经验使英国人认识到，破解像恩尼格玛机这样的机器密码，数学家是至关重要的力量。因此，布莱切利园从剑桥大学招来了四位优秀的数学家，他们分别是特温、杰弗里斯、威尔仕曼和艾伦·图灵（Alan Turing，1912—1954 年）。

图灵的设想是用机器打败机器。功夫不负有心人，经过长期不断的努力，图灵发明一种名为"Bombe（炸弹）"的破译机，主要的原理是先排除自相矛盾的解读方式，将剩下的可能结果再一一穷举，大大缩短了破译时间。后来经过不断的实验，将多台 Bombe 破译机连接在一起，协同工作，把破译时间由原来的数天缩短到几分钟之内。

第二次世界大战结束之后仅一年（1946 年）时间，世界上第一台通用计算机即电子数值积分计算机"埃尼阿克"（electronic numerical integrator and computer，ENIAC）在美国宾夕法尼亚大学诞生，并实际应用于陆军火炮弹道和火力计算工作，这个事件标志着通用可编程的计算机技术不仅是理论已经成熟，而且已经有了初步的工业化成果。

8.1.3　图灵机

1942 年末，图灵被英国政府秘密派到美国交流破译德国的北大西洋潜艇舰队密码的研究成果，于是在贝尔实验室供职的克劳德·香农（Claude Shannon，1916—2001 年）就获得了一个与图灵合作的机会。图灵是破译了包括希特勒通话在内的多项德军秘密通信的密码学破译专家，而香农当时的工作是通过数学方法证明"X 系统"——这是美国总统罗斯福与英国首相丘吉尔之间的加密通信系统。他们两位经过在密码学上"矛和盾"的攻防探讨，很快让图灵和香农成为了惺惺相惜的好友。香农和图灵在计算机科学、信息科学上的兴趣和研究范围都极为广泛，一次他们在自助餐厅见面时，图灵给香农看了他还在剑桥大学念硕士时（1936 年）写的一篇论文《论可计算数及其在判定性问题上的应用》，这篇文章是可计算性领域的里程碑式作品。

图灵这篇论文解决可计算性如何定义和度量的问题，其中的关键是引出了今天被称为"图灵机（Turning machine）"的概念模型。"图灵机"与"冯·诺依曼架构"并称现代通用计算机的"灵魂"与"躯体"，它对可计算性理论、计算机科学、人工智能都影响深远，可以说是一项改变了人类近代科学史的伟大发明。

"图灵机"这种虚拟的计算机器实际上是一种理想中的计算模型，它的基本思想是用机械操作来模拟人们用纸笔进行数学运算的过程。为了模拟人的运算过程，图灵构造出一台假想的机器，该机器由以下几个部分组成。

（1）一条无限长的纸带 TAPE。纸带被划分为一个接一个的小格子，每个格子上包含一个来自有限字母表的符号，字母表中有一个特殊的符号"_"表示空白。纸带上的格子从左到右依次被编号为 0，1，2，……，纸带的右端可以无限伸展。

（2）一个读写头 HEAD。该读写头可以在纸带上左右移动，它能读出当前所指的格子上的符号，并能改变当前格子上的符号。

（3）一套控制规则 TABLE。它根据当前机器所处的状态以及当前读写头所指的格子上的符号来确定读写头下一步的动作，并改变状态寄存器的值，令机器进入一个新的状态。

（4）一个状态寄存器。它用来保存图灵机当前所处的状态。因为寄存器数量是有限的，所以图灵机的所有可能状态的数目是有限的，并且规定有一个特殊的状态，称为停机状态，代表计算完成。

这种机器的每一部分都是有限的，但它有一个潜在的无限长的纸带，因此这种机器只是一个理想的设备，不会被真正制造出来。图灵的论文证明了这台机器就能模拟人类所能进行的任何计算过程，如图 8.2 所示。

图灵机思想的价值是，首次阐明了现代计算机原理，从理论上证明了现代通用计算机存在的可能性，图灵把人在计算时所做的工作分解成简单的动作，与人的计算类似，机器需要：① 存储器，用于存储计算结果；② 一种语言，表示运算和数字；③ 扫描；④ 计算意向，即在计算过程中下一步打算做什么；⑤ 执行下一步计算。具体到一步计算，则分成：① 改变数字和符号；② 扫描区改变，如往左进位和往右添位等；③ 改变计算意向等。

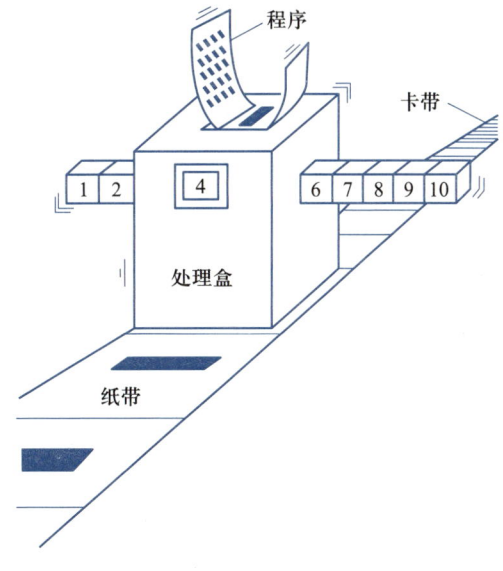

图 8.2　图灵机示意图

图灵机用形象的方式描述了使用机械运算实现自动运算的过程，现代计算机就是基于这样的一种原型来实现的。

8.1.4　人工智能的萌芽

在和图灵的交流中，香农很快就理解并接受了图灵机的概念，并对此非常感兴趣，如图 8.3 所示。因为他与图灵都看到了一个令人激动的前景，既然图灵机这样一个并不复杂的计算模型就可以抽象人类逻辑和计算能力，而逻辑和计算又是人类最具代表性的智能表现之一，那"思考"能力，也就是"智能"是否也可以被一个模型所承载抽象，并且被机器所实现呢？

图 8.3　图灵（左）和香农（右）

当时他们的讨论主要是围绕图灵机能否作为智能的基础模型、如何令机械拥有智能展开的，要解决这些问题，首先要解决的就是要定义什么是"智能"。香农提出考虑机器智能问题时，应当把艺术、情感、音乐等方面的能力一并考虑进去，这很接近今天多元智能理论中对智能的理解。而图灵则不认可，图灵认为智能既然是由物质（指人类大脑）所承载的，就应该是可由物理公式去推导，可以用数学的方式去描述的，不应该把这些文化方面的内容包含进去。

对于机器如何实现智能这个问题，图灵提出了两条可能的发展路线：一种是基于建设"基础能力"的方法，通过编写越来越庞大完善的程序，使机器具备越来越多的能力，譬如可以与人下棋、可以进行思维推理、可以识别图形等这样的能力，图灵认为这是完全可以做到的。但他更有兴趣的是基于"思维状态"来建造大脑。这种方法的思想是，人类大脑一定存在着某种内在机制来产生智能，因为并没有什么更高等的神秘力量在为人脑编程，所以一定存在着某种方法，可以使机器自动地学习，就像人类大脑一样。图灵进一步解释道：新生儿的大脑是不具备智能的，因此找到人类大脑获得智能的途径，然后应用于机器上，可以实现一个可以自己学习成长，成为机器掌握任何领域技能的一揽子解决方案。

图灵在去美国交流期间，他和香农并未能解决"如何定义智能""图灵机能否作为智能的承载模型"等问题，但是他们在贝尔实验室一系列关于智能的讨论，代表这个时期学者对"机器和智能"思考的萌芽，是人工智能从"科幻"走向"科学"踏出的第一步。图灵回到英国之后，他与香农仍然保持着联系，香农还在战后到英国回访过图灵，他们仍然为解决这几个问题而不懈努力。

8.1.5 图灵测试：何谓机器智能？

1945—1947 年期间，图灵回到大学校园（剑桥大学和曼切斯顿大学），开始专心研究机械与智能。回到剑桥后，由于英国政府的保密要求，图灵写于 1948 年的论文《智能机器》，直至 1992 年才在《艾伦·图灵选集》中发表。1950 年，图灵在《心灵》杂志上发表了另一篇划时代的论文——《计算机器和智能》，第一次提出"机器思维"和"图灵测试"（TurningTest）的概念。图灵在《计算机器与智能》开篇就写道要研究"机器能思考吗"这一问题，这样描述他的设想："人的大脑好似一台巨型的电子计算机，初生婴儿的大脑皮层像'尚未组织好的'机器，可以经过训练，使之成为'组织好了的'类似于万能机（即万能图灵机）式的机器。"针对这一设想，他提出了"图灵测试"的概念。图灵测试是一个人机测试，计算机和人类分别回答问题，如果提问者分辨不清哪个是真人，那么则认为该计算机具有智能。这就是人工智能的最初设想。他认为：假如通过电传终端与另一边进行对话，人们无法区分那边是机器还是人类？那么就该承认这机器具有智能，如图 8.4 所示。

但迄今为止，没有任何机器能够通过真正意义上的图灵测试。有趣的是，因为机器在图灵测试上一次又一次的失败，人类基于机器通过这种测试的困难度，反而创造出图灵测试最广泛的应用场景，这种应用在网络上随处可见——图形验证码。验证码的英文单词 Captchac 其实就是

图 8.4　图灵测试

completely automated public turing test to tell computers and humans apart（通过图灵测试来完全自动地分辨出计算机和人类）这句话的首字母缩写。

8.2　人工智能的发展历程

8.2.1　达特茅斯会议

1955 年 8 月 31 日，当时年仅 29 岁在达特茅斯学院任教的约翰・麦卡锡（John McCarthy）有了一个大胆的想法。他说服了哈佛大学数学博士马文・明斯基（Marvin Minsky），信息论创始人克劳德・香农（Claude Shannon）和 IBM 公司的纳撒尼尔・罗切斯特（Nathaniel Rochester）共同起草了由四人联合签名的建议书，提议在第二年夏季召开一次会议。麦卡锡给这个活动起了个当时看来别出心裁的名字："人工智能夏季研讨会"（Summer Research Project on Artificial Intelligence）。AI 概念第一次在这份历史性的建议书中出现。

1956 年 8 月，10 位年轻有为的学者聚集在美国新罕布什尔州的汉诺威（Hanover）小镇上历史悠久的常春藤联盟大学达特茅斯学院（Dartmouth College）进行为期两个月的讨论。目标是"精确、全面的地描述人类的学习和其他智能，并制造机器来模拟"。可以说正是他们开启了波澜壮阔而又跌宕起伏的 AI 壮丽史诗的序幕。

最后参加会议的除了之前提到的 4 位发起人还包括来自卡内基 – 梅隆大学的赫伯特・西蒙（Herbert Simon）和艾伦・纽厄尔（Allen Newell）、来自普林斯顿大学的特伦查德・莫尔（Trenchard More）、来自 IBM 公司的亚瑟・塞缪尔（Arthur Samuel）、来自麻省理工学院的雷・所罗门诺夫（Ray Solomonoff）和奥利弗・塞尔弗里奇（Oliver Selfridge），如图 8.5 和图 8.6 所示。

图 8.5　达特茅斯会议的 10 位科学家

图 8.6 部分与会者在达特茅斯的合影

会议列出了建议书中计划研讨的 7 个话题。

（1）自动计算机（automatic computer）："自动"指可编程，并无超出"计算机"这个概念的新含义。

（2）编程语言（how can a computer be programmed to use a language）：没有超出软件编程的其他含义。

（3）神经网络（neural network）：研究"一群神经元如何形成概念"。

（4）计算规模理论（theory of size of a calculation）：即计算复杂性理论。

（5）自我改进（self-improvement）：真正的智能应能自我提升。

（6）抽象（abstractions）：对感知及其他数据进行抽象。

（7）随机性和创造性（randomness and creativity）：创造性思维可能来自受控于直觉的随机性。

今天来看，（1）、（2）和（4）都是计算机科学的基本内容，虽未完全解决，至少问题十分清晰，（3）是神经网络，（5）和（6）可以归入机器学习，（7）属于强人工智能，这 4 个问题尚未解决，甚至问题本身都还没界定清楚。

会议的目标——"解决 AI 领域一个或更多问题"，虽然最终梦想没能实现，但是西蒙和纽厄尔的启发式程序"逻辑理论家"（logic theorist），证明了名著《数学原理》第 2 章 52 个定理中的 38 个。此外，麦卡锡介绍了下棋程序中的 α–β 搜索法；明斯基带来了一台学习机，名为 Snarc，其目的是学习如何穿过迷宫，其组成中包括 40 个"代理（agent）"和一个对成功给予奖励的系统，明斯基也是最早提出 agent 概念的学者之一。

这些成果开拓了 AI 最初的学科研究疆界，与会者和他们的一代代学生共同造就了 AI 日后的繁荣。因此，1956 年也就成为了大家公认的人工智能元年。

8.2.2 人工智能发展的 6 个阶段

从 1956 年至今，人工智能技术的发展并不是一帆风顺。概括来讲，人工智能从 20 世纪 50 年代出现到现在，共经过了 6 个阶段，如图 8.7 所示，具体如下。

第一阶段：起步发展期（1956 年—20 世纪 60 年代初）。1956 年，在美国达特茅斯学院举办的会议上，计算机科学家约翰·麦卡锡提出了"人工智能"一词，标志着人工智能这门学科的诞生。麦卡锡也因此被誉为是"人工智能之父"。

第二阶段：反思发展期（20 世纪 60 年代—70 年代初）。人工智能发展初期的突破性进展大大提升了人们对人工智能的期望，很多人因此将人工智能神话，认为它能够解决已有科技无法解决的许多问题，但接二连三的失败和预期目标的落空使人工智能的发展走入低谷。

第三阶段：应用发展期（20 世纪 70 年代初—80 年代中）。经过一代人的努力之后，20 世纪 70 年代出现的专家系统模拟人类专家的知识和经验解决特定领域的问题，成效显著，推动了人工智能走入应用发展的新高潮。

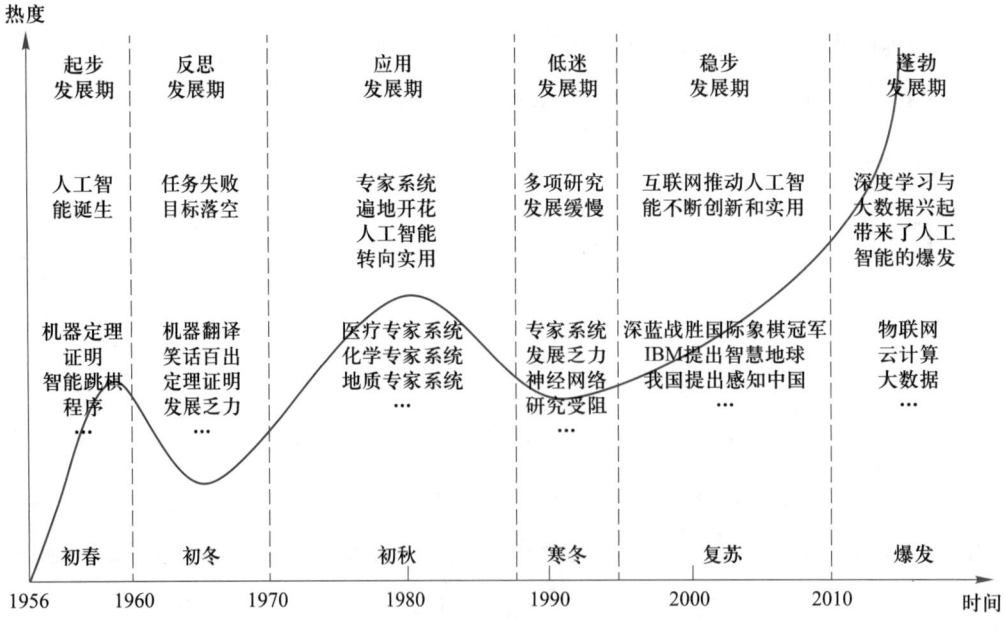

图 8.7　人工智能发展历程

第四阶段：低迷发展期（20世纪80年代中—90年代中）。经过实践应用，人们发现专家系统存在应用领域狭窄、缺乏常识性知识、知识获取困难、推理方法单一、缺乏分布式功能和难以与现有数据库兼容等问题，因此一度将人工智能打入冷宫，相关科研经费大幅度缩减，人工智能相关研究也步入了长达10年的低迷期。

第五阶段：稳步发展期（20世纪90年代中—2010年）。互联网技术的发展和高性能计算机的出现，加速了人工智能的创新研究，人们渐渐使用人工智能算法来解决数据采集和处理中的很多问题，促使人工智能技术进一步走向实用化。

第六阶段：蓬勃发展期（2011年至今）。大数据、云计算、互联网和物联网等信息技术的发展，泛在感知数据和图形处理器等计算平台推动以深度神经网络为代表的人工智能技术飞速发展，使得人工智能出现在越来越多的场景中，成为了与人们日常生活息息相关的一项技术。

8.2.3 影响人工智能发展的三大因素

人工智能的概念虽然在20世纪已经出现，但由于当时软硬件条件的不成熟，数据资源的短缺，人工智能并未实现广泛的应用。如今，随着算法、算力等基础技术条件的日渐成熟以及行业数据的快速积累，人工智能得以应用在各个领域。

（1）算力，是指设备的计算和处理能力。人工智能的发展高度依赖于先进的算法和强大的计算能力。强大的算力能够显著加速人工智能模型的训练过程。随着深度学习等先进算法的广泛应用，模型训练所需的数据量和计算量急剧增加。高效的算力资源能够缩短训练时间，提高模型迭代的效率。算力的发展不仅提升了模型训练的速度，还增强了模型的准确性和效率。在推理阶段，高效的算力资源能够快速响应并处理大量数据，为用户提供实时、准确的结果。

GPU（graphics processing unit，图形处理器）是一种专为并行处理设计的微型处理器，特别擅长处理大量的简单任务，如图形和视频渲染。显著提升了计算机的性能，拥有远超CPU的并行计算能力。由于处理器的计算方式不同，CPU擅长处理面向操作系统和应用程序的通用计算任务，而GPU擅长完成与显示相关的数据处理。在深度学习算法上，GPU的运算效率相较于CPU有着显著的提升，通常可达数倍至数十倍。这使得GPU成为人工智能领域不可或缺的计算工具。

（2）算法，是指解题方案的准确而完整的描述，是一系列解决问题的清晰指令，算法代表着用系统的方法描述解决问题的策略机制。

深度学习是当前研究和应用的热点算法，也是人工智能的重要领域。深度学习通过构建多隐层模型和学习海量训练数据，可以获取到数据有用的特征。通过数据挖掘进行海量数据处理，自动学习数据特征，尤其适用于包含少量未标识数据的大数据集。深度学习采用层次网络结构进行逐层特征变换，将样本的特征表示变换到一个新的特征空间，从而使分类或预测更加容易。

（3）算料（数据），机器学习是人工智能的核心和基础，而数据和以往的经验是机器学习优化计算机程序的性能标准。随着大数据时代的到来，来自全球的海量数据为人工智能的发展提供了良好的基础。根据国际权威机构 Statista 的统计，全球数据量在 2019 年达到 41 ZB，并预测到 2035 年这一数字将达到 2 142 ZB，这显示了全球数据量正在以惊人的速度增长。

大数据和深度学习算法的双剑合璧，再配合摩尔定律下的算力快速提升，从而输出不同场景以及行业下的 AI 解决方案，如现在大家经常看到的智能医疗、自动驾驶、人脸识别、物体识别、语音识别、语音合成等多方面的应用和成果。

8.3 人工智能发展的重大事件

8.3.1 机器定理证明成果显著

用计算机程序代替人类进行自动推理来证明数学定理，是最先取得重大突破的领域之一。在达特茅斯会议上，纽厄尔和西蒙展示了他们的程序："逻辑理论家"可以独立证明出《数学原理》第二章的 38 条定理；而到了 1963 年，该程序已能证明该章的全部 52 条定理。"逻辑理论家"中首创的"启发式"程序对人工智能和心理学有重大的意义。

1958 年，美籍华人王浩也在一台 IBM 704 机上实现了一个完全的命题逻辑程序，以及一个一阶逻辑程序。后者只用 9 分钟就证明了《数学原理》中一阶逻辑的全部 150 条定理中的 120 条。到 1959 年夏天，改进版本证明了全部 150 条一阶逻辑以及 200 条命题逻辑定理。王浩注意到《数学原理》里的一阶逻辑公式都是 AE 形式（即前面是全称量词，后面是存在量词），后来他又继续研究 AEA 的可计算性和复杂性，由此引出了他的学生库克（Stephen Arthur Cook）的 NP 理论，库克 1971 年发表的文章的题目是《定理证明的复杂性》，因此获得 1982 年图灵奖。王浩的定理证明程序后来成为高级语言的基准程序，麦卡锡的 Lisp 早期就一直以王算法的程序作为例子。1983 年，国际人工智能联合会（IJCAI）授予王浩自动定理证明里程碑大奖。

四色定理又称四色猜想、四色问题，是世界三大数学猜想之一，它是 1852 年由英国学者弗南西斯·格思里（Francis Guthrie）提出的，"每幅地图都可以用四种颜色着色，使得有共同边界的国家着上不同的颜色"。对此猜想，一百多年来曾有无数学者予以研究，但人工验证均无功而返。1976 年，凯尼斯·阿佩尔（Kenneth Appel）和沃夫冈·哈肯（Wolfgang Haken）等人利用人工和计算机混合的方式证明了这个著名的数学猜想。这个猜想表述起来非常简单易懂，然而证明起来却异常烦琐。配合着计算机超强的穷举和计算能力，阿佩尔等人把这个猜想证明了。

我国数学家吴文俊（图 8.8，1919—2017 年）在北京无线电一厂工作期间，开始对计算机感兴趣。他学会了计算机编程，开启了他用计算机进行几何证明的历程。1977 年，吴文俊的文章"初等几何判定问题与机器证明"发表在《中国科学》上。他的成果是在研究中国数学史时受到的启发，并针对某一大类的初等几何问题给出了高效的算法，后来该方法还被他推广到一类微分几何问题上。

图 8.8　吴文俊教授

1983 年在美国科罗拉多州举行的全美定理机器证明学术会议上，大陆赴美求学的青年学者周咸青（Chou Shang-ching）的报告，为自动推理领域的专家学者带来了意外的惊喜：他可以在计算机上自动地证明几百条困难的几何定理，而且　条定理证明只需几秒钟。他所运用的方法就是中国著名数学家吴文俊教授建立和发展的机器证明代数消元法——吴方法。吴文俊的名字由此享誉自动定理证明界。

8.3.2　计算机博弈一战成名

计算机博弈（下棋）方面的成功就是符号学派名扬天下的资本。早在 1958 年，人工智能的创始人之一西蒙就曾预言，计算机会在 10 年内成为国际象棋世界冠军。然而，这种预测过于乐观了，事实比西蒙的预言足足晚了 40 年的时间。

1988 年，IBM 开始研发可以与人下国际象棋的智能程序"深思"——一个可以以每秒 70 万步棋的速度进行思考的超级程序。到了 1991 年，"深思 II"已经可以战平澳大利亚国际象棋冠军达瑞尔·约翰森（Darryl Johansen）。1996 年，"深思"的升级版"深蓝"开始挑战著名的人类国际象棋世界冠军加里·卡斯帕罗夫（Garry Kasparov），却以 2∶4 败下阵来。但是，一年后的 5 月 11 日，升级后的"深蓝"，再次与卡斯帕罗夫大战，比赛仍以 6 局定胜负，最终"深蓝"以 3.5∶2.5 的成绩战胜了卡斯帕罗夫，其中第六局仅对战了 19 个回合，"深蓝"就通过一记精妙的弃子逼迫卡斯帕罗夫认输，成为了人工智能史上的一个里程碑，如图8.9所示。

图 8.9 "深蓝"挑战卡斯帕罗夫

"深蓝"质量达 1.4 t，有 32 个节点，每个节点有 8 块专门为进行国际象棋对弈设计的处理器，平均运算速度为每秒 200 万步。总计 256 块处理器集成在 IBM 研制的 RS6000/SP 并行计算系统中，从而拥有每秒超过 2 亿步的惊人速度。它不会疲卷，不会有心理上的起伏，也不会受到对手的干扰。它的缺陷是没有直觉，不能进行真正的思考。但是比赛过程表明，"深蓝"无穷无尽的计算能力在很大程度上弥补了这些缺陷，这也反过来让人们思考，什么是思维的本质？思维是神秘莫测的吗？"深蓝"与卡斯帕罗夫的对抗在什么程度上对这一问题有所启发？

IBM 研制小组向"深蓝"输入了 100 年来所有国际特级大师开局和残局的下法，自 1996 年在 6 局对抗赛中以 2∶4 败给卡斯帕罗夫之后，"深蓝"的运算速度又提高了一倍，美国特级大师本杰明加盟"深蓝"小组，将他对国际象棋的理解编成程序教给"深蓝"。比赛结束后，"深蓝"小组公布了一个秘密，每场对局结束后，小组都会根据卡斯帕罗夫的情况相应地修改特定的参数，"深蓝"虽不会思考，但这些工作实际上起到了强迫它学习的"作用"，这也是卡斯帕罗夫始终无法找到一个对付"深蓝"的有效办法的主要原因。

8.3.3　AlphaGo 的胜利不同凡响

自计算复杂性理论建立以来，大量问题的复杂性被确定，其中包括了不少益智游戏、谜题和电子游戏。从 20 世纪 70 年代末开始，研究者们考察了很多棋类游戏的计算复杂性，到目前为止，大部分著名棋类游戏的计算复杂性已经被确定。比如，五子棋和黑白棋复杂度相对较低，国际跳棋复杂度低于国际象棋和中国象棋，国际象棋和中国象棋复杂度基本相同，而围棋是所有棋类中当之无愧的复杂度之王，拥有 19×19 的超大棋盘，博弈树复杂度高达 10 的 360 次方，居棋类复杂度之首。即使在国际象棋领域"深蓝"战胜了卡斯帕罗夫，但围棋界依然被认为是计算机无法战胜人类的领域。

然而，这一切被谷歌公司的 AlphaGo 打破了。

AlphaGo 是谷歌 DeepMind 团队开发的一个基于深度神经网络的围棋人工智能程序，它利用了蒙特卡罗树状搜索与两个深度神经网络相结合的方法，以估值网络来评估大量落子间的优劣，而以行棋网络来选择落子。在这种设计下，计算机可以结合树状图的长远推断，又可像人类的大脑一样自发学习进行直觉训练，以提高棋力。AlphaGo 一共经历了以下几次迭代。

（1）2015 年 10 月，以 5∶0 击败欧洲冠军樊麾，其使用了两个神经网络。

（2）2016 年 3 月，以 4∶1 击败世界冠军李世石，较于上一版本，其使用了更复杂的网络结构，在生成训练数据时，使用了更加强大的模拟器。

（3）2017 年 1 月，AlphaGo 进阶版 Master 在某围棋网络对战平台上挑战中韩世界冠军，保持了 60 不败的战绩，其中包括对弈当今世界围棋第一人柯洁连胜三局。

（4）2017 年 10 月，DeepMind 公开了最新版本的 AlphaGo Zero，此 AlphaGo Zero 仅经过三天训练，就在与 2016 年 3 月版的 AlphaGo 的对阵中取得了 100∶0 的战绩；后来，又经过 40 天的训练，又战胜了 AlphaGo Master。

与以往人机大战完全不同的是，这次的 AlphaGo 完全是从零开始，不再学习人类的棋谱，不使用人类之前的任何经验和数据，而是首次引用了强化学习技术，在学习基本的围棋规则后，自我生成棋局进行学习和对抗，无师自通，取得世人瞩目的成绩，如图 8.10 所示。这好比是一个围棋白痴自学了三天，然后打败了学习过各种棋谱、汲取人类几乎全部经验的高手。

当然，无论是"深蓝"的胜利，还是 AlphaGo 战胜李世石，都是人工智能发展史上里程碑式的时间，它标志着计算机程序在某一单一领域战胜了最优秀的人类。尤其是 AlphaGo 的胜利，意味着围棋这个以往被认为是机器无法战胜人类的领域被颠覆了，也把世界的目光聚焦到人工智能领域，它意味着人工智能的巨大突破，各国政府纷纷出台对人工智能领域研究的支持和倾斜政策，越来越多的人工智能应用开始落地。

图 8.10　AlphaGo 人机大战

8.3.4　无人驾驶技术逐渐应用

无人驾驶一直都是人工智能深度应用的前沿。早在 20 世纪 70 年代，美英德等发达国家便开始了对无人驾驶汽车的研究，并且在可行性和实用化方面取得了突破性的进展。目前国际上在无人驾驶领域处于绝对领先地位的是美国，其中又当属谷歌和特斯拉最具代表性，这两家巨头公司又分别使用两条最具代表性的技术路线。

2004 年，美国政府和美国国防部先进研究项目局（DARPA）举办了一个关于自动驾驶汽车的挑战赛（DARPA Grand Challenge）。当时很多参赛队伍都是来自大学的车队，DARPA Grand Challenge 的目标是让这些车辆在莫哈韦沙漠中行驶超过 140 英里。当时最大的车重达 15 t，最小的车更像一个轮式机器人。那一年，没有一辆车跑完全程。

2005 年，斯坦福大学的参赛车 Stanley 在自动驾驶状态下行驶了 100 多英里，差不多在沙漠里行驶了 6 个多小时。最后完成了挑战，也是第一辆完成 DARPA Grand Challenge 的自动驾驶汽车。

根据媒体报道，2016 年 7 月的一天，一位美国男子在驾驶特斯拉汽车上班的途中突发肺栓塞，在赶往医院的 20 英里（约合 32 千米）高速公路车程中，最终在 Model X 的 Autopilot 自动驾驶功能的帮助下，抵达了医院。

2015 年，谷歌自动驾驶汽车开始上路进行测试，截至 2016 年 10 月，谷歌无人驾驶汽车已经行驶了 200 万英里（322 万千米），相当于一名人类司机 180 年的驾驶经验，在自动驾驶汽车开发大赛中遥遥领先于传统汽车厂商。而且，在没有人工干预的情况下，完成了约 113 万千米无事故行驶里程。据 2020 年的报道，谷歌的 Waymo 的车辆已经行驶了 981 万千米，并且在其中 10.5 万千米的路段上实现了没有人类驾驶的真全自驾状态，如图 8.11 所示。

图 8.11　谷歌自动驾驶汽车

百度公司从 2013 年开始涉足无人驾驶领域，2015 年开始大规模投入该领域，并且在 2015 年 12 月初，百度无人驾驶汽车在北京完成路测。2016 年 9 月，百度 Apollo 获得了美国加利福尼亚州自动驾驶路测牌照。从 2015 年起至今，百度 Apollo 在产品层面不断迭代，截至 2019 年 12 月底，Apollo 车队总测试里程已累计超过 300 万千米，覆盖北京、武汉、沧州和长春等 23 个城市。近年来，百度公司在自动驾驶汽车领域的进展显著，百度 Apollo 无人车采用了全新的自动驾驶技术和智能系统，旨在实现更精准和安全的驾驶体验。同时，百度采用 Apollo ADFM 方案逐步减少对安全员的依赖，算力成本呈现指数级下降趋势。2024 年，百度 Apollo 第六代无人车陆续投放市场，单车搭载 4 颗超高清远距激光雷达 AT128，探测距离超过 200 米，并将高清三维感知覆盖到了 360°。

事实上，当今的汽车已经良好地应用了不少自动感应技术。当这些自动感应技术和其他技术相结合时，就会成为热门的自动驾驶模式。自动驾驶肯定会成为未来主流的出行方式，为出行方式带来革命性的变化。

8.3.5　计算机视觉技术应用广泛

对于人类而言，视觉信息获取是极其重要的。人类 85% 以上的信息获取来自视觉，来自听觉的信息获取却不到 10%。计算机视觉技术就是利用了摄像机以及计算机替代人眼，使得计算机拥有人类的双眼所具有的分割、分类、识别、跟踪、判别、决策等功能。

近年来，基于深度学习的计算机视觉技术在安防产业的诸多领域都取得了很大进步，包括：生物特征识别、行人检测、车辆检测、非移动车辆检测等，其识别准确率甚至超过人类的眼睛判断。

2018 年 4 月 7 日晚，在张学友南昌演唱会上，警方通过安保系统的人像识别功能，在看台抓住了一名在逃通缉犯。同年 9 月 30 日，学友·经典世界巡回演唱会咸阳站举行，咸阳警方利用人像识别功能在场外成功抓获 5 名逃犯和其他违法犯罪人员 13 人。从 4 月 7 日到 9 月 30 日历时不到半年的时间里，张学友分别在南昌、赣州、咸阳等地开了十一站演唱会，在这些演唱会里警方已成功抓捕数十位违法嫌疑人。

其中主要应用了多特征识别技术。一般在大量影像数据资料下，想要从历史和即时的影像资料中筛选犯罪嫌疑人犹如大海捞针，而多特征识别技术则是通过人工智能的方式，以深度学习为模式，让计算机从大量监控影像中自动识别出嫌疑人，分析资料中的个人特征，然后根据犯罪嫌疑人的特征自动筛选，快速准确地识别出个体人物的各种重要特征，如性别、年龄、发型、衣着、体形、是否戴眼镜、是否骑车以及随身携带的物品等，不仅大大节省了人力物力，同时也大大缩短了犯罪嫌疑人的到案时间。

此外，计算机视觉在姿态识别技术方面也获得了较大成功。姿态识别技术是指针对个体人物的走路姿势，是一种可在远距离就感知的生物行为特征技术。和其他生物特征识别技术相比，姿态识别的优势在于非接触性、非侵入性、易于感知、目标物难以隐藏和伪装等。

姿态分析的技术困难点在于其特征的稳定性问题，因为一个人的姿态会受多种因素影响而改变，为了克服这个问题，很多厂商在研发上加进了机器深度学习方法，用姿态向量图示来描述姿态顺序排列，通过深度累积神经网络训练匹配模型。训练好的累积神经网络匹配模型能够计算待识别的姿态影像和已经注册的姿态影像顺序排列，比对每个姿态向量图的相似度，再依据其相似度大小进行身份识别。姿态识别应用采取全天候模式，在特定的安防场合中可快速对远距离个体人物目标的身份进行准确判断，因此研究人员将来势必需要搭建大规模的姿态资料库。姿态识别技术将有助于解决一些低影像解析度个体人物身份识别的难题，为使用者提供重要的识别查核线索。

随着人们对生活安全及生产效率需求的提升，凭借着计算机视觉应用场景的广泛性，计算机视觉有望发展成为下一个智能时代的标配。尽管计算机视觉仍然存在不少问题，但随着人脸识别、视频结构化等计算机视觉相关技术在安防领域实战场景中的应用，人工智能解决方案将逐渐为各领域商业赋能。计算机视觉行业市场大规模爆发的前奏已经吹响，虽然说要真正实现"和人类一样去看"仍然有很长的一段路，但是相信伴随着深度学习算法的加速迭代，这种美好的愿景或许很快就能实现。

8.3.6　智能医疗造福人类

人工智能在医疗健康中的应用领域包括虚拟助理、医学影像、药物挖掘、营养学、生物技术、急救室/医院管理、健康管理、精神健康、可穿戴设备、风险管理和病理学等众多领域。近年来，人工智能技术呈现与医疗领域不断融合的趋势，其中数据资源、计算能力、算法模型等基础条件的日臻成熟成为行业技术发展的重要力量。

1972 年，用于传染性血液诊断和处方的知识工程系统 MYCIN 研发成功，该事件标志着人工智能进入"专家系统"时期。专家系统的出现使得计算机可以和人进行结合，通过对数据的分析解决一些实际的问题。这个系统适用于严重的感染患者，如败血症和脑膜炎。所给出的抗生素剂量会根据患者体重进行调整，也可以用于血液凝集型疾病。系统的名称即取自抗生素的英文后缀 mycin。MYCIN 专家系统是规范性计算机专家系统的代表，许多其他专家系统都是在 MYCIN 专家系统的基础上研制而成的。MYCIN 系统不但具有较高的性能，而且具有解释功能和知识获取功能，可以用英语与用户对话，回答用户提出的问题，还可以在专家指导下学习医疗知识，该系统还使用了知识库的概念和不精确推理技术。MYCIN 系统对计算机专家系统的理论和实践，都有较大的贡献。

但是专家系统的发展并不顺利，也并未得到广泛的应用。其原因主要有两个方面。一是专业知识的获取需要行业内长时间的积累，大量的行业数据在彼时难以全部植入专家系统。二是当年专家系统的程序主要由解释性语言 LIPS 编写，其开发效率和易用性较低，难以实现实际应用。人工智能技术发展在彼时陷入的瓶颈使得人类开始思考，如何让计算机自发理解和归纳数据，掌握数据间的规律，即"机器学习"。

2000 年以来，随着深度学习技术的不断进步，人工智能在医疗健康领域逐步从前沿技术转变为现实应用。IBM 在 2006 年启动 Watson 项目，于 2014 年投资 10 亿美元成立Watson 事业集团。Watson 是一个通过自然语言处理和机器学习，从非结构化数据中洞察数据规律的技术平台。Watson 将散落在各处的知识片段连接起来，进行推理、分析、对比、归纳、总结和论证，获取深入的洞察以及决策的证据。2015 年，沃森健康（Watson Health）成立，专注于利用认知计算系统为医疗健康行业提供解决方案。Watson 通过和一家癌症中心合作，对大量临床知识、基因组数据、病历信息、医学文献进行深度学习，建立了基于证据的临床辅助决策支持系统。目前该系统已应用于肿瘤、心血管疾病、糖尿病等领域的诊断和治疗，并于 2016 年进入中国市场，在国内众多医院进行了推广。Watson 在医疗行业的成功应用标志着认知型医疗时代的到来，该解决方案不仅可以提高诊断的准确率和效率，还可以提供个性化的癌症治疗方案。

近年来，国内科技巨头也纷纷开始在医疗人工智能领域布局，各家公司均投入大量资金与资源，但各自的发展重点与发展策略并不相同。例如，阿里健康以云平台为依托，结合自主机器学习平台 PAI2.0 构建了坚实而完善的基础技术支撑。同时，阿里健康与浙江大学医学院附属第一医院、浙江大学第二附属医院、上海交通大学医学院附属新华医院以及第三方医学影像中心建立了合作伙伴关系，重点打造医学影像智能诊断平台，提供三维影像重建、远程智能诊断等服务。

此外，阿里云联合英特尔、零氪科技联合举办了天池医疗 AI 大赛。该大赛面向全球第一高发恶性肿瘤——肺癌，以肺部小结节病变的智能识别、诊断为课题，开展大数据与人工智能技术在肺癌早期影像诊断上的应用探索。大赛基于阿里云天池大数据平台，邀请全球生物、医疗、人工智能等众多领域的校内团队、专家学者、医疗企业参赛。参赛者使用大赛提供的数千份胸部 CT 扫描数据集进行预训练，在此基础上开发算法模型，检测 CT 影像中的肺部结节区域。准确率排名靠前的参赛者将进入决赛，决赛要求参赛者提交诊断结果的 CSV 文件，并标记检测到的结节坐标，最终根据参赛者给出的坐标信息判断结节是否检测正确，如果结节落在以参考标准为中心半径为 R 的球体中，则认为检测正确。大赛通过探索早期肺癌精确智能诊断的优秀算法，提升早期肺癌检测的准确度，降低临床上常见的假阳性的误诊发生，实现"早发现，早诊断，早治疗"。同时，本次大赛能够激发传统医学与机器学习的碰撞与融合，为整体学科发展进行探路与思辨，推动了人工智能技术在医疗影像诊断上的应用。

在国际上权威的肺结节检测比赛 LUNA 中，中国企业参赛队伍阿里云 ET 和科大讯飞均取得了优异的成绩。科大讯飞医学影像团队以 92.3% 的召回率刷新了世界纪录。召回率是指成功发现的结节数在样本数据中总结节数的占比。召回率是评测诊断准确率的重要指标，召回率低代表遗漏了患者的关键病灶信息，因此科大讯飞团队采用了多尺度、多模型集成学习的方法显著提升了召回率，同时针对假阳性导致的医生重复检测问题，创新性地使用结节分割和特征图融合的策略进行改善。在诊断效率方面，科大讯飞团队采用 3D CNN 模型来计算特征图，并在特征图上进行检测，并通过预训练大幅提升了检测效率，实现薄层 CT 的秒级别处理。

随着电子病历的实施，CT 影像、磁共振成像等放射图像的普及，医疗行业的数据量已呈现指数级增长。通过自然语言理解、机器学习等技术，大量文本、视频、图像等非结构化数据得以分析利用。来源于三甲医院的电子病历数据库，基层医院和体检机构的健康档案数据库，国家各统计部门的人口数据库通过大数据技术可以实现互联互通，形成个人完整生命周期的医疗健康大数据，为人工智能技术在医疗健康行业的应用提供了有力的支撑。

8.4 未来发展与奇点的遐想

微视频
8-3：未来发展与奇点的遐想

在科学世界，很少有像奇点这样飘忽而迷人的概念。在中学数学课堂上，我们都碰到过 $f(x)=1/x$ 这样的函数，在 $x=0$ 的这一点上，老师会告诉我们，这时函数没有意义。使函数失去意义的这一点，正是奇点。物理学上的奇点，同样诡异。在大爆炸理论中，奇点被认为是宇宙演化的起点，它的性质，玄妙得让人根本无法捉摸，比如体积无限小，而密度、压力却无限大。奇点先生一旦驾临，我们所知的物理定律立即失效。因此，我们可能永远也无法对这个奇点进行观测和研究，从而永远也无法知道在这个点上究竟发生了什么。奇点的迷人，正在于人类对宇宙的这种无尽的探索中。

8.4.1 奇点理论

在人工智能领域，也有一个著名的奇点理论，它提出于 2005 年，实际上是一个大胆的预言：人工智能领域的突破会使计算机变得比人更聪明，计算机的智能超越人类智慧的那一刻，也是奇点。提出这种"奇点理论"的人，是美国未来学家雷·库兹韦尔（Ray Kurzweil），他把这一"奇点时刻"设定为 2045 年。

雷·库兹韦尔，美国人，出生于 1948 年 2 月 12 日，1970 年毕业于麻省理工学院计算机专业，是一个杰出的发明家、企业家、学者，曾经成功地创建、发展和出售了 4 家以他名字命名的人工智能公司。1984 年开发出第一个电脑音乐键盘（Kurzweil 250），能够精确再现大钢琴和其他管弦乐的声音；1975 年开发出第一个文本—语言合成系统；1976 年制成第一个为盲人使用的印刷品阅读机，他的发明成果和专利数不胜数。迄今为止，库兹韦尔获得了包括美国国家技术奖、奖金高达 50 万美元的 Lemelson–MIT 发明奖在内的众多奖项，并入选美国发明家名人堂。他 1990 年出版的《智能机器的时代》获得了美国出版协会"最优秀的计算机科学著作"奖。1999 年，时任美国总统的克林顿在白宫亲自为库兹韦尔颁发国家技术奖。《华尔街日报》称他为"永不满足的天才"；《公司》杂志（Inc.）将其评选为"顶尖创业家"之一，并形容他是"爱迪生的合法继承人"；美国公共电视台（PBS）更是评价他为"开创美国的 16 位改革家"之一。

这位发明家和预言家曾预言，人工智能计算机会在 1998 年战胜人类国际象棋世界冠军，这一预言在 1997 年应验。他也曾预言会出现一种世界性的计算机网络，到那时信息传递将更加便捷，今天的互联网、Facebook、Twitter、微信、微博就是明证。库兹韦尔在 1990 年对 2009 年做了 147 项预言，结果 86% 的预言（127 项）得到证实。

库兹韦尔 2005 年出版的《奇点临近》是一部预测人工智能和科技未来的奇书，他在书中预言人工智能技术将在 2045 年到达奇点，机器人在智能方面将超过人类。

关于这一点，我们先回顾一个有关国际象棋的故事。说有一个宰相，发明了国际象棋，国王很高兴要赏他，宰相说不要钱，只要在棋格上放米奖励他即可。条件是第一个格子放一粒米，第二个格子里放两粒米，第三个格子里放四粒米，第四个格里放八粒……以此类推。国王很高兴，以为这用不了多少粮食，就同意了他的请求。没想到一算账，才发现事情不妙。按照上述规则，所放的米粒数就是 2 的 63 次方，按照普通大米 600 粒为 50 g 计算，总重量约为 15 311 亿 t！即使像现在农业产量很高的时代，全球一年的粮食产量也要比这个数字小很多。

在信息技术领域，有一个和上述故事非常相似的定律——摩尔定律，是英特尔创始人之一戈登·摩尔于 1965 年率先提出来的。其内容为：当价格不变时，集成电路上可容纳的元器件的数目，约每隔 18~24 个月便会增加一倍，性能也将提升一倍。换言之，每一美元所能买到的计算机性能，将每隔 18~24 个月翻一番以上，这一定律揭示了信息技术进步的速度，如图 8.12 所示。

《奇点临近》这本书的核心就在于此。库兹韦尔用人类发展史上的大量数据来说明，人类社会的发展不是线性的，而是呈指数函数的规律在上升。简单来说，未来 30 年的发展并不等于过去 30 年的发展，而是相当于过去 300 年的发展，甚至更多。产生这种指数变化的原因是人类社会各个方面的发展是相互促进的。文化的发展催生了思想的解放，思想的解放促进了科技的进步，科技的进步又改变了社会形态，文化又随之繁荣，从而思想更加解放……这是一个良性的循环。而且循环的速度越来越快。

库兹韦尔认为，计算机智能与人脑智能的奇妙融合，就是奇点的本质。在那个时期，人类的智能会逐渐非生物化，其智能程度将远远高于今天的智能——它将使我们超越人类的极限，大大加强我们的创造力。在这个新世界中，人类与机器、现实与虚拟的界限将变得模糊，我们可以任意地装扮不同的身体，扮演一系列不同的角色。其所带来的实际效果包括：人类将不再衰老，疾病将得到治愈；环境污染将会结束，世界性的贫困、饥饿等问题都会得到解决。

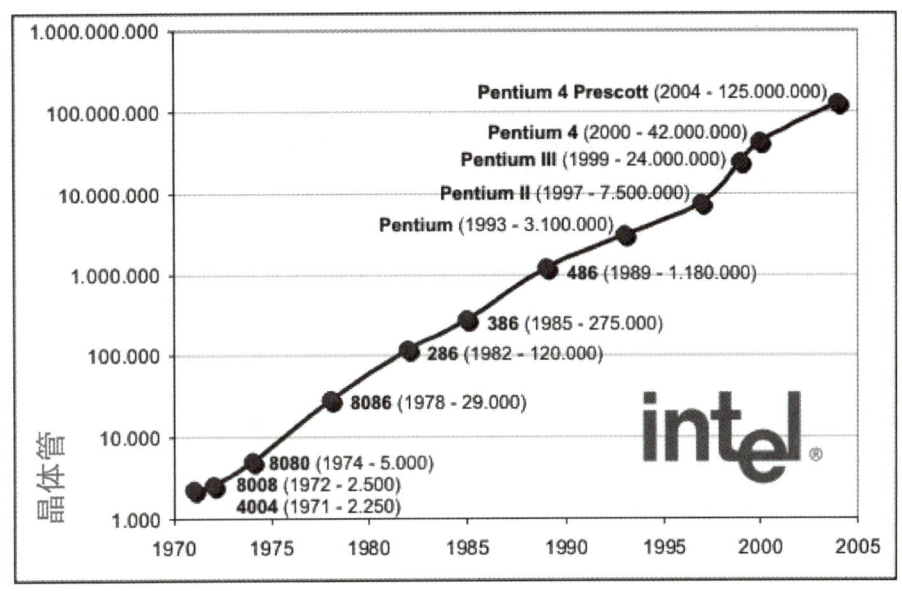

图 8.12　摩尔定律

8.4.2　趋势与展望

经过 70 多年的发展，人工智能在算法、算力（计算能力）和算料（大数据）等"三算"方面取得了重要突破，正处于从"不能用"到"可以用"的技术拐点，但是距离"很好用"还有诸多瓶颈。那么在可以预见的未来，人工智能发展将会出现以下的趋势与特征。

一是从专用人工智能（弱人工智能）向通用智能（强人工智能）发展。如何实现从专用人工智能向通用人工智能的跨越式发展，既是下一代人工智能发展的必然趋势，也是研究与应用领域的重大挑战。2016 年 10 月，美国国家科学技术委员会发布《国家人工智能研究与发展战略计划》，提出在美国的人工智能中长期发展策略中要着重研究通用人工智能。阿尔法狗系统开发团队创始人戴密斯·哈萨比斯提出朝着"创造解决世界上一切问题的通用人工智能"这一目标前进。微软在 2017 年成立了通用人工智能实验室，众多感知、学习、推理、自然语言理解等方面的科学家参与其中。

二是从人工智能向人机混合智能发展。借鉴脑科学和认知科学的研究成果是人工智能的一个重要研究方向。人机混合智能旨在将人的作用或认知模型引入到人工智能系统中，提升人工智能系统的性能，使人工智能成为人类智能的自然延伸和拓展，通过人机协同更加高效地解决复杂问题。在我国新一代人工智能规划和美国脑计划中，人机混合智能都是重要的研发方向。

三是从"人工 + 智能"向自主智能系统发展。当前人工智能领域的大量研究集中在深度学习，但是深度学习的局限是需要大量人工干预，比如人工设计深度神经网络模型、人工设定应用场景、人工采集和标注大量训练数据、用户需要人工适配智能系统等，非常费时费力。因此，科研人员开始关注减少人工干预的自主智能方法，提高机器智能对环境的自主学习能力。例如阿尔法狗系统的后续版本阿尔法元从零开始，通过自我对弈强化学习实现围棋、国际象棋、日本将棋的"通用棋类人工智能"。在人工智能系统的自动化设计方面，2017年谷歌提出的自动化学习系统（AutoML）试图通过自动创建机器学习系统降低人员成本。

四是人工智能将加速与其他学科领域交叉渗透。人工智能本身是一门综合性的前沿学科和高度交叉的复合型学科，研究范畴广泛而又异常复杂，其发展需要与计算机科学、数学、认知科学、神经科学和社会科学等学科深度融合。随着超分辨率光学成像、光遗传学调控、透明脑、体细胞克隆等技术的突破，脑与认知科学的发展开启了新时代，能够大规模、更精细解析智力的神经环路基础和机制，人工智能将进入生物启发的智能阶段，依赖于生物学、脑科学、生命科学和心理学等学科的发现，将机理变为可计算的模型，同时人工智能也会促进脑科学、认知科学、生命科学甚至化学、物理、天文学等传统科学的发展。

五是人工智能产业将蓬勃发展。随着人工智能技术的进一步成熟以及政府和产业界投入的日益增长，人工智能应用的云端化将不断加速，全球人工智能产业规模在未来10年将进入高速增长期。例如，2016年9月，咨询公司埃森哲发布报告指出，人工智能技术的应用将为经济发展注入新动力，可在现有基础上将劳动生产率提高40%；到2035年，美、日、英、德、法等12个发达国家的年均经济增长率可以翻一番。2018年麦肯锡公司的研究报告预测，到2030年，约70%的公司将采用至少一种形式的人工智能，人工智能新增经济规模将达到13万亿美元。

六是人工智能将推动人类进入普惠型智能社会。"人工智能+X"的创新模式将随着技术和产业的发展日趋成熟，对生产力和产业结构产生革命性影响，并推动人类进入普惠型智能社会。我国经济社会转型升级对人工智能有重大需求，在消费场景和行业应用的需求牵引下，需要打破人工智能的感知瓶颈、交互瓶颈和决策瓶颈，促进人工智能技术与社会各行各业的融合提升，建设若干标杆性的应用场景创新，实现低成本、高效益、广范围的普惠型智能社会。

七是人工智能领域的国际竞争将日益激烈。当前，人工智能领域的国际竞赛已经拉开帷幕，并且将日趋白热化。纵观全球各国推动人工智能发展的重大战略举措层出不穷，概括起来主要有以下几类。

（1）通过重要研究机构实施重大计划。如美国国防高级研究计划局，在人工智能浪潮中仍然发挥重要作用；英国成立了专门人工智能研究机构艾伦·图灵研究所；德国的人工智能研究中心（DFKI）也是目前世界上最大的非营利人工智能研究机构。这些均是美、欧等发达经济体实施重大计划，推动人工智能发展的重要力量。

（2）成立具有影响力的行业组织。政企合作，营造良好的产业生态，共同推进人工智能发展。如英国 2018 年成立 AI 理事会，欧盟 2018 年 6 月成立了人工智能联盟，德国在其2018 年发布的人工智能战略中指出，计划成立国家级研究联盟；美国虽未成立由政府指导的行业组织，但产业界各企业成立的合作组织（如 Partnership On AI）已在全球人工智能领域具有较大影响力。

（3）通过启动重大项目、工程和计划，设立产业基金等，加大对人工智能的长期投入。如欧盟科技框架计划（Framework Programme，FP）——地平线 2020、欧洲战略投资基金、英国产业战略挑战基金等支持人工智能研发。

（4）建立人工智能研究中心和重点实验室。主要是依托科技巨头建立研究中心、创新平台等。美国谷歌、微软、亚马逊、脸书等建立人工智能实验室。英国政府计划在利兹、牛津、考文垂、格拉斯哥以及伦敦等地设立 5 个人工智能中心专门推动人工智能在医疗领域的开发应用。法国积极吸引世界顶尖企业在法国建立人工智能研发中心。

（5）打造世界级人工智能创新中心和集聚区。英国致力于将伦敦打造成全球 AI 创新中心，德国和法国联合打造世界级人工智能中心，欧盟计划建设卓越人工智能研究网络，打造世界级的欧洲人工智能研究中心。

美国：政府旨在"全面领先"。美国在全球人工智能领域率先布局，近年来，出台了一系列政策、法案、促进措施。借助大量基础创新成果，美国在脑科学、量子计算、通用AI 等方面超前布局，同时，充分依托硅谷强大优势，由企业主导建立了完整的人工智能产业链和生态圈，在人工智能芯片、开源框架平台、操作系统等基础软硬件领域全球领先。

2019 年，美国《国家人工智能研发战略计划》更新，确定了联邦投资于人工智能研发的优先事项，促进人工智能研发的持续投资，加速人工智能发展。同时在《2019 年国会预算申请》中明确提出，人工智能持续多年被列为预算案重点研发投入领域。为确保从人工智能快速创新中充分受益，美国在立法方面推出《人工智能国家安全委员会法案》《开放政府数据法》等，涉及人工智能的前瞻性研究、人工智能对国家安全的影响、开放政府数据等内容。

欧盟：推进协同合作。欧盟制定了覆盖整个欧盟的人工智能推进政策、研究和投资计划，协同推进战略实施，确保在人工智能领域的全球竞争力。2018 年欧盟 28 个成员国共同签署《人工智能合作宣言》，承诺在人工智能领域形成合力，与欧盟委员会开展战略对话；2019 年，启动 AI for EU 项目，建立人工智能需求平台、开放协作平台，整合汇聚 21 个成员国 79 家研发机构、中小企业和大型企业的数据、计算、算法和工具等人工智能资源，提供统一开放服务。

在人工智能技术方面，《欧盟 2030 自动驾驶战略》提出 2030 年步入完全自动驾驶社会。欧盟将车联网和自动驾驶研究作为下一个研究和创新框架方案中的重点任务，进一步更新自动驾驶汽车的研究和创新路线图，确定包括人工智能在内的一些关键技术和通信、导航等基础设施建设方案，加强投入，以确保自动驾驶全球领先地位。

英国：推动产业创新。近年来，为推动人工智能产业创新发展，英国政府颁布了多项政策，塑造其在 AI 伦理道德、监管治理领域的全球领导者地位，让英国成为世界 AI 创新中心，再次引领全球科技产业发展。2017 年发布《产业战略：建设适应未来的英国》中，确立了人工智能发展的 4 个优先领域：将英国建设为全球 AI 与数据创新中心；支持各行业利用 AI 和数据分析技术；在数据和人工智能的安全等方面保持世界领先；培养公民工作技能。2018 年在英国商业、能源和产业战略部和数字、文化、媒体和体育部发布的《人工智能领域行动》中提出：在研发、技能和监管创新方面投资；支持各行业通过 AI 和数据分析技术提高生产力；以及加强英国的网络安全能力等。英国正在涌现许多创新型人工智能公司，英国政府也积极推出针对初创企业的激励政策。

德国：工业 4.0 打造国家品牌。德国依托“工业 4.0”及智能制造领域的优势，在其数字化社会和高科技战略中明确人工智能布局，打造“人工智能德国造”品牌，推动人工智能研发和应用达到全球领先水平。2018 年德国联邦政府颁布《高科技战略 2025》，提出“推进人工智能应用，使德国成为人工智能领域世界领先的研究、开发和应用地点之一”，建立人工智能竞争力中心、制定人工智能战略、组建数据伦理委员会、建立德 – 法人工智能中心等。《联邦政府人工智能战略》提出：扶持初创企业；建设欧洲人工智能创新集群，研发更贴近中小企业的新技术；增加和扩展人工智能研究中心等。2019 年 2 月，德国经济和能源部发布《国家工业战略 2030》（草案），多次强调人工智能的重要性。资金方面，2018 年德国政府宣布将首先投入 5 亿欧元用于 2019 年及之后几年的人工智能发展，并将在 2025 年底累计投入 30 亿欧元。

日本：构建“超智能社会”。当前，日本积极发布国家层面的人工智能战略、产业化路线图，旨在结合机械制造及机器人技术方面的强大优势，推动超智能社会 5.0 建设，立足自身优势，确立人工智能、物联网、大数据三大领域联动，机器人、汽车、医疗等三大智能化产品引导，突出硬件带软件，以创新社会需求带人工智能产业发展。2018 年发布的《综合创新战略》中，强调力争使每个公民都掌握人工智能技术，获得满足需求的商品和服务，实现自由、安全的交通；确保网络安全，加强人工智能技术应用等。

日本汇聚政府、学术界和产业的力量，推动技术创新以及人工智能产业发展。日本人工智能技术战略委员会作为人工智能国家层面的综合管理机构，负责推动总务省、文部省、经产省以及下属研究机构间的协作，进行人工智能技术研发。

中国：2017 年发布《新一代人工智能发展规划》，人工智能首次加入国家战略规划，明确提出"三步走"战略目标，到 2030 年，人工智能理论、技术与应用总体达到世界领先水平，成为世界主要人工智能创新中心。将构建开放协同的人工智能科技创新体系、培育高端高效的智能经济、建设安全便捷的智能社会、构建泛在安全高效的智能化基础设施体系等作为重点任务。2018 年，教育部出台《高等学校人工智能创新行动计划》，不断提高人工智能领域科技创新、人才培养和国际合作交流等能力，为推动人工智能发展提供智力支撑。2019 年人工智能连续第三年写入每年的政府工作报告，并提出拓展"智能＋"。

2024 年政府工作报告提出："要大力推进现代化产业体系建设，加快发展新质生产力。"其中在深入推进数字经济创新发展方面，提到深化大数据、人工智能等研发应用，开展"人工智能＋"行动，打造具有国际竞争力的数字产业集群。在 2024 年的全国两会上，"人工智能"成为"热词"。政府工作报告不仅 3 次提到"人工智能"，更首次提出了开展"人工智能＋"行动，这一创新性的表述背后蕴含着深远的战略意义。

2024 年 6 月，中国新一代人工智能发展战略研究院和南开大学中国式现代化研究院联合发布《中国新一代人工智能科技产业发展 2024》和《中国新一代人工智能科技产业区域竞争力评价指数 2024》两份报告。报告指出，在国家战略引领下，以应用需求为牵引，立足自主创新，以平台企业及其构建的产业创新生态为主导，中国构建起包括智能芯片、大模型、基础架构和操作系统、工具链、深度学习平台和应用技术在内的人工智能技术体系、产业创新生态和企业联盟。工信部发布的数据显示，截至 2023 年 6 月，我国人工智能核心产业规模已经达到 5 000 亿元，人工智能企业数量超过 4 400 家，仅次于美国，全球排名第二。与美国相比，中国人工智能被广泛应用于包括智慧城市、智能制造、智慧农业在内的 20 个细分领域。

2022 年以来，随着生成式人工智能的推出，人工智能步入以大模型开发为主导的发展阶段。大模型开发带来创新模式变化。拥有高质量数据集、高性能算力集群和工程化能力的头部科技企业、新型创新组织和高水平研究型大学的合作，成为人工智能创新发展的主导力量。

我国人工智能的蓬勃发展正在为各行各业带来全新赋能，为企业与个人的发展带来新机遇。工业和信息化部赛迪研究院数据显示，2023 年，我国生成式人工智能的企业采用率已达 15%，市场规模约为 14.4 万亿元。专家预测，2035 年生成式人工智能有望为全球贡献近90 万亿元的经济价值，其中我国将突破 30 万亿元。

目前，人工智能无疑已成为全球科技竞争的焦点，随着科技创新和技术迭代速度的加快，世界各国纷纷把人工智能作为战略性新兴产业，不惜投入重金进行研发。2024 年政府工作报告把新质生产力放在十大任务之首，更凸显出科技创新对于国家发展的重要性。

□ 8.5 本章小结

人工智能是一门通过计算机科学和工程等领域的技术手段，使机器能够执行通常需要人类智能的任务的学科。这包括学习、推理、问题解决、感知、语言理解和交互等能力。人工智能的目标是开发能够模拟和执行人类智能任务的系统，使其能够理解、学习、适应和自主执行任务。通过本章的学习，大家应重点掌握以下知识点。

（1）图灵测试。图灵测试是一个人机测试，计算机和人类分别回答问题，如果提问者分辨不清哪个是真人，那么则认为该计算机具有智能。这是人工智能的最初设想。

（2）达特茅斯会议是指 1956 年 8 月在达特茅斯学院召开的"人工智能夏季研讨会"AI概念第一次在这份历史性的建议书中出现。

（3）人工智能发展经过了 6 个阶段：第一阶段：起步发展期（1956 年—20 世纪 60 年代初）；第二阶段：反思发展期（20 世纪 60 年代—70 年代初）；第三阶段：应用发展期（20世纪 70 年代初—80 年代中）；第四阶段：低迷发展期（20 世纪 80 年代中—90 年代中）；第五阶段：稳步发展期（20 世纪 90 年代中—2010 年）；第六阶段：蓬勃发展期（2011 年至今）。

（4）影响人工智能发展的三大因素：算力、算法、算料（数据）。

（5）奇点理论。未来学家雷·库兹韦尔预言人工智能技术将在 2045 年到达奇点，机器人在智能方面将超过人类。

（6）未来人工智能发展的趋势与特征：一是从专用人工智能（弱人工智能）向通用智能（强人工智能）发展；二是从人工智能向人机混合智能发展；三是从"人工＋智能"向自主智能系统发展；四是人工智能将加速与其他学科领域交叉渗透；五是人工智能产业将蓬勃发展；

六是人工智能将推动人类进入普惠型智能社会；七是人工智能领域的国际竞争将日益激烈。

☐ 本章习题

一、简答题

1. 什么是人工智能？

2. 简述什么是图灵测试。

3. 人工智能发展经过了哪几个阶段？

4. 请简述奇点理论。

二、填空题

1. 影响人工智能发展的三大因素是：_____、_____、_____。

2. 达特茅斯会议是指_____年___月在达特茅斯学院召开的"人工智能夏季研讨会"。

3. 英国科学家_____被荣誉为计算机科学之父与人工智能的先驱。

4. 计算机科学家约翰·麦卡锡首次提出了"人工智能"一词，标志着人工智能这门学科的诞生。麦卡锡也因此被誉为是_____。

5. 提出"奇点理论"的人，是美国未来学家_____。

三、论述题

请举例说明人工智能技术在你自己所学专业领域中的应用（不少于 2 000 字）。

第9章 机器学习与深度学习

教学课件:
第9章
机器学习
与深度学
习

机器学习是人工智能的重要分支，也是人工智能的核心基础。机器学习的目标是让计算机具有"学习"能力，通过挖掘经验数据中的规律和模式，建立算法模型，从而对未来进行推测和预判。

机器学习研究的目标是使机器智能化，使机器系统能模仿、扩展人类的学习过程。在机器学习领域中，人工神经网络一般简称为神经网络或神经计算，具有学习能力，而且经常会有大量的神经元模型并行工作。

微视频
9-1：机器
学习概述

9.1 机器学习概述

9.1.1 机器学习定义

自从计算机问世以来，人们就一直努力让程序算法实现自我学习。人们发现，算法在解决问题时，其获取的关于该任务的经验越多表现得就越好，可以说这个程序对经验进行了"学习"。

机器学习（machine learning，ML）是一类算法的总称，其目标是从历史数据中挖掘出隐含的规律，并用于未来的任务处理。机器学习的研究方式通常是基于数据产生"模型"，在解决新问题时，使用模型帮助人们进行判断、预测。机器学习的"经验"通常以数据形式存在。

从广义上来说，机器学习是一种能够赋予机器学习的能力，以此让它完成直接编程无法完成的功能的方法。但从实践的意义上来说，机器学习是一种通过利用数据，训练出模型，然后使用模型预测的一种方法。

"训练"与"预测"是机器学习的两个过程，"模型"则是过程的中间输出结果，"训练"产生"模型"，"模型"指导"预测"。

机器学习方法是计算机利用已有的数据（经验），得出了某种模型（迟到的规律），并利用此模型预测未来（是否迟到）的一种方法。

让我们把机器学习的过程与人类对历史经验归纳的过程做个比对，如图9.1所示。

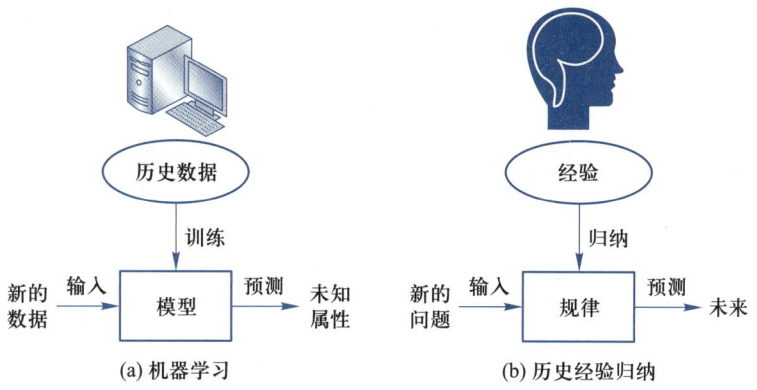

图 9.1　机器学习与历史经验归纳过程对比图

9.1.2　机器学习发展历程

机器学习的发展历程可以追溯到 20 世纪 50 年代。以下是几个主要的发展阶段。

（1）早期（20 世纪 50—60 年代）：这个时期是机器学习的萌芽期，主要工作集中在理论框架的初步建立。重要进展包括感知器模型（1958 年）、最优化理论和统计学习基础。这一时期的研究人员还意识到了过拟合等问题，并对大量标记数据的需求进行了探讨。

（2）兴起期（20 世纪 80 年代）：在这一时期，机器学习理论框架初步建立，并出现了一些重要模型与算法，如线性回归、决策树、隐马尔可夫模型等。机器学习开始应用于语音识别、分类等实际问题。

（3）发展期（20 世纪 90 年代后期）：支持向量机等新的机器学习算法的提出，使性能大幅提升。统计学习理论的发展也使机器学习方法更加稳健。

（4）繁荣期（21 世纪 10 年代以后）：随着大数据和深度学习的兴起，机器学习进入快速发展期。深度学习模型，特别是多层神经网络，在计算机视觉、自然语言处理等领域取得了显著成就。

目前，机器学习正处于快速发展阶段，但随着技术的发展也面临着一些挑战，如过拟合、泛化能力、数据隐私和安全问题等。未来机器学习将在医疗、金融、交通等领域发挥更大作用。

9.1.3　机器学习流程

机器学习专注于让机器从大量的数据中模拟人类思考和归纳总结的过程，获得计算模型并自动判断和推测相应的输出结果。机器学习的一般流程可以概括为数据采集、数据预处理、训练模型和测试模型及评估等阶段，如图 9.2 所示。

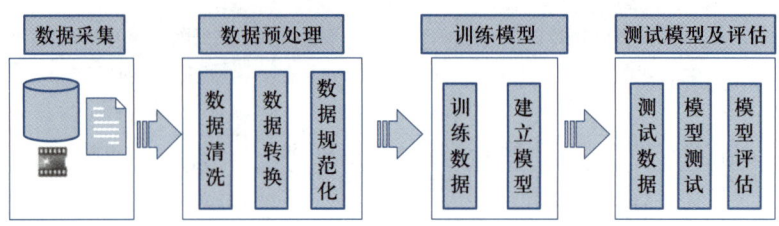

图 9.2 常见的机器学习的流程

1. 数据采集

数据采集主要包括收集与问题相关的数据，并确保数据的质量和完整性；对数据进行探索性分析，了解数据的特征、分布和相关性。

2. 数据预处理

对收集到的数据进行预处理包括数据的清洗、数据的转换、数据标准化、缺失值的处理、特征的提取、数据的降维等。特征的提取主要根据问题的需求和数据的特点进行，可以使用统计方法、领域知识或者自动化特征选择算法来选择最优的特征子集。将数据集划分为训练集、验证集和测试集。训练集用于模型的训练和参数调优。验证集用于模型的选择和调参。测试集用于评估模型的性能。

3. 训练模型

根据问题的类型和数据的特点选择适合的机器学习算法。

（1）选择机器学习模型进行训练，首先，根据要处理的数据有没有标签来确定选择监督学习模型还是非监督学习模型；其次，根据预测值是离散的还是连续的，确定采用分类问题算法还是回归问题算法。在选择模型时，通常会比较不同模型训练的结果，优先考虑性能最佳的。

（2）使用训练集对选定的模型进行训练，并调整模型的超参数。可以使用交叉验证等技术来评估模型的性能和泛化能力。

4. 测试模型及评估

使用验证集评估模型的性能，并根据评估结果调整模型的参数。

可以使用不同的性能指标（如准确率、精确率、召回率、F1-score 等）来评估模型的性能。如果模型性能不满足需求，可以尝试改进特征工程、调整模型结构或尝试其他算法。

使用测试集对最终确定的模型进行评估，验证模型的泛化能力。如果模型通过测试，可以将其部署到实际应用中进行预测和推断。监测模型在实际应用中的性能，并根据需要进行模型更新和改进。

注意：在信息检索领域，通常采用查准率、召回率等指标来评价模型的好坏；在推荐系统领域，有推荐的准确率、多样性和覆盖率等评价指标。此外，针对小数据集，还可以采用交叉验证来保证模型结果的可靠性。针对欠拟合和过拟合问题，可通过对模型进行正则化等策略进行缓解。

模型测试和部署步骤通常是迭代性的，需要不断地进行调整和改进。同时，选择合适的算法、特征工程和评估指标也是非常重要的，需要根据具体问题和数据进行灵活选择。

值得注意的是，不同的机器学习任务可能会有所差异，因此具体的步骤可能会有所调整和扩展。

9.2 机器学习分类

机器学习是一个庞大的家族体系，涉及众多算法和学习理论。根据不同的学习路径，机器学习的类型主要有以下 4 种划分方式。

1. 按方法划分

按所用方法的不同，可以将机器学习模型分为线性模型和非线性模型。线性模型较为简单，但作用不可忽视，它是非线性模型的基础，很多非线性模型都是在其基础上变化而来的；非线性模型又可以分为传统机器学习模型（如支持向量机、K 最近邻、决策树等）和深度学习模型。

2. 按学习理论划分

按学习理论的不同，可以将机器学习分为监督学习、无监督学习和强化学习。

监督学习是机器学习的一个分支，它通过使用标记的训练数据来教会模型如何做出预测。标记数据包含输入和对应的正确输出（即标签）。无监督学习不使用标记的数据进行训练。它的目标是发现数据中的模式或结构，而不是预测标签。强化学习涉及一个智能体（agent）在某个环境中通过试错来学习如何执行任务。智能体的目标是最大化累积奖励。

监督学习、无监督学习和强化学习都是机器学习非常重要的组成部分，具有广泛的应用价值，三者的区别如图 9.3 所示。

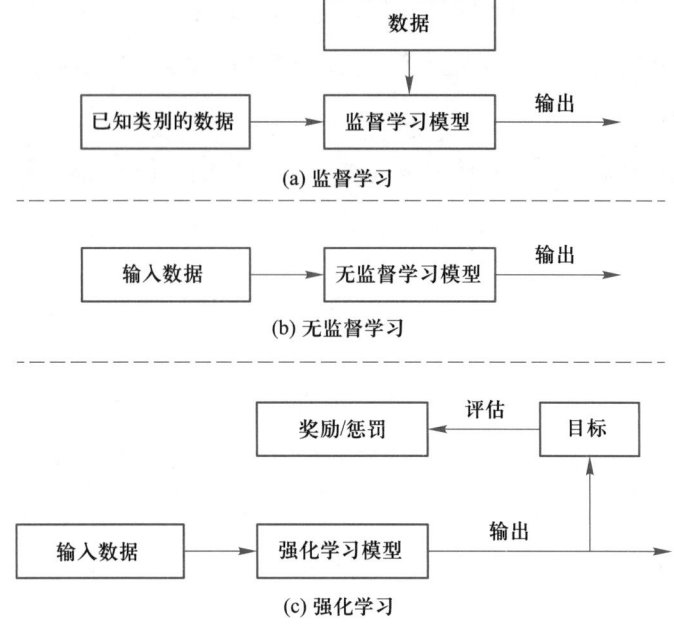

图 9.3　三种学习方式示例

机器学习算法能够自动进行决策。有些情况下，决策的过程可以从已有的数据、知识和经验中得来。而有些情况下，没有任何经验可循。为了更清楚地说明三者的区别，请看以下例子：

有三个人分别叫 S、U 和 R，他们每天上山去采蘑菇。

S 首先回想以前所见过的蘑菇，记住蘑菇的颜色、形状等信息，到了森林里，他通过经验就能分辨出蘑菇有毒还是无毒。

U 不认识蘑菇，他看到山上的蘑菇虽然多，不过外观只有三种。于是，他采了三种蘑菇并分别放在三个筐里。

R 先采了一筐蘑菇回去，然后观察顾客的行为。顾客不吃的蘑菇，他不再采；他还特别留意顾客说哪种蘑菇好吃。R 的蘑菇越来越好，慢慢采到了森林里最好吃的那种蘑菇。

通过以上例子，我们可以得出：S 使用的就是监督学习；U 是无监督学习；R 采用的则是强化学习。监督学习模型是对已知类别的数据进行学习，而无监督学习和强化学习模型不具有显式的学习过程。在强化学习模型中，系统评估模型的输出并做出奖励／惩罚的反馈，模型根据反馈选择较优的策略，从而使系统向更好的方向发展。

3. 按任务划分

按任务的不同，可以将机器学习模型分为回归模型、分类模型和结构化学习模型。回归模型又叫预测模型，输出是一个不能枚举的数值；分类模型又可分为二分类模型和多分类模型，常见的二分类问题是垃圾邮件过滤问题，常见的多分类问题是文档自动归类问题；结构化学习模型的输出不再是一个固定长度的值，如图片语义分析输出的是对图片的文字描述。

4. 按求解的算法划分

按求解算法的不同，可以将机器学习模型分为生成模型和判别模型。给定特定的向量 x 与标签值 y，生成模型对联合概率 $P(x, y)$ 建模，判别模型对条件概率 $P(y|x)$ 建模。常见的生成模型有贝叶斯分类器、高斯混合模型、隐马尔可夫模型、受限玻尔兹曼机、生成对抗网络等；典型的机器模型有决策树、K 最近邻算法、人工神经网络、支持向量机、logistic 回归和 AdaBoost 算法等。

9.3 机器学习应用

机器学习的应用领域涉及计算机视觉、模式识别、数据挖掘、图像处理等，此外，它还被广泛应用于自然语言处理、生物特征识别、搜索引擎、医学诊断、检测信用卡欺诈、证券市场分析、DNA 基因测序、语音和手写字符识别、战略游戏和机器人等领域。机器学习与人工智能的一些重要分支或研究领域都有着紧密联系，如图 9.4 所示。

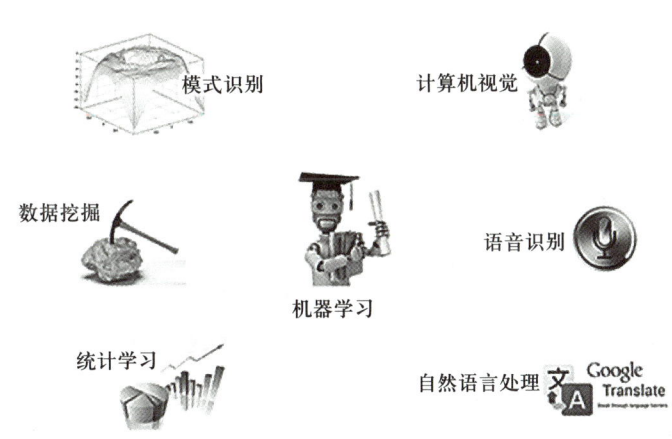

图 9.4　机器学习与人工智能重要研究领域的关系

1. 模式识别

模式识别是从工业界发展起来的，而机器学习来自计算机学科，可以将两者视为人工智能的两个方面。模式识别的主要方法都是机器学习的主要方法。主要应用在面部识别、车辆自动驾驶、文本识别、车辆识别、产品缺陷检测等。

2. 数据挖掘

数据挖掘是利用机器学习等方法在数据中寻找规律和知识的领域，因此可以认为：数据挖掘＝机器学习＋数据库。数据挖掘常应用在商品推荐、信用评分、市场趋势分析、设备尾花预测、用户行为分析、智能电网运行优化等。

3. 计算机视觉

图像处理技术用于将图像处理为适合进入机器学习模型的输入，机器学习则负责从图像中识别出相关的模式。计算机视觉的主要基础是图像处理和机器学习。手写字符、车牌、人脸等的识别都是计算机视觉和模式识别的应用。

4. 自然语言处理

自然语言处理是让机器理解人类语言的一门技术。在自然语言处理中，大量使用了编译原理相关的技术，如语法分析等。除此之外，在理解层面，其使用了语义理解、机器学习等技术，因此自然语言处理的基础是文本处理和机器学习。自然语言处理常应用在实时翻译、用户评价分析、新闻分类、舆情智能监控、学习平台自动评分等。

5. 语音识别

语音识别是利用自然语言处理、机器学习等相关技术实现对人类语音识别的技术。语音识别的主要基础是自然语言处理和机器学习。语言识别常应用在智能家居控制、自动语音应答、车载语音系统等。

微视频
9-2：深度
学习概述

9.4　深度学习概述

9.4.1　深度学习定义

深度学习（deep learning）特指基于深层神经网络模型和方法的机器学习。它是在统计机器学习、人工神经网络等算法模型基础上，结合当代大数据和大算力的发展而发展出来的。目前，深度学习是解决强人工智能这一重大科技问题的最具潜力的技术途径，也是当前计算机、大数据科学和人工智能领域的研究热点。

深度学习提出一种让计算机自动学习模式特征的方法。这种方法可以将特征学习融入建立模型的过程中，使目标进行归一化。相比传统的学习方法，深度学习具有更强的学习能力，还能够减少人为设计的不完备性；深度学习的基本架构是人工神经网络，针对不同的应用目标会有不同的表达结构，目的是更好地提取相应领域的特征；深度学习是基于数据驱动的，它对数据的依赖性很高，数据量越大，其性能表现也越好。同时，通过调整参数，还可以进一步提升其性能上限。

9.4.2　深度学习特点

深度学习最重要的特点是具有自动提取特征的能力，所提取的特征也称为深度特征或深度特征表示，相比于人工设计的特征，深度特征的表示能力更强、更稳健。因此，深度学习的本质是特征表征学习。深层神经网络是深度学习能够自动提取特征的模型基础，深层神经网络本质上是一系列非线性变换的嵌套。

尽管深度学习在许多方面表现出色，但要完成这些任务，对数据量和硬件的要求也非常高，因此带来的成本也高；深度学习在各个领域都有广泛应用，并且具有较好的适应性。随着神经网络层数的增加，网络的非线性表征能力也越来越强。这意味着理论上可以将其映射到几乎任何函数，因此可以应对多种复杂问题。然而，当模型设计变得极为复杂时，需要大量的人力、物力和时间来开发新的算法和模型。同时，对模型正确性的验证也变得复杂困难，导致大部分人只能使用现成的模型。

区别于传统的浅层学习，深度学习的不同之处在于：① 强调了模型结构的深度，通常有 5 层、6 层，甚至 10 多层的隐藏节点；② 明确了特征学习的重要性。也就是说，通过逐层特征变换，将样本在原空间的特征表示变换到一个新特征空间，从而使分类或预测更容易。与人工规则构造特征的方法相比，利用大数据来学习特征，更能够刻画数据丰富的内在信息。通过设计建立适量的神经元计算节点和多层运算层次结构，选择合适的输入层和输出层，通过网络的学习和调优，建立起从输入到输出的函数关系，虽然不能 100% 找到输入与输出的函数关系，但是可以尽可能地逼近现实的关联关系。使用训练成功的网络模型，就可以实现对复杂事务处理的自动化要求。

9.4.3　深度学习应用

1. 计算机视觉

Face++ 是由中国企业旷视科技（Megvii）开发的一个面部识别平台，提供了一系列的面部识别和相关服务。其特点是：高准确性和实时性、支持多种平台和编程语言、提供丰富的 API。Face++ 被广泛应用于安全监控、身份验证、智能交互等多个领域。

Yolo 是一种流行的实时物体检测系统，由 Joseph Redmon 等人首次提出，其特点是：实时检测、通用性强、易于训练和部署。Yolo 版本从 v1、v2 更新至 v12。Yolo 被广泛应用于视频监控、自动驾驶、工业自动化等领域。

SAM 是由 Meta AI 实验室于 2023 年提出的，它是一个强大的图像分割模型，可以分割图像中的任何对象。SAM 可以应用于图像编辑、增强现实、内容理解等多个领域，其特点包含自然语言处理、上下文理解、多领域知识、任务执行。SAM 的主要应用如下。① 客服机器人：用于解答客户问题，提供实时帮助；② 教育辅导：帮助学生理解复杂概念，提供个性化学习建议；③ 内容创作：辅助写作、生成创意文本、撰写报告等；④ 编程助手：帮助开发者解决编程问题，提供代码建议。

2. 自然语言处理

ChatGPT 是由 OpenAI 开发的基于深度学习的自然语言处理模型。它能够生成连贯的对话，理解和回答用户的问题，并提供丰富的信息。在 2018 年 OpenAI 发布了首个 GPT 模型，标志着基于 Transformer 架构的生成模型的开始。该模型在文本生成和理解任务上展现了优越的性能。后续随着 GPT-2、GPT-3 的发布带来了更为强大的语言理解和生成能力，在多种任务中表现出色。直到 2022 年 OpenAI 推出了专门针对对话任务优化的 ChatGPT，它能够进行更自然的对话、理解上下文并生成更为连贯的回复。这一发布引起了广泛关注和使用，成为许多应用的核心。

3. 博弈

AlphaGo 是由 DeepMind 开发的一个基于深度学习的围棋人工智能程序，它的目标是通过深度学习和强化学习，开发出能够在围棋对弈中超越人类顶尖棋手的 AI。AlphaGo 的成功标志着人工智能在复杂博弈中的重要突破，后续被广泛应用于研究、游戏以及算法优化等领域。下面是应用 AlphaGo 的例子。

（1）棋局分析：2016 年，AlphaGo 与韩国棋手李世石进行的五局比赛中，AlphaGo 获胜四局。AlphaGo 能够分析围棋局面，为棋手提供深入的战术和策略建议，帮助棋手提高水平。围棋培训机构也可利用 AlphaGo 的技术开发教学工具，帮助初学者和进阶棋手理解复杂的围棋策略。

（2）游戏对战：在电子竞技游戏（如《英雄联盟》）中，可以使用 AlphaGo 的算法构建智能 NPC（非玩家控制角色），提升游戏的挑战性和趣味性。

（3）商业决策：借鉴 AlphaGo 的强化学习算法，金融机构可以开发 AI 系统，分析不同投资策略的收益与风险，建议最佳的投资方式。

4. 机器人技术

机器人技术在集成方面的应用非常广泛，它涉及将机器人系统与各种工业流程、信息技术、控制系统和其他自动化设备结合，以提高效率、减少错误、增强灵活性和降低成本。机器人的主要应用包含以下方面。① 工业自动化集成：在制造业中，机器人被集成到生产线中，用于组装、焊接、搬运、包装、检测和加工等任务，这些机器人通常与机器视觉系统、传感器、输送带和其他自动化设备配合工作；② 物流与供应链管理：机器人在仓库中集成，用于自动搬运、分拣、堆垛和打包货物，它们可以与仓库管理系统（WMS）、运输管理系统（TMS）以及其他物流软件集成，实现高效的库存管理和货物配送；③ 智能生产线：机器人可以与智能制造执行系统（MES）、企业资源规划（ERP）系统集成，实现生产过程的实时监控、数据分析和优化。

9.5 人工神经网络概述

微视频
9-3：人工
神经网络
概述

人工神经网络自诞生以来，就在人工智能领域占据着举足轻重的地位，并发挥着重要作用。从某种程度上来说，整个人工神经网络发展历史都可以看作人工智能的发展史。特别是从 20 世纪 80 年代以来，人工神经网络研究不断取得重大进展，与其有关的理论、方法已经发展成了一门涉及物理学、数学、计算机科学和神经生物学的交叉学科。这些理论、方法不仅是当今人工智能学术研究的核心，还在实际应用中大放异彩，成为了人工智能的主流技术。人工神经网络在视觉、听觉等感知智能，机器翻译、语音识别和聊天机器人等语言智能，棋类、游戏等决策类应用，以及艺术创作等方面取得了重要成就。

9.5.1 人工神经网络定义

人工神经网络（artificial neural network，ANN）简称神经网络（NN），是基于生物学中神经网络的基本原理，在理解和抽象了人脑结构和外界刺激响应机制后，以网络拓扑知识为理论基础，模拟人脑的神经系统对复杂信息的处理机制的一种数学模型。该模型以并行分布的处理能力、高容错性、智能化和自学习等能力为特征，将信息的加工和存储结合在一起，以其独特的知识表示方式和智能化的自适应学习能力，引起各学科领域的关注。它实际上是一个由大量简单元件相互连接而成的复杂网络，具有高度的非线性，能够进行复杂的逻辑操作和非线性关系实现的系统。

9.5.2 人工神经网络的基本结构

从最初的心理学研究发展出人工神经网络，到早期人工智能联结主义方法，再到其现在成为人工智能的主流方法，人工神经网络的发展取得成功的原因之一在于研究人员对大脑神经网络的结构模拟。尽管这种模拟是粗略的，并不是真实复现大脑的神经元之间的连接模式和结构，但其在应用方面所取得的成功说明"结构决定功能"对于人工智能而言在一定程度上是成立的。

人工神经网络主要从以下两个方面粗略模拟大脑。

（1）人工神经网络获取的知识是从外界环境中学习得来的。

（2）内部神经元的连接强度，即突触权值，用于存储获取的知识。生物的大脑是由许多神经细胞组成的，同样，模拟大脑的人工神经网络也是由许多称为人工神经细胞（也称人工神经元）的结构模块组成的。人工神经细胞如同真实神经细胞的简化版，采用数学模型可对其进行模拟实现。

人工神经网络的基本结构包括输入层、隐藏层和输出层，如图 9.5 所示。

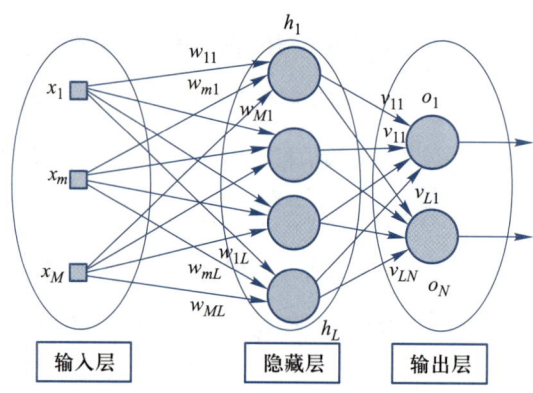

图 9.5　神经网络结构图

人工神经网络是一种受生物神经网络启发的数学模型，由多个神经元组成，每个神经元具有输入和输出，并能通过调整连接权重对输入进行处理和计算。

这种网络结构包含以下几个关键元素。

输入层（input layer）：负责接收原始数据作为网络的输入。

隐藏层（hidden layer）：位于输入层和输出层之间，可以有一个或多个，每个隐藏层由多个神经元组成。隐藏层的主要作用是对输入进行非线性变换和特征提取。

输出层（output layer）：根据网络的任务和目标确定输出层的结构。例如，在分类问题中，输出层通常采用 softmax 函数来输出不同类别的概率分布。

权重（weights）：每个连接都有一个权重，用于调整输入的相对重要性。

偏置（biases）：每个神经元都有一个偏置，用于调整输入的线性变换。

激活函数（activation function）：在每个神经元中，对输入进行非线性变换以引入非线性能力。常用的激活函数包括 Sigmoid（）、ReLU（）、tanh（）等。

人工神经网络是一种并行分布式系统，具有自学习、联想存储和高速寻找优化解的能力，能够克服传统基于逻辑符号的人工智能在处理直觉、非结构化信息方面的缺陷。这种网络结构不仅在模式分类领域有着广泛的应用，还在图像识别、语音识别、自然语言处理等多个领域展现出强大的能力和潜力。

9.6 人工神经网络分类

根据神经网络中神经元的连接方式可以划分为不同类型的结构。目前人工神经网络主要有前馈型和反馈型两大类。

1. 前馈型

前馈神经网络就是一层的节点只有前面一层作为输入，并输出到后面一层，自身之间与其他层之间都没有联系，由于数据是一层层向前传播的，因此称为前馈网络。前馈型神经网络中，各神经元接收前一层的输入，并输出给下一层，没有反馈。前馈网络可分为不同的层，第 i 层只与第 $i-1$ 层输出相连，输入与输出的神经元与外界相连。后面着重介绍的 BP 神经网络就是一种前馈型神经网络。

2. 反馈型

在反馈型神经网络中，存在一些神经元的输出经过若干个神经元后，再反馈到这些神经元的输入端。最典型的反馈型神经网络是 Hopfield 神经网络。它是全互联神经网络，即每个神经元和其他神经元都相连。

9.6.1 BP 神经网络

BP 神经网络是最常见的一种前馈型神经网络，在运作机制上，数据输入后，一层层向前传播，然后计算损失函数，得到损失函数的残差，然后把残差向后一层传播。它是在 1986 年，由 Rumelhant 和 Mcllelland 提出的，是一种多层网络的"逆推"学习算法。

BP 神经网络在修改连接各神经元之间的权重时，依据的是神经网络当前的输出值与期望值之间的差。神经网络将这个差值一层一层向回传送，并根据这个差值修改各连接的权重。BP 神经网络的学习过程描述如下。

（1）神经网络模型初始化。包括为各个连接权重赋予初始值、设定内部函数、设定误差函数、给定预期精度，以及设置最大迭代次数等。

（2）将数据集输入神经网络，计算输出结果。

（3）求输出结果与期望值的差，作为误差。

（4）将误差回传到与输出层相邻的隐藏层，同时依照误差减小的目标，依次调整各个连接权重，然后依次回传，直到第一个隐藏层。

（5）使用新的权重作为神经网络的参数，重复步骤（2）~（4），使误差逐渐降低，达到预期精度。

下面以 Python 代码为例，介绍 BP 神经网络的使用。创建了一个简单的神经网络，它有一个输入层、一个具有 4 个神经元的隐藏层和一个输出层。使用 sigmoid 激活函数，并通过反向传播算法训练网络以解决异或问题。

程序代码如下：

```
import numpy as np
# 激活函数及其导数
def sigmoid（x）：
    return 1/（1 + np.exp（-x））
def sigmoid_derivative（x）：
    return x*（1-x）
#BP 神经网络类
class NeuralNetwork：
    def__init__（self，x，y）：
        self.input = x
        self.weights1 = np.random.rand（self.input.shape［1］，4）
        self.weights2 = np.random.rand（4，1）
        self.y = y
        self.output = np.zeros（self.y.shape）
    def feedforward（self）：
        self.layer1 = sigmoid（np.dot（self.input，self.weights1））
        self.output = sigmoid（np.dot（self.layer1，self.weights2））
    def backprop（self）：
        #计算误差
        d_weights2 = np.dot（self.layer1.T，（2*（self.y-self.output）*
sigmoid_derivative（self.output）））
        d_weights1 = np.dot（self.input.T，（np.dot（2*（self.y-self.output）*
sigmoid_derivative（self.output），self.weights2.T）*sigmoid_derivative（self.layer1）））
```

```python
        # 更新权重
        self.weights1 += d_weights1
        self.weights2 += d_weights2
    def train (self, X, y):
        self.input = X
        self.y = y
        self.feedforward ()
        self.backprop ()
# 训练数据
X = np.array ([[0, 0, 1],
               [0, 1, 1],
               [1, 0, 1],
               [1, 1, 1]])
y = np.array ([[0],
               [1],
               [1],
               [0]])
# 初始化神经网络
nn = NeuralNetwork (X, y)
# 训练神经网络
for_in range (1500):
    nn.train (X, y)
# 测试神经网络
print (nn.output)
```

运行后得到最终结果如下:

[[0.01012336]

[0.97083667]

[0.97219637]

[0.03513539]]

9.6.2　Hopfield 神经网络

Hopfield 神经网络是一种递归神经网络，由约翰·霍普菲尔德在 1982 年发明。Hopfield 网络是一种结合存储系统和二元系统的神经网络。它保证了向局部极小的收敛，但收敛到错误的局部极小值（local minimum），而非全局极小（global minimum）的情况也可能发生。Hopfield 网络也提供了模拟人类记忆的模型。

Hopfield 神经网络按照处理输入样本的不同，可以分成两种不同的类型：离散型（DHNN）和连续型（CHNN）。前者适合于处理输入为二值逻辑的样本，主要用于联想记忆；后者适合于处理输入为模拟量的样本，主要用于分布存储。前者使用一组非线性差分方程来描述神经网络状态的演变过程；后者使用一组非线性微分方程来描述神经网络状态的演变过程。

离散型的 Hopfield 网络是一种全反馈式网络，其特点是任一神经元的输出均通过连接权重反馈到所有神经元作为输入，其目的是让任一神经元的输出都能受所有神经元输出的控制，从而使各神经元的输出能够相互制约。

连续型 Hopfield 网络的拓扑结构与离散型 Hopfield 网络相似，所不同的是，连续型 Hopfield 网络中节点的状态为模拟值且连续变化。基于生物存储器基本思想，Hopfield 在 1984 年提出了连续时间的神经网络模型。

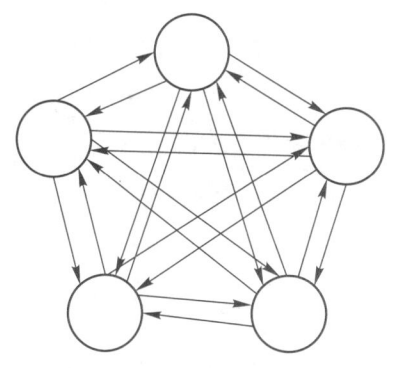

图 9.6　Hopfield 神经网络结构

Hopfield 神经网络是一种比较特殊的网络，它不像一般的神经网络那样有输入层和输出层，并且通过训练来改变神经网络中的参数，最终实现预测、识别等功能。Hopfield 网络只有一群神经元节点，所有节点之间相互连接，网络结构如图 9.6 所示。

以下是使用 Python 实现 Hopfield 神经网络的示例，程序代码如下：

```python
import numpy as np
class HopfieldNetwork:
    def __init__(self, num_neurons):
        self.num_neurons = num_neurons
        self.weights = np.zeros((num_neurons, num_neurons))
        self.thresholds = np.zeros(num_neurons)
```

```python
        def train（self, patterns）:
            for pattern in patterns：
                pattern = np.array（pattern）
                self.weights += np.outer（pattern, pattern）
            np.fill_diagonal（self.weights, 0）
            self.weights/= self.num_neurons
        def recall（self, pattern, max_iter=100）:
            for_in range（max_iter）:
                for i in range（self.num_neurons）:
                    sum_weights = np.dot（self.weights［i, : ］, pattern）
                    if sum_weights > 0：
                        pattern［i］= 1
                    elif sum_weights < 0：
                        pattern［i］=-1
            return pattern
        def energy（self, pattern）:
            return-0.5*np.dot（pattern, np.dot（self.weights, pattern）) + np.dot（self.thresholds, pattern）

# 创建一个具有 5 个神经元的 Hopfield 网络

hopfield_net = HopfieldNetwork（num_neurons=5）

# 训练网络，使用二进制模式

training_patterns = ［
    ［1, -1, 1, -1, 1］,
    ［-1, 1, -1, 1, -1］,
    ［1, 1, -1, -1, 1］
］

hopfield_net.train（training_patterns）

# 测试网络，使用部分损坏的模式

test_pattern = ［1, -1, 1, -1, -1］
```

```
recovered_pattern = hopfield_net.recall (test_pattern)

print ("Recovered pattern: ", recovered_pattern)

# 计算能量

print ("Energy of the recovered pattern: ", hopfield_net.energy (recovered_
pattern))
```

运行后得到最终结果如下:

Recovered pattern:[1, -1, 1, -1, 1]

Energy of the recovered pattern:-3.5999999999999996

在这个示例中,我们定义了一个 HopfieldNetwork 类,它具有以下方法:

(1)__init__(self, num_neurons):构造函数,初始化网络。

(2)train(self, patterns):训练网络,接收一个模式列表作为输入。

(3)recall(self, pattern, max_iter=100):回忆模式,尝试恢复一个给定的部分损坏的模式。

(4)energy(self, pattern):计算给定模式的能量。

训练过程通过调整权重矩阵来存储模式,权重矩阵的计算是基于 Hebbian 学习规则,即"一起激活的神经元会连接在一起"。回忆过程则尝试通过网络的动态行为稳定到一个训练过的模式。

9.7 人工神经网络应用

经过几十年的发展,神经网络理论在模式识别、自动控制、信号处理、辅助决策、人工智能等众多研究领域取得了广泛的成功。下面介绍人工神经网络在一些领域中的应用现状。

1. 在信息领域中的应用

在处理许多问题中,信息来源既不完整,又包含假象,决策规则有时相互矛盾,有时无章可循,这给传统的信息处理方式带来了很大的困难,而神经网络却能很好地处理这些问题,并给出合理的识别与判断。

1)信息处理

现代信息处理要解决的问题是很复杂的,人工神经网络具有模仿或代替与人的思维有关的功能,可以实现自动诊断、问题求解,解决传统方法所不能或难以解决的问题。人工神经网络系统具有很高的容错性、健壮性及自组织性,即使连接线遭到很高程度的破坏,它仍能处于优化工作状态，这点在军事系统电子设备中得到广泛的应用。现有的智能信息系统有智能仪器、自动跟踪监测仪器系统、自动控制制导系统、自动故障诊断和报警系统等。

2）模式识别

模式识别是对表征事物或现象的各种形式的信息进行处理和分析，来对事物或现象进行描述、辨认、分类和解释的过程。该技术以贝叶斯概率论和香农的信息论为理论基础，对信息的处理过程更接近人类大脑的逻辑思维过程。现在有两种基本的模式识别方法，即统计模式识别方法和结构模式识别方法。人工神经网络是模式识别中的常用方法，近年来发展起来的人工神经网络模式的识别方法逐渐取代传统的模式识别方法。经过多年的研究和发展，模式识别已成为当前比较先进的技术，被广泛应用到文字识别、语音识别、指纹识别、遥感图像识别、人脸识别、手写体字符的识别、工业故障检测、精确制导等方面。

2. 在经济领域的应用

1）市场价格预测

对商品价格变动的分析，可归结为对影响市场供求关系的诸多因素的综合分析。传统的统计经济学方法因其固有的局限性，难以对价格变动做出科学的预测，而人工神经网络容易处理不完整的、模糊不确定或规律性不明显的数据，所以用人工神经网络进行价格预测是有着传统方法无法相比的优势。从市场价格的确定机制出发，依据影响商品价格的家庭户数、人均可支配收入、贷款利率、城市化水平等复杂、多变的因素，建立较为准确可靠的模型。该模型可以对商品价格的变动趋势进行科学预测，并得到准确客观的评价结果。

2）风险评估

风险是指在从事某项特定活动的过程中，因其存在的不确定性而产生的经济或财务的损失、自然破坏或损伤的可能性。防范风险的最佳办法就是事先对风险做出科学的预测和评估。应用人工神经网络的预测思想是根据具体现实的风险来源，构造出适合实际情况的信用风险模型的结构和算法，得到风险评价系数，然后确定实际问题的解决方案。利用该模型进行实证分析能够弥补主观评估的不足，可以取得满意效果。

3. 在控制领域中的应用

人工神经网络由于其独特的模型结构和固有的非线性模拟能力，以及高度的自适应和容错特性等突出特征，在控制系统中获得了广泛的应用。其在各类控制器框架结构的基础上，加入了非线性自适应学习机制，从而使控制器具有更好的性能。基本的控制结构有监督控制、直接逆模控制、模型参考控制、内模控制、预测控制、最优决策控制等。

4. 在交通领域的应用

近年来人们对神经网络在交通运输系统中的应用开始了深入的研究。交通运输问题是高度非线性的，可获得的数据通常是大量的、复杂的，用神经网络处理相关问题有它巨大的优越性。应用范围涉及汽车驾驶员行为的模拟、参数估计、路面维护、车辆检测与分类、交通模式分析、货物运营管理、交通流量预测、运输策略与经济、交通环保、空中运输、船舶的自动导航及船只的辨认、地铁运营及交通控制等领域，并已经取得了很好的效果。

5. 在心理学领域的应用

从神经网络模型的形成开始，它就与心理学就有着密不可分的联系。神经网络抽象于神经元的信息处理功能，神经网络的训练则反映了感觉、记忆、学习等认知过程。人们通过不断地研究，优化着人工神经网络的结构模型和学习规则，从不同角度探讨神经网络的认知功能，为其在心理学的研究中奠定了坚实的基础。近年来，人工神经网络模型已经成为探讨社会认知、记忆、学习等高级心理过程机制的不可或缺的工具。人工神经网络模型还可以对脑损伤病人的认知缺陷进行研究，对传统的认知定位机制提出了挑战。

6. 在医学中的应用

由于人体和疾病的复杂性、不可预测性，在生物信号与信息的表现形式上、变化规律（自身变化与医学干预后变化）上，对其进行检测与信号表达，获取的数据及信息的分析、决策等诸多方面都存在非常复杂的非线性联系，适合应用人工神经网络技术。目前的研究几乎涉及从基础医学到临床医学的各个方面，主要应用在生物信号的检测与分析、医学专家系统等。

1）生物信号的检测与分析

大部分医学检测设备都是以连续波形的方式输出数据的，这些波形是诊断的依据。人工神经网络是由大量的简单处理单元连接而成的自适应动力学系统，具有巨量并行性、分布式存储、自适应学习的自组织等功能，可以用它来解决生物医学信号分析处理中常规法难以解决或无法解决的问题。神经网络在生物医学信号检测与处理中的应用主要集中在对脑电信号的分析，听觉诱发电位信号的提取、肌电和胃肠电等信号的识别，心电信号的压缩，医学图像的识别和处理等。

2）医学专家系统

传统的专家系统是把专家的经验和知识以规则的形式存储在计算机中，建立知识库，用逻辑推理的方式进行医疗诊断。但是在实际应用中，随着数据库规模的增大，将导致知识"爆炸"，在知识获取途径中也存在"瓶颈"问题，致使工作效率很低。以非线性并行处理为基础的神经网络为专家系统的研究指明了新的发展方向，解决了专家系统的以上问题，并提高了知识的推理、自组织、自学习能力，从而使神经网络在医学专家系统中得到了广泛的应用和发展。在麻醉与危重医学等相关领域的研究中，涉及多生理变量的分析与预测，在临床数据中存在着一些尚未发现或无确切证据的关系与现象，信号的处理，干扰信号的自动区分检测，各种临床状况的预测等，都可以应用人工神经网络技术。

虽然人工神经网络已经取得了一定的进步，但是还存在许多缺陷，例如：应用的面不够广、结果不够精确；现有模型算法的训练速度不够高；算法的集成度不够高；同时我们希望在理论上寻找新的突破点，建立新的通用模型和算法。这需要进一步对生物神经元系统进行研究，不断丰富人类对人脑神经的认识。

9.8 本章小结

机器学习是一门跨学科的技术领域，它结合了统计学、计算机科学、数学等领域的知识，旨在让计算机系统能够从数据中学习，从而提高性能和智能水平。深度学习是机器学习领域的一个子集，它通过模仿人脑中的神经网络结构和功能，实现对复杂数据的表示和模型的学习。通过本章的学习，需要重点掌握以下内容。

（1）机器学习是一种使计算机系统能够从数据中自动学习和改进的技术，而不需要明确的编程指令来完成特定的任务。人们通过不断优化人工神经网络的结构模型与学习规则，从不同角度深入探讨其认知功能，为心理学研究奠定了重要理论基础。

（2）机器学习的基本原理是通过数据驱动，让计算机自动调整模型参数，从而提高模型在特定任务上的性能。主要分为以下几个步骤：数据采集、数据预处理、训练模型、测试模型及评估。

（3）机器学习根据学习方式的不同可分为以下几类：监督学习、无监督学习、半监督学习和强化学习。

（4）深度学习特指基于深层神经网络模型和方法的机器学习。深度学习提出一种让计算机自动学习模式特征的方法。深度学习最重要的特点是具有自动提取特征的能力，所提取的特征也称为深度特征或深度特征表示。

（5）人工神经网络简称神经网络，是基于生物学中神经网络的基本原理，在理解和抽象了人脑结构和外界刺激响应机制后，以网络拓扑知识为理论基础，模拟人脑的神经系统对复杂信息的处理机制的一种数学模型。

（6）人工神经网络主要有前馈型和反馈型两大类。BP 神经网络是最常见的一种前馈型网络，数据输入后，一层层向前传播，然后计算损失函数，得到损失函数的残差，然后把残差向后一层层传播。Hopfield 神经网络是一种递归神经网络，结合存储系统和二元系统，提供了模拟人类记忆的模型。

（7）机器学习与深度学习技术在信息科技与互联网、智能安防、金融科技、医疗健康、自动驾驶与智能交通、教育领域、智能制造、能源与环保等各个领域的应用日益广泛，为人们的生活带来了诸多便利。随着技术的不断进步，未来这些应用将更加深入地改变我们的生活方式。

本章习题

一、单选题

1. 哪一个是机器学习的合理定义？（　　）

A. 机器学习从标记的数据中学习

B. 机器学习能使计算机能够在没有明确编程的情况下学习

C. 机器学习是计算机编程的科学

D. 机器学习是允许机器人智能行动的领域

2. 监督学习和无监督学习的主要区别是（　　）。

A. 监督学习需要标签数据，而无监督学习不需要

B. 监督学习适用于分类问题，无监督学习适用于回归问题

C. 监督学习只能处理小数据集，无监督学习可以处理大数据集

D. 监督学习是自动的，而无监督学习需要人工干预

3. 机器学习的主要目的是（　　）。

A. 让机器像人一样思考和决策

B. 使计算机程序能够从数据中自动学习和改进

C. 完全替代人类专家的知识和经验

D. 仅仅为了提高计算机的运行速度

4. 神经网络的基本组成单元是（　　）。

A. 神经元　　　　B. 线性回归模型　　　　C. 决策树　　　　D. 支持向量机

5. 人工神经网络发展分为（　　）个阶段。

A. 1　　　　B. 2　　　　C. 3　　　　D. 4

6. 在前馈型神经网络中，信息流动的方向是（　　）。

A. 从输入层到隐藏层，再到输出层，单向传递

B. 从输出层到输入层，单向传递

C. 在网络层之间双向传递

D. 在同一层内传递

二、填空题

1. 按照学习理论不同，将机器学习分为_____、监督学习和_____。

2. 人工神经网络的基本结构包括_____、_____和_____。

3. 根据神经网络中神经元的连接方式，目前人工神经网络主要有_____

和_____两大类。

三、简答题

1. 机器学习的应用主要体现在哪些方面？

2. BP 神经网络的学习过程主要有哪些？

3. 人工神经网络的应用主要体现在哪些方面？

第10章 自然语言处理

用自然语言与计算机进行交互，这是人们长期以来所追求的目标。因为它既有明显的实际意义，同时也有重要的理论意义：人们可以用自己最习惯的语言来使用计算机，而无须再花大量的时间和精力去学习不很自然和习惯的各种计算机语言；人们也可通过它进一步了解人类的语言能力和智能的机制。

自然语言处理就是让计算机去处理人类的语言，这里所谓的"处理"包括对自然语言的分析理解以及转换生成等任务。比如分析语言的词法、语法、语义、情感、主题等就属于语言的分析和理解；而翻译、文摘等则属于语言的转换生成。

10.1 自然语言处理概念

我们人类采用自然语言交互，自然语言作为人类思想情感最基本、最直接、最方便的表达工具，无时无刻不充斥在人类社会的各个角落。从门户网站，到搜索引擎，再到个人博客、微博、微信、自媒体平台，文字成为了重要的信息载体。据统计，人类历史上以语言文字形式记载和流传的知识占知识总量的 80% 以上。而机器采用机器语言（0 或 1 组成的代码）来交互。人类与机器无法直接沟通，需要"桥梁"才可以，自然语言处理就是人类和机器交互的桥梁。

自然语言处理从人工智能研究的初始阶段就作为这一学科的重要研究内容。自然语言处理（Natural Language Processing，NLP）是人工智能和语言学领域的分支学科，此领域探讨如何处理及运用自然语言。自然语言处理包括多个方面和步骤，基本有认知、理解、生成等部分。自然语言认知和理解是让计算机把输入的语言变成有意义的符号和关系，然后根据目的再处理。自然语言生成系统则是把计算机数据转化为自然语言。自然语言处理的核心任务是自然语言理解和自然语言生成。

自然语言理解是研究如何让机器读懂人类语言的一门技术，希望机器像人一样，具备正常人的语言理解能力。由于自然语言在理解上有很多难点，所以自然语言理解至今还远不如人类的表现，是自然语言处理技术中最困难的一项。

自然语言生成是从知识库或逻辑形式等机器表述系统去生成自然语言，将非语言格式的数据转换成人类可以理解的语言格式，如文章、报告等。图 10.1 展示了 AINLP 采用自然语言处理，生成对联的结果。输入上联"年年行好运"，会输出"岁岁保平安""岁岁庆丰收""岁岁见金辉"等下联。

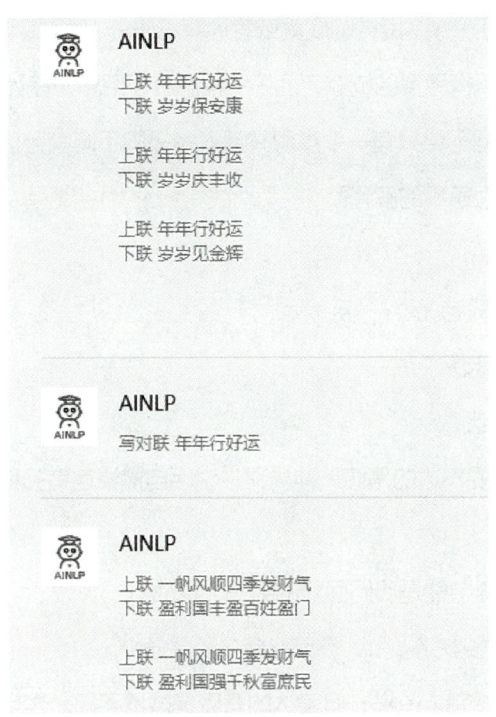

图 10.1　自然语言处理生成对联

　　总之，自然语言处理就是用计算机对人类语言进行处理，使得计算机具备人类的听、说、读、写能力。微软创始人比尔·盖茨曾经表示"自然语言处理是人工智能领域皇冠上的明珠"。让机器能够确切理解人类的语言，并自然地与人进行交互是自然语言处理的最终目标，也是大多数自然语言处理研究者的最高信仰。为此各路研究者在通往皇冠的路途上不断挖坑填坑，攻克一个又一个难题，推动自然语言处理一直向前发展。

10.2　自然语言处理中所面临的挑战

　　在明白了什么是自然语言处理后，你可以开始探索自然语言处理这颗明珠了。但在开始之前，还是需要了解自然语言处理所面临的挑战？

　　自然语言存在的普遍不确定性是我们面对的第一个挑战，来看下面这些例子。

　　【例句 1】他借我一本书。

　　显然这个句子可以理解为他的书借给了我，也可以理解为我的书借给了他。

　　【例句 2】今天来了几个出版社的编辑。

　　可以解析为同一个出版社的几个编辑来了，也可以解析为不同出版社的编辑来了。

　　【例句 3】计算机研究所取得的成就。

可以解析为计算机研究所 / 取得的成就或者计算机研究 / 所 / 取得的成就。前一种解析可解释为某个计算机研究机构取得的成就，而后一种解析可解释为在计算机方面取得的成就。

可以看出，许多字词不单只有一个意思并且对句子的不同划分也会有不同的解释，因而我们必须选出使句意最为通顺的解释。

再来看下面这些例子。

【例句 4】我要听两只老虎

【例句 5】播放两只老虎

【例句 6】歌曲两只老虎

可以看出例句 4~6 要表达的是同一种含义，说明自然语言有多种不同的组合来表达同一种意思。

语言所涉及知识的复杂性是我们面对的另一个挑战。

【例句 7】冬天能穿多少穿多少，夏天能穿多少穿多少。

对冬天和夏天的用词完全一样，但表达的意思是截然不同。为什么人在读到这个语言片段时，不需要停下来去推测"能穿多少穿多少"的意思呢？

再比如，对于一个特定自然语言处理系统来说，总是有可能遇到未知词汇、未知结构等各种意想不到的情况，而且每一种语言都是随着社会的发展而动态变化着，新的词汇、新的词义、新的词汇用法，甚至新的句子结构都在不断出现。

【例句 8】喜大普奔，是喜闻乐见、大快人心、普天同庆、奔走相告的缩略形式。

【例句 9】人艰不拆，意思是人生已经如此的艰难，有些事情就不要拆穿的缩写。

针对例句 7~9，我们人可以根据丰富的背景知识，推断出这些词语背后的含义。但对机器来说，知识的缺乏是困扰其理解自然语言的难题。

除了这些之外，自然语言处理还要具有足够的对各种可能输入形式的容错能力。比如下面这些例子。

【例句 10】众所知周，汉的字序顺不影阅响读。

【例句 11】众所知周，汉字的序顺不影阅响读。

【例句 12】众所周知，汉字的序顺不影阅响读。

由于人根据已有的经验和证据，推理出了正确的信息，我们人在读到例句 10~12 时，很自然就读出是"众所周知，汉字的顺序不影响阅读"。但对机器来说这是一个大问题。自然语言在输入的过程中，存在的多字、少字、错字、乱序、噪声等问题对自然语言处理来说也是一大难题。

总而言之，人类的自然语言承担着人类表达情感、交流思想、传播知识等重要功能，因而自然语言处理也要求机器需要具备强大的灵活性和表达能力，理解语言所需要的知识是无止境的，并要不断"学习"无止境的、变化的知识。

10.3 自然语言处理技术进化之路

俗话说"工欲善其事，必先利其器"，自然语言处理的"利器"包括词汇、短语、句子和篇章级别的表示，分词、句法分析，语义分析，知识图谱等。

10.3.1 语言应该怎么表示

微视频 10-2：自然语言处理技术进化之路 (1)

由于人类与机器无法通过自然语言直接沟通，因此我们需要把自然语言转换为机器能够理解的形式。语言表示可以定义为：设计一种计算机内部的数据结构来表示语言信息，以及语言和此数据结构之间的相互转换机制。

语言表示是自然语言处理的基础。语言具有一定的层次结构，具体表现为词、短语、句子、段落以及篇章等不同的语言粒度。为了让计算机可以理解语言，需要将不同粒度的语言都转换成计算机可以处理的数据结构。通俗地讲就是需要把语言转化为机器能够处理的二进制形式。

早期的语言表示方法是符号化的离散表示。为了方便计算机进行计算，一般将符号或符号序列转换为高维的稀疏向量。比如词可以表示为 One-Hot 向量（一维为 1、其余维为 0 的向量），句子或篇章可以通过词袋模型、TF-IDF 模型、N-gram 模型等方法进行转换。

以词的 One-Hot 向量为例，我们介绍语言的离散表示方法。

One-Hot 向量称为 One-Hot 编码或独热编码或一位有效编码。其方法是使用 N 位状态寄存器来对 N 个状态进行编码，每个状态都有它独立的寄存器位，并且在任意时候，其中只有一位有效。

比如下面的例句 "I am a Chinese and I love China"。如何用 One-Hot 编码来对每一个单词进行编码呢？我们可以建立一个词汇表（去掉重复词）如下：

词	I	am	a	Chinese	and	love	China
索引	0	1	2	3	4	5	6

那么每个词的 One-Hot 编码怎么获取呢？首先为每个词建立大小为词汇表总长度的全零向量，比如本例全零向量大小为 7；然后每个词对应的全零向量在词汇表对应的索引位置为 1，其他保持不变，从而获得词的 One-Hot 编码如下：

词	I	am	a	Chinese	and	love	china
索引	0	1	2	3	4	5	6
One-Hot	1000000	0100000	0010000	0001000	0000100	0000010	0000001

有了词的 One-Hot 编码后，对于例句"I am a Chinese and I love China"就可以简单直观表示为"1000000 0100000 0010000 0001000…"这么一串 0 和 1 组成的代码了。这串代码机器是可以直接处理的。这样我们就解决了人类与机器是无法通过自然语言直接沟通的问题。但机器理解这串编码的意义还面临重重困难，任重而道远。

通过这样的语言表示，我们仅迈出了自然语言处理的一小步，仅仅解决了如何把语言转换为机器可以直接处理的二进制问题。况且这种离散化的语言表示方法还存在很多缺陷。比如词的 One-Hot 编码无法解决"多词一义"的问题（词汇表中的词即使有多种含义但仅有一个编码），存在无法有效刻画词的语义信息（即不管两个词义的相关性），还存在数据稀疏等问题。比如当词汇表非常大，由数百万个词组成了词汇表时，每个词的向量都是数百万维，会造成维度灾难。

为了解决以上问题，可以将语言表示为连续语义空间中的一个点，这样的表示方法称之为连续表示。

分散式表示（distributed representations）是一种语言连续表示方法。常用的分散式表示方法是一种称为词嵌入（word embedding）的表示方法，是将词的潜在语法或语义特征分散式地存储在一组神经元中，用稠密、低维、连续的向量来表示。一个好的词嵌入模型应该是：对于相似的词，它们对应的词嵌入也相近。图 10.2 是将词的维度降维到二维后，展示的词嵌入结果，词嵌入能够刻画一些有意思的线性关系。

微视频
10-3：自
然语言处
理技术进
化之路（2）

$$\overline{King}-\overline{Man}+\overline{Woman}=\overline{Queen}$$

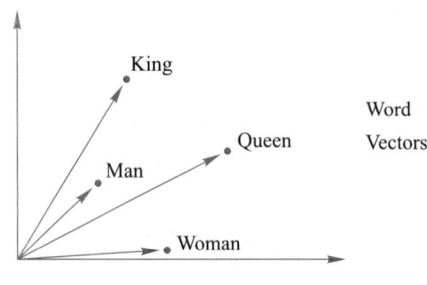

图 10.2　词嵌入表示

谈到词嵌入，Google 公司在 2013 年开放了 Word2vec 用于训练词嵌入的软件工具，极大地促进了深度学习在自然语言处理中的应用。Word2vec 依赖 Skip-grams 或连续词袋

（CBOW）来建立词嵌入，如图 10.3 所示。CBOW 模型是一个三层神经网络，输入词的上下文（前后词），输出对当前词（中间词）的预测。Skip-gram 模型也是一个三层神经网络，输入当前词（中间词），输出对当前词的上下文（前后词）的预测。

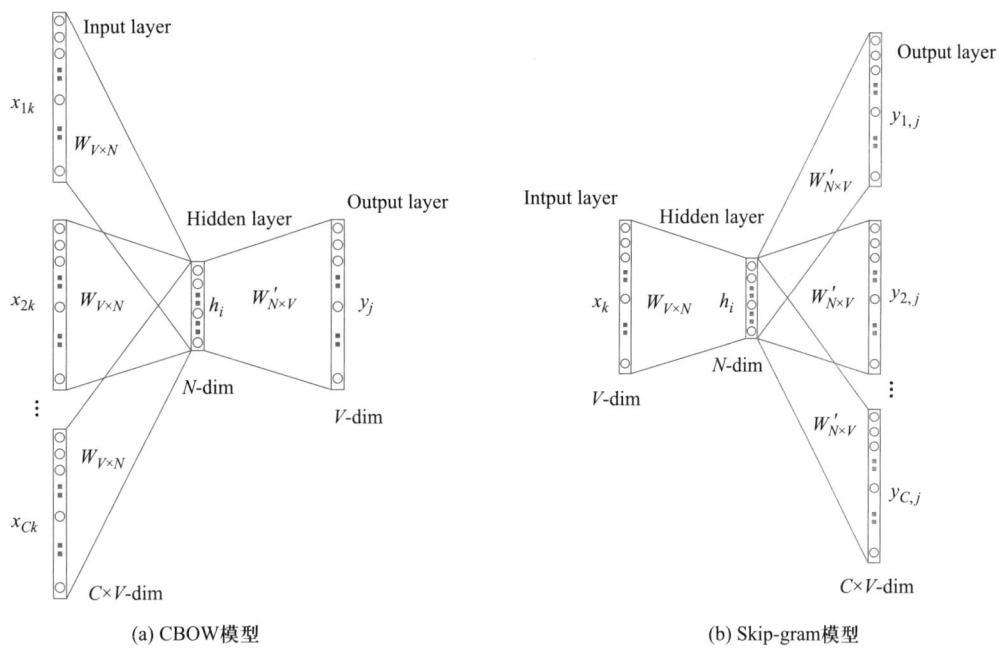

图 10.3　词嵌入

那么什么是当前词（中间词）？什么又是词的上下文（前后词）呢？我们通过一个例子来介绍。假设有文本"The quick brown fox jumps over the lazy dog"。首先需要定义一个窗口。相对于窗口，文本中的词才会有当前词或者前后词含义。比如我们假设窗口的大小（window size）为 2。想象有如下所示的窗口在文本上移动，那么红色标注的词就称为当前词，黄色所标注的词为当前词的前后词，黄色间隔的大小就是我们定义的窗口的大小。比如 brown 作为中间词时，那么该词前后（窗口大小）内的 2 个词 The、quick、fox、jump 就是前后词。

| The | quick | brown | fox | jumps | over | the | Lazy | dog |
| The | quick | brown | fox | jumps | over | the | Lazy | dog |

针对上述静态语言表示存在的不足，动态语言表示方法被广泛开发出来并使用。上文提过，2013 年发布的 Word2vec 及 2014 年的 GloVe 等工具中，每个词对应一个向量，对于多义词无能为力。2018 年 3 月份，ELMo 出世。ELMo（embeddings from language models）提供了一种较好且简洁的方案来解决多义词问题。从此以后，GPT（generative pre-trained transformer）、BERT（bidirectional encoder representations from transformers）等语言模

型自 2018 年以来层出不穷，自然语言处理进入预训练模型时代。

10.3.2　有趣的词法分析

在介绍词法分析前，首先介绍两个非常有意思的句子。

【例句 1】书名《无线电法国别研究》。

【例句 2】网友的昵称"一位友好的哥谭市民"。

这几个句子中每个词相信大家都不陌生，但把这些词放在一起，相信大家还是需要花费时间确定每个句子是怎么分词的及每个句子的含义。比如例子 1 中应为无线电法 / 国别 / 研究；例句 2 应为一位 / 友好 / 的哥 / 谭市民。人在对这两个句子分词时有重重的困难，对计算机来说分词的困难就更大。

图 10.4 展示了不同分词方法（比如 Jieba、BaiduLac 等）对例句 1 和例句 2 的分词结果。如预期一样，大部分中文分词工具的分词结果不尽如人意。

把能够实现分词的技术称为词法分析。但词法分析结果不局限于分词还有其他的任务。

词法分析是将输入的句子从字序列转化为词和词性序列，涉及分词、词性标注等任务。和大部分西方语言不同，汉语书面语词语之间没有空格标记，文本中的句子以字串的形式出现。因此汉语自然语言处理的首要工作就是要将输入的字串切分为

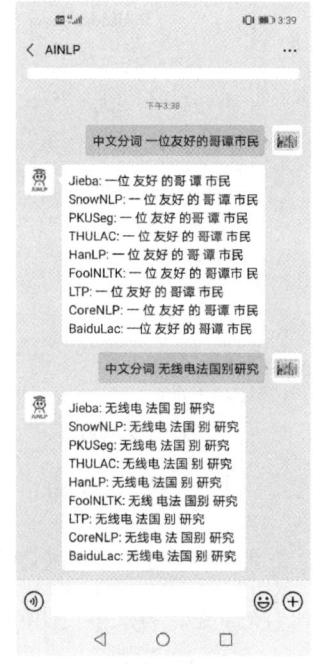

图 10.4　有趣的分词

单独的词语，然后在此基础上进行其他更高级的分析，这一步骤称为分词。给定一个切好词的句子，词性标注的目的是为每一个词赋予一个类别（比如动词、名词等）这个类别称为词性标记（part-of-speech tag，POS tag。表 10.1 列举了哈尔滨工业大学 LTP 平台部分词性标注。

表 10.1　哈尔滨工业大学 LTP 平台词性标注说明

标注	描述	例子
n	general noun	苹果
nh	person name	杜甫,汤姆
r	pronoun	我们
v	verb	跑,学习
wp	punctuation	，。！

词法分析的任务是能正确地把一串连续的字符切分成一个一个的词和能正确地判断每个词的词性。我们以"我们即将以昂扬的斗志迎来新的一年。"为例，展示了哈尔滨工业大学（简称哈工大）LTP 平台分词和词性标注的结果。

分词：

| 我们 | 即将 | 以 | 昂扬 | 的 | 斗志 | 迎来 | 新 | 的 | 一年 | 。 |

词性标注：

| 我们 | 即将 | 以 | 昂扬 | 的 | 斗志 | 迎来 | 新 | 的 | 一年 | 。 |
| r | d | p | a | u | n | v | a | u | i | wp |

在早期，大多时候分词都基于一个预定义的词典进行。在这一时期，一个最为简单且具有健壮性的模型即最大匹配模型，该模型最简单的版本即从左至右的最大匹配模型（max match）。

随着统计机器学习模型的出现，分词问题逐渐变为打标签问题。例如，使用 BEMS 标签进行标注，确认句子的起始词（start）、结尾词（end）、中间词（middle）或独立词（single）。传统的序列标注方法包括隐马尔可夫模型 HMM、最大熵模型 ME、条件随机场 CRF 等。

到了深度神经网络时代，基于神经元的分词模型包括卷积神经网络（CNN）、循环神经网络（RNN）、长短期记忆网络（LSTM）等。这类模型能更灵活地使用上下文语义信息对词语进行标注，并且使特征工程更简单易行。

分词作为自然语言处理中一个重要的基础研究任务，对中文文本处理的第一步进行分词，这好像已经成为一种"共识"。其主要难点包括分词规范难统一、歧义切分、未登录词识别等。

（1）分词规范难统一：词这个概念一直是汉语语言学界纠缠不清又挥之不去的问题，也就是说，对于词的抽象定义（词是什么）和词的具体界定（什么是词）迄今拿不出一个公认的、具有权威性的词表来。图 10.5 对比了 CTB 和 PKU 语料库不同的分词标准。

Corpora	Yao	Ming	reaches	the final	
CTB	姚明		进入	总决赛	
PKU	姚	明	进入	总	决赛

图 10.5　CTB 和 PKU 分词标准对比

（2）歧义切分：歧义切分是汉语分词研究中一个大问题，因为歧义字段在汉语文本中大量存在。处理这类问题可能需要进行复杂的上下文语义分析，甚至韵律分析（语气、重音、停顿等）。

（3）未登录词识别：第一种指的是已有的词表中没有收录的词；第二种指的是已有的训练语料中未曾出现过的词。

虽然词法分析作为自然语言处理中一个重要的基础研究任务，具有重要的作用。但有文献报告，深度学习用于分词没有明显超越传统方法，在复杂问题上甚至有劣势。通过在文本分类、句子匹配、机器翻译等自然语言处理任务上的实验对比，发现 char 模型（字级别，无须分词）效果更优于 Word 模型（词级别，需要分词）。

10.3.3　句法分析那些事

通过词法分析，机器获得了句子的分词以及词性标注结果。那么机器怎么获取词与词之间的关系呢？有如下句子，其分词结果为：我 / 喜欢 / 红 / 苹果。其中"红"修饰的是"苹果"，"喜欢"的对象也是"苹果"而非距离较近的"红"。机器是怎么获得这种关系的呢？这个任务就交给称为句法分析的来完成了。

句法分析（syntactic parsing）任务在自然语言处理中被认为是最核心的任务之一，并已被成功地应用于多种实际任务中，如机器翻译、问答系统、情感分析等。

句法分析的主要任务是判断句子的句法结构和组成句子的各成分，明确它们之间的相互关系。最常见的句法分析任务可以分为以下三种。

依存句法分析（dependency parsing），是一种浅层句法分析，作用是识别词与词之间的相互依存关系（比如主谓关系，动宾关系等）。图 10.6 是句子"我们即将以昂扬的斗志迎接新的一年。"在哈工大 LTP 平台上依存句法分析结果。通过图 10.6，机器可以识别出"我们"与"迎来"是主谓关系，"迎来"与"一年"是动宾关系等。依存句法分析以其形式简洁、易于标注、便于应用等优点，受到越来越多研究人员的重视，已成为句法分析研究的主流。

短语结构句法分析是识别出句子中的短语结构以及短语之间的层次句法关系。短语结构句法分析的研究基于上下文无关文法（context free grammar，CFG）。上下文无关文法可以定义为四元组 $<T, N, S, R>$，其中 T 表示终结符的集合（即词的集合），N 表示非终结符的集合（即文法标注和词性标记的集合），S 表示充当句法树根节点的特殊非终结符，而 R 表示文法规则的集合。图 10.7 展示了句子 There is no asbestos in our product now 的短语结构句法分析结果。

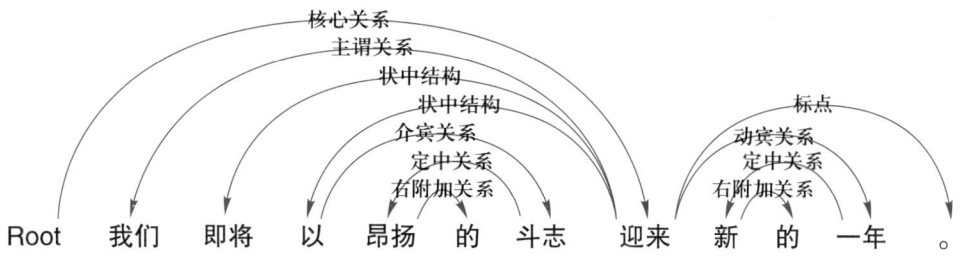

图 10.6　LTP 平台句法分析实例

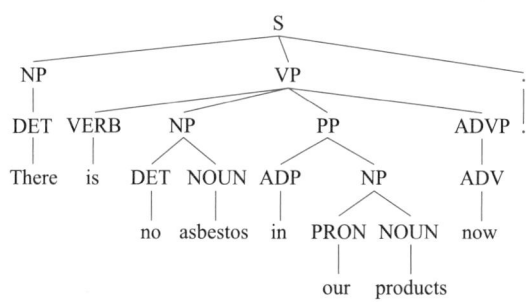

图 10.7　WSJ 语料库的短语结构树示例

重点以依存句法分析为例，说明句法分析的作用。

【例句 1】您转的这篇文章很无知。

【例句 2】您转这篇文章很无知。

虽然例句 1 和 2 仅相差了一个"的"字，但是两个例句的含义完全不同。图 10.8 分别给出了这两个句子的依存句法分析结果，我们可以看到例句 1 可以识别出"文章"和"无知"是主谓关系，而例句 2 识别出"您"和"转"的主谓关系。针对例句 1 和例句 2，通过依据依存句法分析的结果，机器可以判定什么是"无知"的。

近年来，深度学习也广泛地用于句法分析。句法分析任务在自然语言处理中被认为是最核心的任务之一。有学者对深度学习方法在 NLP 任务中，是否需要语法树这一基础性问题进行了探讨，并在情感分类、智能问答等自然语言处理任务上发现语法树对这类任务并没有实质性帮助。但又有研究表明对于那些较依赖于长距离语义关系的任务，在没有充足训练数据的情况下，使用语法树结构模型能够获得更好的效果。

10.3.4　发现真实的利器——语义分析

作为一个例子，请看如下这段幽默小片段。

他说："她这个人真有意思"。她说："他这个人怪有意思的"。于是人们以为他们有了意思，并让他向她意思意思。他火了："我根本没有那个意思"！她也生气了："你们这么说是什么意思？"事后有人说："真有意思"。也有人说："真没意思"。

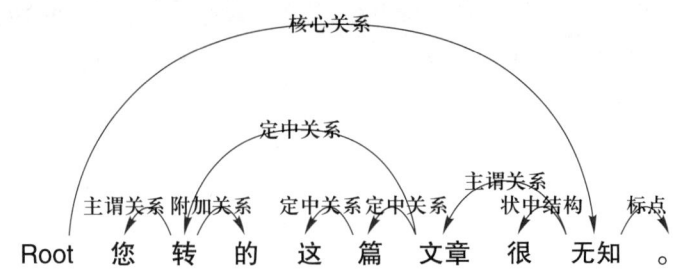

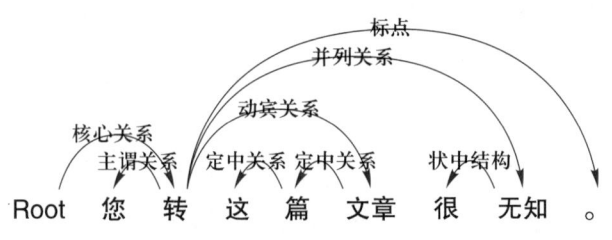

图 10.8　依存句法分析对比示例

在整个片段中，"意思"一词在不同的语境里共有 6 个不同的含义。实现这个词义的机器自动理解，发现"词句在语境中的真实意义"是语义分析承担的工作。遗憾的是，对上面这里例子的理解，恐怕不是目前的自然语言处理系统所能够胜任的。

语义分析（semantic analysis）指学习与理解一段文本所表示的语义内容。它是一个非常广的概念，任何对语言的理解都可以归为语义分析的范畴。一段文本通常由词、句子和段落来构成，根据理解对象的语言单位不同，语义分析又可进一步分解为词汇级语义分析、句子级语义分析以及篇章级语义分析。在词的层次上，语义分析的基本任务是进行词义消歧（word sense disambiguation，WSD），在句子层面上，语义角色标注（semantic role labeling，SRL）则是人们关注的问题，而在篇章层面上，指代消歧（coreference resolution）（也称共指消解）等则是目前研究的重点。

首先我们来看词义消歧。在我们的自然语言中，不管是英语，还是中文，都有多义词存在。这些多义词的存在，会让人对句子的意思产生混淆，但人通过学习又是可以正确地区分出来的。比如下面两个句子。

【例句 1】我买了小米的电子产品。

【例句 2】我今天早上喝了一碗小米粥。

第一个句子中的小米是一个企业，第二句中的小米是食物。

早期的词义消歧研究一般都采用基于规则的分析方法。20 世纪 80 年代以后，基于大规模语料库的统计机器学习方法在自然语言处理领域中得到了广泛应用，机器学习方法（支持向量机 SVM，最大熵 ME，贝叶斯等）也被用于词义消歧。随着深度学习的兴起，深度学习被广泛用于词义消歧。现在典型的词义消歧有两类方法，一类是利用标注数据的有监督（supervised）方法，一类是利用 WordNet 或者 BabelNet 语义网基于知识（knowledge-based）的方法。

对于句子级的语义分析：语义角色标注是我们关心的问题。语义角色标注是一种浅层的语义分析。给定一个句子，SRL 的任务是找出句子中谓词的相应语义角色成分，包括核心语义角色（如施事者、受事者等）和附属语义角色（如地点、时间、方式、原因等）。通常被描述为回答"Who did What to Whom，When and Where"或"谁对谁什么时间什么地点做了什么"。图 10.9 展示了句子"2020 年，我们即将以昂扬的斗志迎接新的一年。"的语义角色标注结果。可以看到，"我们"是实施者，"2020 年"是时间，"一年"是受事者。

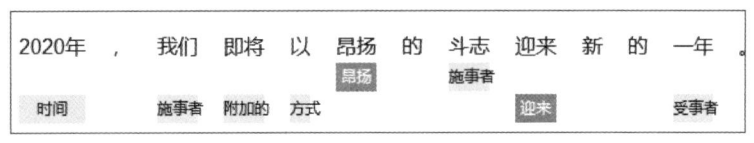

图 10.9　哈尔滨工业大学 LTP 语义角色标注

句子级的语义分析中还有另外一种研究称为语义依存分析（semantic dependency parsing，SDP）。它是一种深层的语义分析，分析句子各个语言单位之间的语义关联，并将语义关联以依存结构呈现。

语义角色标注等浅层语义分析主要围绕着句子中的谓词，为每个谓词找到相应的语义角色。但是语义依存分析等深层的语义分析（有时直接称为语义分析）不再以谓词为中心，而是将整个句子转化为某种形式化表示。图 10.10 展示了句子"2020 年，我们即将以昂扬的斗志迎接新的一年。"的语义依存分析结果。

语义依存分析能够跨越句子表层句法结构的束缚，直接获取深层的语义信息。例如以下三个句子，用不同的表达方式表达了同一个语义信息，即张三实施了一个吃的动作，吃的动作是对苹果实施的。图 10.11 展示了能表达同一个语义信息的三个句子的语义依存分析结果。可以看出，在三个结果中"张三"与"吃"都是实施关系，"苹果"和"吃"都是受事关系。通过这种分析，都可以得到"张三吃苹果"这样的含义。

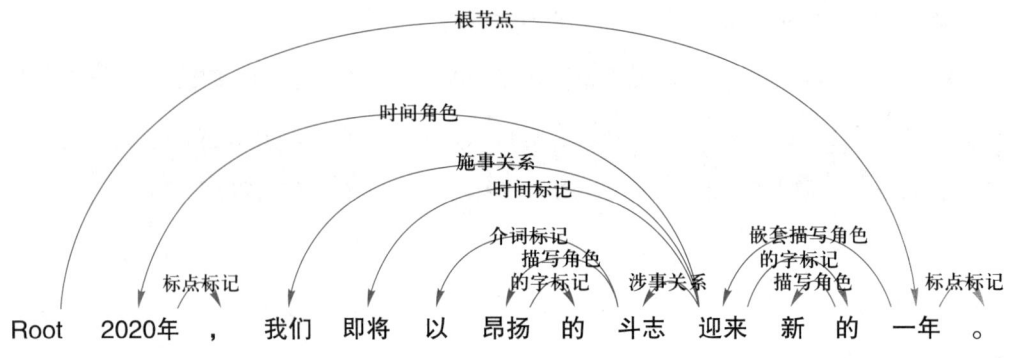

图 10.10　哈尔滨工业大学 LTP 平台语义依存分析

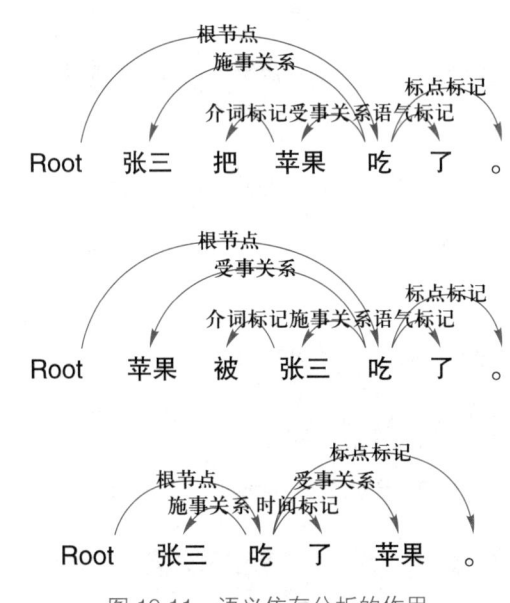

图 10.11　语义依存分析的作用

　　语义依存分析不受句法结构的影响，将具有直接语义关联的语言单元直接连接依存弧并标记上相应的语义关系，这也是语义依存分析与句法依存分析的重要区别。如图 10.12 对比展示句子"张三在美国用筷子吃川菜"句法依存分析和语义依存分析的结果，两者存在显著差别。第一，句法依存分析某种程度上更重视非实词（如介词）在句子结构分析中的作用，如图 10.12（a）所示，而语义依存分析更倾向在具有直接语义关联的实词之间建立直接依存弧，非实词作为辅助标记存在，如图 10.12（b）所示。第二，两者依存弧上标记的语义关系完全不同，语义依存关系是由论元关系引申归纳而来的，可以用于回答问题，如我在哪里吃菜，我在用什么吃菜，谁在吃菜，我在吃什么。但是句法依存分析却没有这个能力。

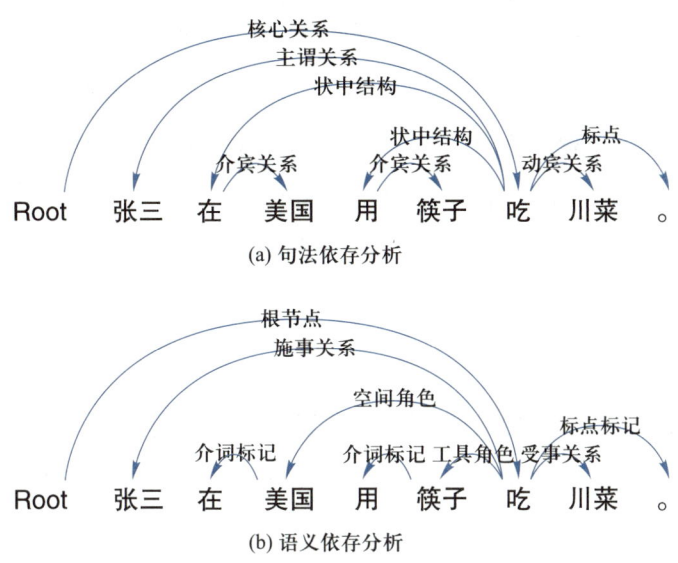

图 10.12　句法依存和语义依存对比

指代消歧是篇章层面上语义分析的关注点。

指代（coreference）为语言学中为了避免已经出现的字词重复出现在文章的句子上，导致语句结构过于赘述和语意不够清晰，所以使用代词（pronouns）或是普通名词（common nouns）来代替已经出现过的字词。

【例 10-1】"I voted for Obama because he was most aligned with my values"，she said. 例句中单词"I""my"和"she"意指同一人，"Obama"和"he"意指为另同一人，这就是所谓的指代（实体指代）。

指代消歧就是要找出文本中名词短语所指代的真实世界中的事物，找回原先被替换过的字词。目前指代消歧的研究主要集中在实体指代消歧、零指代消歧和事件指代消歧。下面举几个例子分别对其说明。

【例 10-2】小明吃了一个苹果，Φ 真甜。这个例句中符号 Φ 就是一个零代词，它的先行语为"苹果"。

【例 10-3】李警官掏出手枪，迅速瞄准劫犯扣动了扳机，劫犯应声倒毙。

在例 10-3 中有三个短句子，但是这几个短句描述的是同一个事件，事件指代消歧就是要研究这类问题。

10.3.5　知识图谱——自然语言处理的利器

近十年来，随着深度学习技术的兴起，也带来了自然语言处理技术的突破。正如上文所介绍的。语言的表示有了 One-Hot 编码、词嵌入（word embedding）后，传统的机器学习方法也进一步被深度学习所颠覆。相关算法在近年来的迭代速度非常快，代表性方法有 Transformer、ELMo、GPT、BERT、GPT2 及 XLNet 等。这些深度学习方法提升了自然语言处理的性能，并在很多任务上取得了当前最佳效果。

除了算法和算力的进步推动自然语言处理的发展外，以 BERT 为代表的无监督深度学习方法，能够直接在海量的无标注的文本上做预训练也起到了推波助澜的作用。比如 2019 年 7 月 11 日，Google AI 发表论文，就利用了惊人的 250 亿平行句对的训练样本。

投入了大量人力、物力和财力的自然语言处理在应用领域是怎么样的呢？微软亚洲研究院宋睿华老师（微软小冰首席科学家）曾经说过一个故事，她在和母亲聊天的时候，问"如果机器人可以打败人类最顶尖的棋手，厉不厉害？"，母亲回答说"很厉害"。她再问母亲"如果我们做出一个机器人，可以和人聊天，厉不厉害？"，母亲回答说"不厉害"。宋老师就问为什么，母亲的回复是"因为不是每个人都会下棋，但每个人都会说话啊"。这个故事其实告诉我们，让机器人说话，虽然技术上非常复杂，但离人类的期望值还相差甚远。

微软亚洲研究院周明博士曾经提到："自然语言处理可以看作是人工智能皇冠上的明珠。尝试用技术模拟人类的真实对话，在开放领域就是个伪命题"。因为在人类的对话过程中，一句话中所表达出的信息，不只是文字本身，还包括世界观、情绪、环境、上下文、语音、表情、对话者之间的关系等。比如说"今天天气不错"，在早晨拥挤的电梯中和同事说，在秋游的过程中和驴友说，或是走在大街上的男女朋友之间说，在倾盆大雨中对同伴说，很可能代表完全不同的意思。

一个可行的解决方案，就是通过大规模百科知识图谱来进行自然语言处理。简单来说，知识图谱就是把知识用图的形式组织起来。图 10.13 展示了知识图谱的发展历史，有关知识图谱的详细知识不在本文赘述。

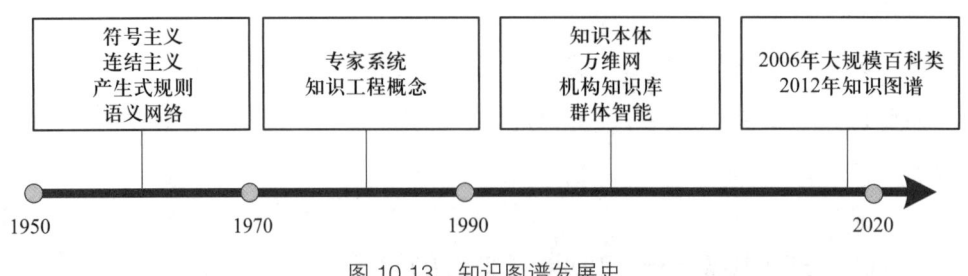

图 10.13　知识图谱发展史

知识图谱让机器拥有了知识，也看到了机器自然地与人进行交互的实现希望。下面简单举例介绍知识图谱在自然语言处理中的使用。

在百度搜索引擎的输入框中输入了"Ronaldo Luiz Nazario De Lima"这一串文本你会联想到什么？估计绝大多数中国人不明白上面的文本代表什么意思。单击"百度一下"会有下面的结果，如图 10.14 所示。

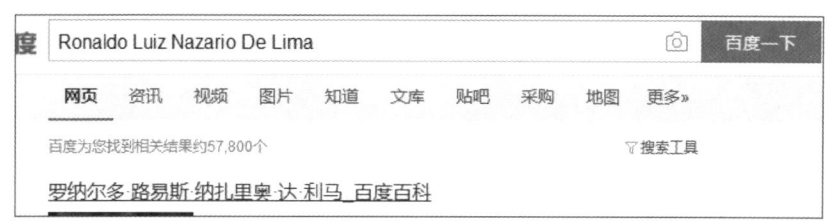

图 10.14　搜索结果

结果显示中文"罗纳尔多·路易斯·纳扎里奥·达·利马"。这段文本表示了一个外国人的名字。如果大家关注足球的话，就会知道这是一个球星的名字。除了这些信息以外，百度搜索还展示了其他的信息（如图 10.15 所示）。在图 10.15 中根据搜索框输入的文本，获得了图片、经历、运动生涯等与之有关联的信息，这就是知识图谱的威力。

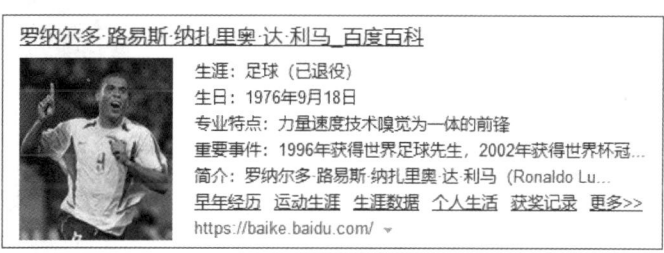

图 10.15　罗纳尔多百度百科

知识图谱被认为是整个人工智能的未来。一个很简单的原因就是，没有知识的机器人不可能实现真正的智能。图灵奖获得者，知识工程创始人 Edward Feigenbaum 曾经提到："Knowledge is the power in AI system"。张钹院士也提到，"没有知识的 AI 不是真正的 AI"。在上文也提到过，语言所涉及知识的复杂性是自然语言处理所要面对的一个挑战。

虽然知识图谱让机器拥有了知识，但在目前的技术条件下，还有很多问题需要解决：首先，知识的覆盖面不全。目前的知识图谱，仅仅涵盖了人类知识极小的一部分。其次，知识图谱体系的标准化还不够完善，三是构建知识图谱的成本仍然较高。自然语言处理与知识图谱的结合，开启了人机自然交互的大门，但还需要科学家和工程师们的共同努力，才能真正摘得人工智能皇冠上的明珠。

10.4 身边的自然语言处理

自然语言处理有很多的应用，像我们每天都用的输入法、词典、翻译、必应的语音助手、微软小冰、Siri、亚马逊的 Echo、公子小白、度秘、小爱同学等，都是自然语言处理技术典型的产品落地体现。本文选取一些自然语言处理应用较为频繁的场景进行介绍。

10.4.1 机器翻译

机器翻译是自然语言处理最为人知的应用场景。将源语言输入其软件中，便可以迅速地翻译为目标语言。有了机器翻译，曾经的梦想"仗剑走天涯"遇到现实的窘境"是你站在我面前，我却不知道你在说什么"，这些已经不构成阻碍了。图 10.16 是微软翻译的"怎么坐公交"的示例，除了文字以外，还提供了语音、拍照、对话等翻译模式，让语言不再成为沟通的障碍。

但目前机器翻译到底是什么水平呢？能否代替人工翻译呢？不可否认，2013 年基于神经网络模型的机器翻译（简称"神经机器翻译"）方法被提出后，机器翻译的质量得到大幅提升，甚至在某些特定数据集上超过了人类的水平。国内外很多优秀的企业专注于这一领域的研究。比如谷歌、微软、百度、有道、科大讯飞、搜狗、Facebook、阿里、腾讯、华为等企业都推出了一系列的机器翻译产品。尤其是谷歌、微软、百度、有道等为用户提供了免费的在线多语言翻译系统。

图 10.16　微软翻译

但目前的机器翻译技术尚不成熟，无论是文本翻译，还是口语翻译，机器翻译的质量远都没有达到令人满意的水平。图 10.17 展示了百度、谷歌以及微软对词语"朝令夕改"的翻译结果。翻译的结果与期望还是有差距的。机器翻译不能全部代替人工翻译，但机器翻译获取信息非常快捷，可以帮助翻译人员大大提高效率，但要实现无须人工干预的高质量全自动翻译恐怕还是一个愿望。

(a) 百度翻译结果

(b) 谷歌翻译结果

(c) 微软翻译结果

图 10.17   机器翻译"朝令夕改"结果对比

10.4.2   聊天机器人

聊天机器人不需要人的参与，直接由机器来回复。聊天机器人通过学习自然语言来与人类进行对话。它不仅能回答用户所提的问题，还能人性化地与用户交流，同时提醒或者安排用户完成一些任务。目前聊天机器人种类繁多，且广泛地应用于各个领域，如表 10.2 所示。微软"小冰"、微信"小微""小黄鸡"等能同用户进行开放主题的对话，能够与用户进行闲聊，实现情感抚慰和精神陪伴等，还能满足日常生活需求，如新闻播报和天气预报等。"小爱"机器人、京东的 JIMI 等客服机器人等针对用户提出的有关产品或服务的相关问题进行回答。苹果 Siri、百度度秘、微软 Cortana 和 GoogleNow 等侧重于实现个人事务，如信息查询及代办其他事件等功能，目的是更便捷地辅助用户的日常事务处理。智能问答类的聊天机器人主要功能是理解并回答用户提出的问题，这些问题比较侧重于事实性问题或者是需要计算和逻辑推理型的问题，代表性的系统有 IBM Watson、Wolfram Alpha 等。

表 10.2　聊天机器人的应用领域和作用

领域	作用
金融领域	客户服务，提高工作效率，降低人工客服成本
电信领域	国内三大运营商均安装聊天机器人系统
旅游领域	机票预订售后服务，提升平台效率和服务质量
航空领域	提高呼叫中心的运营效率
食品餐饮	为任意数量的人预订桌子，餐饮品类选择咨询
电子商务	产品搜索和客服服务
医疗保健	实现相关症状、药物信息、医生信息和症状查询
体育行业	球队与球迷互动媒体，体育场的客户服务

深度学习与聊天机器人的碰撞结果是什么呢？百度前首席科学家 AndrewNg 最近接受采访时说："现阶段深度学习的大部分价值可以体现在一个可以获得大量的数据的狭窄领域。下面是一个它做不到的例子：进行一个真正有意义的对话。经常会有一些演示，利用一些精挑细选过的对话，让它看起来像是在进行有意义的对话，但如果你真的自己去尝试和它对话，它就会很快地偏离正常的轨道"。目前的聊天机器人虽然离我们理想的目标还有一段距离，但我们相信随着自然语言处理等技术的不断进步，在不久的将来聊天机器人会取得一次次重大的突破。

10.4.3　情感分析

简单地讲，情感分析研究的目标是建立一个有效的分析方法、模型和系统，对输入信息中某个对象分析其持有的情感信息，例如观点倾向、态度、主观观点或喜怒哀乐等情绪表达。情感分析经过十多年的发展，在某些领域上（例如产品评论、影评、宾馆、餐馆等）已经取得了相对成熟的发展和应用，在某些领域上达到了可完全实用的水准。例如，在互联网舆情分析领域，利用情感分析技术可以获知广大网民对于特定事件的意见与观点，及时了解民众的舆论趋势，正确采取引导行动，实现有效有序的社会管理。在反恐领域，通过对社交媒体上极端情感的分析，可以发现潜在的恐怖分子。在商业决策领域，通过对海量用户评论的情感分析与观点挖掘，能够获取可靠的用户反馈信息，了解产品优缺点，同时深刻理解用户的真实需求，实现精准营销。此外，情感分析还被成功应用于股市预测、票房预测、选举结果预测等场景中，充分体现了情感分析在各行各业的巨大作用。但从一般意义上来说，情感分析还需要进行长期研究和探索，其最本质的难题还是语言文字的理解问题，依然存在非常多的挑战和待解的问题。

10.5　Jieba 库中文分词应用实例

中文分词是自然语言理解中的一个重要环节。中文分词，即将连续的字序列按照一定的规范重新组合成语义独立词序列的过程，是中文自然语言处理中的一个基本问题。由于中文没有像英文那样的单词间隔，使得中文分词比英文分词更为复杂和困难。

自动分词技术就是用计算机自动对中文文本进行词语的切分，使得中文句子中的词之间有空格以标识，为后续的加工处理提供先决条件。这项技术对于信息分析、情报检索、机器翻译、自动标引和人工智能等信息技术应用方面有着关键性的作用。传统的中文分词方法主要是基于规则和统计方法，随着深度学习技术的发展，基于神经网络的中文分词方法也逐渐得到广泛应用。当前在中文分词领域，使用较多的是 Python 的 Jieba 库，本节将重点介绍。

10.5.1　Jieba 库基本操作

在使用 Jieba 库编程前，首先需要先下载和安装 Jieba 库。具体方法如下。

（1）打开 Python 官网库文件的 pypi 网址，下载 Jieba 库文件。

jieba-0.42.1.tar.gz (19.2 MB view hashes)
Uploaded Jan 20, 2020 Source

（2）在命令提示符后输入命令，安装 Jieba 库。首先定位到 Jieba 的 setup.py 文件的上级文件目录，输入 > python setup.py install，进行安装即可。

Jieba 作为中文分词组件，主要有以下 3 种特性。

（1）支持 3 种分词模式：精确模式、全模式、搜索引擎模式。

（2）支持繁体字。

（3）支持自定义词典。

Jieba 分词模式有以下 3 种。

（1）精确模式：jieba.lcut（s），能够对一个字符串精确地返回分词结果，而分词的结果使用列表形式来组织。例如：

>>> import jieba

>>> jieba.lcut（"中国是一个伟大的国家"）

［'中国'，'是'，'一个'，'伟大'，'的'，'国家'］

（2）全模式：jieba.lcut（s,cut_all=True），把句子中所有的可以成词的词语都扫描出来，速度非常快，但是不能解决歧义，结果存在冗余。例如：

>>> import jieba

>>> jieba.lcut（"中国是一个伟大的国家"，cut_all=True）

［'中国'，'国是'，'一个'，'伟大'，'的'，'国家'］

（3）搜索引擎模式：jieba.lcut_for_search(s)，在精确模式的基础上，对长词再次切分，提高召回率，适合用于搜索引擎分词，也存在冗余。例如：

>>> import jieba

>>> jieba.lcut_for_search（"中华人民共和国是伟大的"）

［'中华'，'华人'，'人民'，'共和'，'共和国'，'中华人民共和国'，'是'，'伟大'，'的'］

下面再通过一个案例来看看 Jieba 的分词效果。程序如下：

```
import jieba

text = '中文分词是将中文文本切分成一系列有意义的词语的过程。'

print (jieba.cut(text))

print (jieba.cut_for_search(text))

print (jieba.lcut(text))

print (jieba.lcut_for_search(text))
```

运行结果：

［'中文'，'分词'，'是'，'将'，'中文'，'文本'，'切'，'分成'，'一系列'，'有'，'意义'，'的'，'词语'，'的'，'过程'，'。'］

［'中文'，'分词'，'是'，'将'，'中文'，'文本'，'切'，'分成'，'一系'，'系列'，'一系列'，'有'，'意义'，'的'，'词语'，'的'，'过程'，'。'］

10.5.2　Jieba 分词器自定义词典添加

很多时候使用 Jieba 分词的结果会不尽如人意，它的分词里如果没有该词语，就会将其分开，比如下面的示例：

```
import jieba

text ='艾派森是创新办主任也是大数据专家'

jieba.lcut（text）
```

运行结果:

［'艾派'，'森是'，'创新'，'办'，'主任'，'也'，'是'，'大'，'数据'，'专家'］

可以发现，我们是不想让它把"艾派森""创新办""大数据"分开的，但是在它的词典里是没有这些新词语的，所以这时候需要自定义分词词典进行补充。

（1）方法 1：直接定义词典列表。

可以直接将我们自定义的词语放入一个列表中，然后使用 jieba.load_userdict 实现。程序举例如下：

```
b = ［'艾派森'，'创新办'，'大数据'］
jieba.load_userdict（b）# 应用自定义词典列表
jieba.lcut（text）
```

运行结果:

［'艾派森'，'是'，'创新办'，'主任'，'也'，'是'，'大数据'，'专家'］

（2）方法 2：外部文件载入。

外部文件载入的话我们需要创建一个自定义词典 txt 文件，里面写入自定义词语即可，注意是一行一个词语。然后将该文件的路径传入 jieba.load_userdict 即可，这里是代码和文件在同一路径下，所以直接写入文件名即可，如图 10.18 所示。

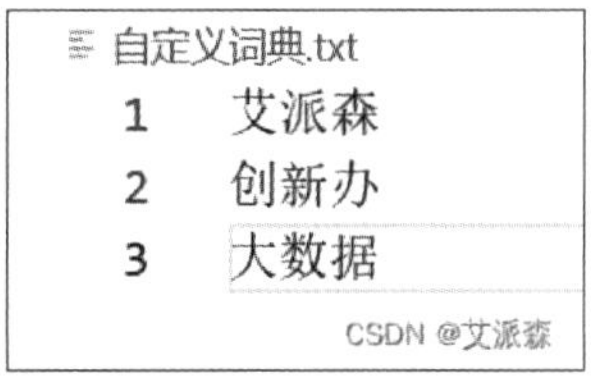

图 10.18　自定义词典

代码如下：

```
b = ［'艾派森'，'创新办'，'大数据'］
jieba.load_userdict（b）# 应用自定义词典列表
jieba.lcut（text）
```

运行结果:

［'艾派森'，'是'，'创新办'，'主任'，'也'，'是'，'大数据'，'专家'］

（3）方法 3：动态增加或删除词语。

优点：比添加自定义词典灵活，随用随机。

比如当遇到如下情况时：

text2 =' 我们中出了一个叛徒 '

jieba.lcut（text2）

运行结果:

［' 我们 '，' 中出 '，' 了 '，' 一个 '，' 叛徒 '］

可以发现它误解了我们的初始意思，将"中出"识别成了一个词语。所以这时候需要将"中出"一词删除，然后添加"出了"这个词语。

jieba.del_word（' 中出 '）　# 删除单词

jieba.lcut（text2）

运行结果：

[' 我们 ', ' 中 ', ' 出 ', ' 了 ', ' 一个 ', ' 叛徒 ']

可以发现将"中出"删除后，它就不会将中和出进行组合了。

jieba.add_word（' 出了 '）

jieba.lcut（text2）

运行结果：

[' 我们 ', ' 中 ', ' 出了 ', ' 一个 ', ' 叛徒 ']

当我们添加了"出了"词语后，它就可以将"出"和"了"进行组合了，这就符合了我们最初的意思。

10.6　智能语音技术

10.6.1　智能语音从识别开始

人类的声音第一次实现声电转换，实现远距离语音的传输可以追溯到 1876 年 3 月 10 日，贝尔发出了世界上第一条电话信息（如图 10.19 所示）。但直到 20 世纪 50 年代，语音识别研究才刚刚起步。

声纹识别根据应用场景的不同，一般分为：说话人辨识（speaker identification）、说话人确认（speaker verification）、说话人检出和追踪。语音识别的基本过程为：输入一般是语音信号，数学上用一系列维度为 d，长度为 T 的向量表示，输出是文本或者其他形式的输出，可以是 V 种不同的 tokens 构成的长度为 N 的序列，一般来说，在语音识别问题中，输入语音信号的长度 T 会大于输出文本 tokens 的长度 N，如图 10.20 所示。

图 10.19　亚历山大·格拉汉姆·贝尔与他的电话

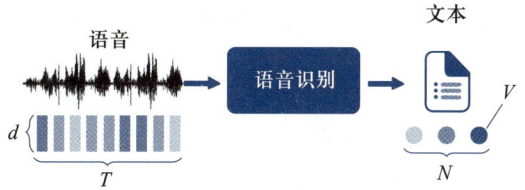

图 10.20　语音识别的过程

　　语音识别的目标是与机器进行语音交流，让机器明白你说什么，这也是人们长期以来梦寐以求的事情。中国物联网校企联盟形象地把语音识别比作"机器的听觉系统"。

　　现代语音识别可以追溯到 1952 年，贝尔实验室 Davis 等人研发的 Audry 系统是世界上第一个可以识别 10 个英文数字的语音识别系统，从此正式开启了语音识别的进程。随后普林斯顿大学的 RCA 实验室、伦敦大学的科学家以及麻省理工林肯实验室的科学家都开发出了针对特定人和非特定人的孤立词语音识别器。

　　20 世纪 60 年代是语音识别技术最初阶段，但对后来二十年的发展产生了很大的影响。进入 20 世纪 70 年代，语音识别技术进入快速发展期。比如广泛用于语音编码的线性预测编码（linear predictive coding，LPC）技术被推广应用到语音识别。日本学者 Sakoe 提出的采用动态规划算法进行语音识别的新途径——动态时间弯折算法（dynamic time warping，DTW），在小词汇量的语音识别研究中获得了成功，掀起了语音识别的研究热潮。与此同时 IBM、贝尔实验室等研究单位还开展了连续语音识别、非特定说话人语音识别等研究。在此期间，值得一提的是，人工智能技术开始被引入到语音识别中来，但并没有为该研究带来突破性的进展。20 世纪 80 年代是语音识别发展取得突破的一个关键时期。在这一时期语音识别的研究重点不仅涉及孤立词识别还有连接词识别，语音识别开始从孤立词识别系统向大词汇量连续语音识别系统发展。研究的方法从模板匹配方法逐步转移到基于统计模型的技术中来。这一时期出现了基于矢量量化（vector quantization，VQ）的语音识别技术。

　　进入 20 世纪 90 年代是语音识别技术基本成熟的时期，基于 GMM 和 HMM 的语音识别框架得到了广泛使用和研究。这一时期的研究工作主要集中在语音识别模型设计的细化、参数提取和优化以及系统自适应等方面。这一时期出现了很多产品化的语音识别系统，例如 DRAGON 系统、IBM 的 Via-vioce 系统、微软的 Whisper 系统、英国剑桥大学的 HTK（hidden markov toolKit）系统等。其中 HTK 工具包的开源对于语音识别技术的发展做出了巨大的贡献。HTK 为语音研究人员提供了一套系统的软件工具，极大地降低了语音识别的研究门槛，促进了语音识别的交流和发展。

但在进入 21 世纪后，语音识别系统的错误率依然很高，再次陷入漫长的瓶颈期。直到 2006 年 Hiton 提出用深度置信网络初始化神经网络，使得训练深层的神经网络变得容易，从而掀起了深度学习的浪潮。

语音识别发展到今天已经有 70 多年。从 1993 年到 2009 年，语音识别一直处于 GMM-HMM 时代，语音识别率提升缓慢，尤其是 2000—2009 年语音识别率基本处于停滞状态；2009 年随着深度学习技术，特别是深度神经网络（DNN）的兴起，语音识别框架变为 DNN-HMM，语音识别进入了 DNN 时代，语音识别精准率得到了显著提升；2015 年以后，由于"端到端"技术兴起，语音识别进入了百花齐放时代，语音界都在训练更深、更复杂的网络，同时利用端到端技术进一步大幅提升了语音识别的性能，直到 2017 年微软在 Swichboard 上达到词错误率 5.1%，从而让语音识别的准确性在特定数据集上首次超越了人类。

10.6.2　声纹识别

声纹识别（speaker verification），也称为说话人辨别，是一种通过采集语音片段识别说话人身份（speaker ID）的技术。比如以前我们通过固定电话打给我们的朋友，接听电话人的一声"喂，你好"，我们很容易就判断出是不是朋友本人接听了。再比如微信具有的声音锁功能（如图 10.21 所示），按住声音按钮读出给定的数字，比如 13809645 即可解锁。虽然屏幕上显示是 13809645，但实际上账户拥有者说其他的任意文字都可以通过验证，这也说明了这技术背后用的不是 ASR（自动语音识别），而是声纹识别技术。使用微信声音锁功能一般具有两个步骤：首先如图 10.21（a）所示，设置声音锁，要求你读出一串数字，然后才是声音验证（如图 10.21（b）所示），这也是一般声纹识别的处理流程。

人类语言的产生是人体语言中枢与发音器官之间一个复杂的生理物理过程，人在讲话时使用的发声器官——舌、牙齿、喉头、肺、鼻腔在尺寸和形态方面每个人的差异很大，所以任何两个人的声纹图谱都有差异，表现在声音上的差异还是很容易被人耳捕捉。每个人的语音声学特征既有相对稳定性，又有变异性，不是绝对的、一成不变的。这种变异可来自生理、病理、心理、模拟、伪装，也与环境干扰有关。尽管如此，由于每个人的发音器官都不尽相同，因此在一般情况下，人们仍能区别不同的人的声音或判断是否是同一人。

声纹识别根据应用场景的不同，一般分为：说话人辨识、确认、检出和追踪。说话人辨识用以判断某段语音是若干人中的哪一个所说的，是"多选一"问题；说话人确认用以确认某段语音是否是指定的某个人所说的，是"一对一判别"问题。说话人检出和追踪即给定一个说话人的声纹模型和一些语音，判断目标说话人是否在给定的语音中出现。如果目标说话人在语音中出现，则标识出对话语音中目标说话人所说的语音段的位置。

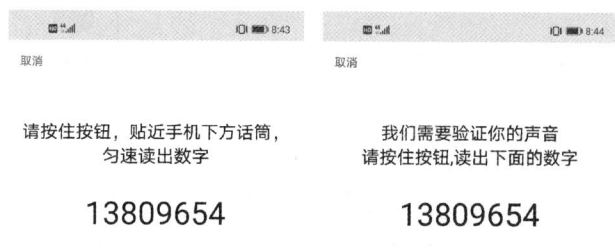

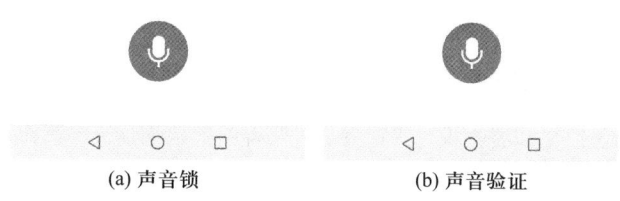

(a) 声音锁　　　　　　　　　(b) 声音验证

图 10.21　微信语音锁

根据声纹识别与待识别语音的文本内容的关系，声纹识别又可分为三类。

（1）文本无关，即对于语音文本内容无任何要求，说话人的发音内容不会被预先限定，说话人只需要随意录制达到一定长度的语音即可。这种方法使用起来更加方便灵活，具有更好的推广性和适应性。

（2）文本相关，即要求用户必须按照事先指定的文本内容进行发音。由于文本相关场景下，语音内容受到限定，整体随机性比文本无关场景下的小，所以一般来说其系统性能也会相对好很多。

（3）文本提示，即从说话人的训练文本库中，随机提取若干词汇组合后提示用户发音。既对语音内容的发音范围进行了限定，又通过随机组合的方式，保留了语音内容的随机性，是文本无关与文本相关的一种结合。这种方式能一定程度上避免文本相关时的假冒录音闯入问题，同时具有较高的系统性能，且实现方便。下面以说话人辨别为例，介绍声纹识别研究，如图 10.22 所示。

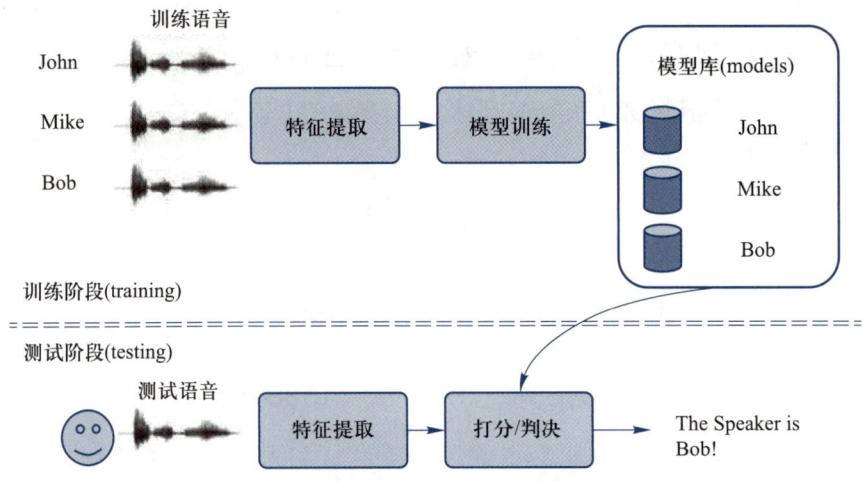

图 10.22　典型的说话人身份识别系统

　　为了让计算机认识一个用户，在训练阶段，需要先录制目标用户的声音，比如获得了张三、李四和王五的语音；随后对原始训练语音提取特征，并进行模型训练得到说话人模型（比如张三、李四等人的说话人模型，可以用向量表示），存储到模型库。在测试阶段，在使用的时候，当遇到一个未知的声音时，先采用训练阶段同样的方法提取特征，然后和模板库中的所有候选声音进行相似度比较，并打分。相似程度最高的候选声音作为该未知声音最有可能的身份信息。因此识别系统性能的好坏，关键就在于能否有效选出不同说话人语音的差异信息，以及从模板库中搜索的复杂度。

　　近年来，基于深度学习的声纹识别取得了良好的进展，有很多模型颠覆了传统的算法。尽管如此，还是有必要先介绍一些传统的算法，从中学习一些可借鉴的地方。

　　虽然每个人的语音听起来都有各自的特点，但也不是完全没有规律可循。比如虽然每天会说很多话，包含很多字，但常用的汉字仅仅 2 500 字左右。再比如将语音拆分到音素的级别，现代汉语只需要32个音素，英语国际音标共有48个音素。语音可以转化为对应的音素，不同的音素可以构成词。虽然不同说话人的音素样本有明显的差异，但都能在空间中的某个区域内聚类。

10.6.3　语音合成

　　语音合成（text to speech）技术将输入的文本合成为能够播放的人类语音，处理过程上可以理解成语音识别的反向过程，所以目标是做到能够合成媲美人声的语音。语音合成系统由前端和后端组成，如图 10.23 所示。前端主要负责在语言层、语法层、语义层对输入文本进行文本分析。后端主要是从信号处理、模式识别、机器学习等角度，在语音层面上进行韵律特征建模，声学特征建模，然后进行声学预测或者在音库中进行单元挑选，最终经过合成器或者波形拼接等方法合成语音。

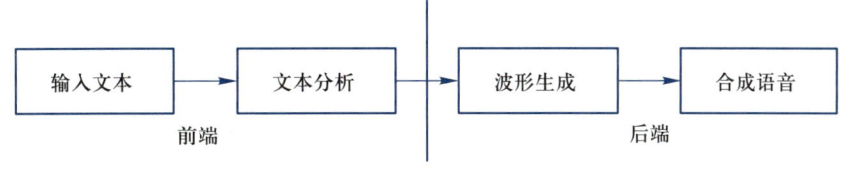

图 10.23　语音合成系统框图

在老式的科幻片中，机器人都是这样说话的："大 – 家 – 好，我 – 是 – 机 – 器 – 人"。

逐字发音，声音粗糙没有韵律，缺乏连贯性，根本原因还是早期的语音合成技术瓶颈造成的：无法合成高音质、自然韵律的声音，造成了机器发音的固有印象。近年来随着深度学习技术的不断发展，语音合成技术也得到了突破性的进展。深度神经网络等相关技术在语音合成模型与声码器模型中的应用，使得端到端语音合成系统得到飞速发展，语音合成的音质也得到了质的提升。最具代表性有 WaveNet、Tacotron、Deep Voice 等，这些能够合成出近似真人的语音。

未来正如《数字化生存》里预测的那样：语音将是人机界面之间最主要的沟通渠道，换句话说，我们会更多地"与机器说话"，因为"说话最大的价值之一就在于能让双手空出来做别的事情"。

10.7　本章小结

本章介绍了计算机进行自然语言处理的基本原理、常用方法，以及声纹识别技术、语音合成技术等。通过学习大家应重点掌握以下内容。

（1）自然语言处理就是让计算机去处理人类的语言，包括对自然语言的分析理解以及转换生成等任务。比如分析语言的词法、语法、语义、情感、主题等就属于语言的分析和理解；而翻译、文摘等则属于语言的转换生成。自然语言处理的核心任务是自然语言理解和自然语言生成。

（2）词法分析是将输入句子从字序列转化为词和词性序列，涉及分词，词性标注等任务。

（3）句法分析的主要任务是判断句子的句法结构和组成句子的各成分，明确它们之间的相互关系。最常见的句法分析任务可以分为以下三种：依存句法分析、短语结构句法分析、深层文法句法分析。

（4）语义分析指学习与理解一段文本所表示的语义内容。语义分析又可进一步分解为词汇级语义分析、句子级语义分析以及篇章级语义分析。

（5）知识图谱是进行自然语言处理的有效方法之一。

（6）声纹识别根据应用场景的不同，一般分为：说话人辨识、说话人确认、说话人检出和追踪。

（7）语音合成（text to speech）技术是将输入的文本合成为能够播放的人类语音，处理过程上是语音识别的反向过程。

☐ 本章习题

一、名词解释

自然语言处理，词法分析，句法分析，语义分析

二、单选题

1. 下面哪个属于语音识别应用领域？（　　）

A. 从图像中分割出目标　　　　　B. 机器阅读理解

C. 声纹识别　　　　　　　　　　D. 自然语言推理

2. 导航软件里面林志玲的声音是采用什么方式制作的？（　　）

A. 语音合成　　　　　　　　　　B. 本人录制

C. 语音识别　　　　　　　　　　D. 查词典

3. 自然语言处理的主要任务是（　　）。

A. 机器翻译　　　　　　　　　　B. 语音识别

C. 文本分类　　　　　　　　　　D. 所有以上内容

三、简答题

1. 什么是自然语言处理？

2. 自然语言处理的应用领域有哪些？

第 11 章　计算机视觉及应用

计算机视觉，作为人工智能领域的璀璨明珠，专注于赋予计算机像人类一样解读世界图像和视频的能力。它融合了计算机科学、数学、信号处理等多个学科的精髓，通过复杂的算法和模型，让机器能够自动提取、分析和理解视觉信息。从简单的图像分类到复杂的目标检测与跟踪，计算机视觉技术正逐步渗透到我们生活的方方面面。

11.1　计算机视觉概述

计算机视觉，作为一门致力于赋予机器解析与领悟图像及视频深层内涵的学科，其根源深深植根于 1966 年麻省理工学院人工智能实验室那场激情洋溢的"夏季视觉探索计划"。彼时，人工智能的多个分支正如初升之日，展露出勃勃生机，而麻省理工学院的先驱们，怀揣着对未知世界的无限憧憬，毅然决定在短暂的夏日时光里，勇敢地揭开计算机视觉那层神秘而诱人的面纱。尽管初时的壮志未能即时化为现实，但这一勇敢的尝试却如同火种，点燃了计算机视觉长达半个多世纪的光辉旅程，引领它逐步发展成为一个充满活力、不断创新与突破的前沿研究领域。

在当今时代，互联网数据洪流中图像与视频占据了超过七成的份额，全球监控摄像头的数量更是超越了人口数，每日产生的监控视频时长惊人地达到数亿小时。如此庞大的数据量，迫切呼唤着自动化、智能化的视觉理解与分析技术。计算机视觉的核心使命，便是跨越这一数据海洋，让机器能够"看懂"图像与视频中的万千世界——无论是辨别图片中的猫狗之别，还是识别视频中人物的身份与行为，都是其不懈追求的目标。

从科学的视角审视，计算机视觉是一门探索如何让机器"看见"并理解世界的学科。它致力于构建能够模拟人类视觉系统，从图像或多维数据中提取高层次信息的人工智能系统。这不仅仅是对图像像素的简单处理，更是对客观世界三维场景的深度感知、精细加工与智能解释。而从工程实践的角度出发，计算机视觉则致力于开发自动化系统，以模拟人类视觉系统的功能，完成复杂多样的视觉任务。

综上所述，计算机视觉作为一门前沿科学，其发展历程充满了探索与突破。然而，随着技术的不断进步与创新，计算机视觉将不断缩小与人类视觉的差距，为人类社会带来更加智能、便捷的生活方式，同时也将在科技与社会发展的各个领域发挥越来越重要的作用。

11.2　计算机视觉的发展历程

计算机视觉作为一门跨学科领域，其发展历程跨越了辉煌的七十余载，见证了科技与理论创新的深刻交融。自其诞生以来，计算机视觉便致力于模拟并超越人类视觉系统的能力，通过算法与技术的不断演进，探索图像与视频数据的自动解析与理解之道。这一历程中，无数先驱者与研究者贡献了众多开创性的理论与方法，极大地推动了计算机视觉领域的蓬勃发展。

11.2.1　计算机视觉的起源

计算机视觉的起源可以追溯到 20 世纪 50 年代，这是一个充满探索与创新的时期。在那个时代，科学家们开始关注如何让计算机理解和解析图像，从而开启了一段全新的研究旅程。以下是计算机视觉起源的详细阐述。

在 20 世纪 50 年代初，计算机科学和电子技术正处于快速发展阶段。科学家们开始思考如何将计算机应用于图像处理领域，以实现对二维图像的分析与识别。这一时期的研究焦点主要集中在以下几个方面。

（1）图像数字化：为了使计算机能够处理图像，首先需要将模拟图像转换为数字形式。20 世纪 50 年代，研究人员开始探索如何将图像像素化，并将其转换为计算机可以处理的数字信号。

（2）图像预处理：在图像识别之前，需要对图像进行预处理，如去噪、增强、边缘检测等。这些技术为后续的图像分析奠定了基础。

（3）图像特征提取：研究人员试图从图像中提取具有代表性的特征，如线条、角点、纹理等，以便于计算机进行识别。

1959 年，神经生理学界发生了一件具有里程碑意义的事件，David Hubel 和 Torsten Wiesel 在研究猫的视觉系统时，揭示了猫脑中处理视觉信息神经元的奥秘。他们的研究发现，视觉皮层的神经元具有特定的感受野，能够对图像中的线条、边缘等特征产生反应。如图 11.1 所示，这一发现不仅深化了我们对生物视觉机制的理解，更为后来计算机视觉领域中神经网络模型的构建提供了宝贵的灵感与启迪。

以下是这一发现对计算机视觉领域的影响。

（1）生物视觉机制的启示：Hubel 和 Wiesel 的研究成果深化了我们对生物视觉机制的理解，为计算机视觉研究者提供了模仿生物视觉处理过程的灵感。

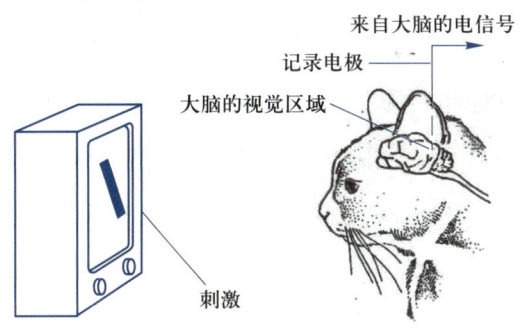

图 11.1　猫脑中处理视觉信息

（2）神经网络模型的发展：基于 Hubel 和 Wiesel 的发现，计算机视觉研究者开始尝试构建神经网络模型，以实现对图像的分层处理和特征提取。

（3）视觉感知任务的突破：在了解了生物视觉系统的工作原理后，计算机视觉研究者逐步攻克了一系列视觉感知任务，如边缘检测、形状识别、目标跟踪等。

在计算机视觉的发展历程中，1963 年是一个值得铭记的年份。那一年 Roberts 凭借其敏锐的洞察力和创新精神，提出了感知器模型。这一模型的问世，不仅是简单人工神经网络在图像识别领域的首次尝试，更是计算机视觉领域一个重要的里程碑。如图 11.2 所示，Roberts 的感知器模型成功地展示了机器识别简单图形的能力，为后续的研究者提供了宝贵的经验和启示。

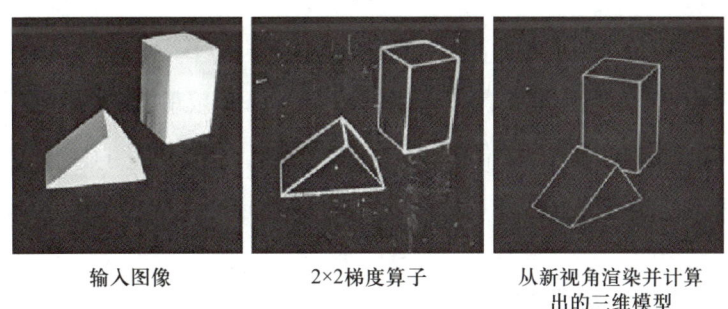

图 11.2　感知器模型

然而，计算机视觉的发展之路并非坦途。1966 年，麻省理工学院的两位杰出学者 Marvin Minsky 和 Seymour Papert 出版了他们的著作《感知器》，这本书对感知器模型进行了全面而深刻的剖析。他们的研究不仅揭示了感知器的潜力，也指出了其固有的局限性。Minsky 和 Papert 指出，感知器模型由于其只能处理线性可分问题的特性，对于像异或（XOR）这样的复杂模式识别任务显得无能为力。

这一洞见对当时的研究界产生了深远的影响。它不仅为计算机视觉研究者指明了研究方向，也预示了实现全面计算机视觉所需克服的硬件和理论双重挑战。Minsky 和 Papert 的工作揭示了感知器模型的局限性，同时也激发了研究者们不断探索新方法、新理论的热情。

他们的批判性分析成为了计算机视觉领域的一个重要转折点，促使研究者开始寻找更为复杂的算法和模型，以解决非线性问题的识别任务。这一时期的挑战和洞见，为后来神经网络的发展、支持向量机、深度学习等先进技术的崛起奠定了基础。

11.2.2　计算机视觉的低谷

在 Minsky 与 Papert 的深刻批评以及当时计算机处理能力与数据资源双重局限的背景下，计算机视觉领域确实经历了一段探索与挑战并存的低谷时期。然而，正是这段时期孕育了专注于特定任务与应用领域的精细化发展。研究者们转而聚焦于那些通过合理假设与约束条件得以简化的实际问题，如工业检测、医学图像分析及遥感图像处理等，这些领域为计算机视觉技术提供了宝贵的实践舞台。

在工业检测领域，研究者巧妙利用目标物体的刚性、平滑、均匀及规则形状等特性，设计出高效且精准的图像处理算法，实现了对产品质量的严格把控。而在医学图像分析方面，则通过假设图像的高清晰度、强对比度及低噪声环境，开发出了一系列能够辅助医生诊断的图像处理技术，极大地提升了医疗诊断的准确性与效率。

期间，还有一系列基础而关键的图像处理方法应运而生，如边缘检测技术，能精准捕捉图像中的轮廓信息；阈值分割方法，则如同智能的过滤器，有效区分图像中的不同区域；区域生长技术，模拟了自然生长的过程，将相似的像素点聚集成有意义的区域；形态学操作，更是如同精细的雕刻师，对图像进行形态上的修饰与增强。这些方法的诞生与发展，不仅为计算机视觉领域奠定了坚实的基础，也为后续的技术突破与应用拓展铺平了道路。

11.2.3　计算机视觉的复兴

步入 20 世纪 80 年代，计算机视觉领域迎来了复兴的曙光，一系列新颖思潮与方法的涌现，为其注入了前所未有的活力与潜力。在这一时期，统计学与概率论的方法成为了推动计算机视觉发展的重要力量，贝叶斯理论、隐马尔可夫模型及马尔可夫随机场等先进理论被广泛应用于处理图像中的不确定性与噪声问题，同时构建了图像与真实场景之间更为精准的映射桥梁。这些方法的引入，极大地增强了计算机视觉系统对复杂环境的适应能力与健壮性。

与此同时，几何学与代数的方法也在计算机视觉领域大放异彩，单应性、基本矩阵、极线几何等概念的深入探索，为处理图像中的运动模式、空间结构以及多视角三维重建等难题提供了强有力的数学工具。这些方法的运用，不仅深化了我们对图像本质的理解，也为实现更高级别的视觉任务奠定了坚实的理论基础。

此外，神经网络与机器学习技术的兴起，更是为计算机视觉领域带来了革命性的变革。多层感知器、支持向量机、决策树等先进模型的涌现，使得计算机能够从海量数据中自动学习并提取有效特征，进而构建出高效且准确的分类器与识别系统。这些方法的引入，不仅极大地提升了计算机视觉系统的性能与效率，也为其适应不同任务与环境提供了更为灵活与强大的能力。

11.2.4　计算机视觉的热潮

自 21 世纪初以来，计算机视觉领域迎来了前所未有的热潮，随着大数据和计算能力的提升，深度学习技术迅速发展，特别是卷积神经网络（CNN）在图像识别、分类和检测等方面取得了突破性进展。计算机视觉与其他学科如机器学习、自然语言处理、机器人学等的交叉融合日益加深，推动了多模态感知和认知智能的研究。这一繁荣景象主要归功于以下几个方面的显著进步。

（1）计算机硬件的飞跃：特别是图形处理器（GPU）技术的革新，极大地提升了计算效率，使得处理大规模数据集和复杂模型成为可能，为计算机视觉技术的深化应用提供了坚实的硬件基础。

（2）互联网与社交媒体的蓬勃发展：这些平台不仅丰富了图像与视频数据的来源，还极大地拓宽了数据的多样性和规模，为计算机视觉模型提供了海量的、高质量的训练与测试资源，促进了技术的持续优化与提升。

（3）深度学习的革命性突破：深度学习技术的兴起，特别是卷积神经网络等模型的广泛应用，使计算机视觉能够深入挖掘并利用深层次的图像特征，通过端到端的学习方式，显著提高了图像识别、目标检测、场景理解等任务的性能与精度。

（4）广泛而深入的应用场景：计算机视觉技术在人脸识别、自动驾驶、增强现实、智能监控等多个领域的广泛应用，不仅展示了其巨大的商业价值和社会影响力，也进一步激发了科研界与产业界对计算机视觉技术的探索热情，不断推动其向更高水平发展。同时，这些应用场景也为计算机视觉技术提出了更多元化、更具挑战性的需求，促进了技术的持续创新与进步。

11.3　计算机视觉的关键技术

计算机视觉，作为一个高度实用化的技术领域，涵盖了多样化的功能与应用，其核心在于让计算机系统能够解析、理解和解释数字图像及视频中的信息。以下是从多维视角阐述 4 种基础且关键的计算机视觉技术。

11.3.1　图像分类

图像分类，作为计算机视觉领域中的一个核心基石，其重要性不言而喻。这一技术深入挖掘并利用图像中的丰富语义特征，如颜色、纹理、形状以及更高层次的抽象特征（如物体布局、场景氛围等），来实现对图像内容的准确理解与分类。这种能力不仅是构建智能视觉系统感知世界的第一步，也是推动计算机视觉技术向更高层次、更复杂应用场景发展的关键驱动力。

在图像分类的过程中，计算机首先需要通过图像处理技术将原始图像数据转换为适合算法处理的格式，这一过程可能包括图像的缩放、裁剪、去噪以及色彩空间转换等预处理步骤。随后，利用深度学习、机器学习等先进技术，特别是卷积神经网络（CNN）等强大模型，自动学习并提取图像中的特征表示。这些特征既包含了图像的低级视觉特征（如边缘、角点），也包含了能够区分不同类别的高级语义特征。

图像分类的成功，得益于大数据集的支持和计算能力的提升。大规模的标注图像数据集，如 ImageNet，为训练复杂模型提供了充足的数据源，使得模型能够学习到泛化能力更强的特征表示。同时，高性能计算平台和加速硬件（如 GPU、TPU）的发展，极大地缩短了模型训练时间，提高了处理速度和精度。

更为重要的是，图像分类作为计算机视觉领域的基础技术，为更高级别的视觉任务提供了坚实支撑。通过理解和分析图像中的目标、场景和上下文信息，图像分类技术能够作为前端处理环节，为后续的任务如目标检测（精准定位图像中的多个对象）、图像分割（精细划分图像中的每个像素或区域）、动态物体跟踪（实时跟踪图像中的移动对象）、复杂行为分析（解析视频中的群体行为或个体活动）以及高精度人脸识别（准确识别个体身份）等提供有力支持，共同推动计算机视觉技术向更加智能化、人性化的方向发展。

图像分类技术的具体实现过程通常涉及多个步骤，这些步骤从图像数据的预处理开始，到特征提取、模型训练，最后到分类预测。如图 11.3 所展示的场景，图像分类技术能够深入分析图像内容，识别出图像中存在的具体元素，如 "sheep"（羊）、"grass"（草）和

"sky"（天空）。处理过程如下。

1. 数据收集与预处理

数据收集：首先，需要收集大量包含羊、草和天空的图像作为训练数据集。这些数据集应尽可能多样化，以覆盖不同的光照条件、视角、羊的种类和姿态等。

图 11.3　图像分类

数据预处理：对收集到的图像进行预处理，包括尺寸调整、归一化、去噪等，以确保所有输入图像在模型训练时具有相同的格式和尺寸。此外，还可能需要进行数据增强（如旋转、缩放、裁剪等）以增加模型的泛化能力。在数据预处理阶段，可以使用 Python 的库（如 PIL 或 OpenCV）来处理图像，以及 PyTorch 的 transforms 模块来构建预处理流程。下面将为尺寸调整、归一化、去噪和数据增强等提供具体的操作步骤。

1）尺寸调整

尺寸调整通常将图像缩放到模型所需的输入尺寸。可以使用 PIL 或 OpenCV 的内置函数。

```
def resize_image_pil(image_path, new_size=(224, 224)):
    with Image.open(image_path) as img:
        resized_img = img.resize(new_size)
    return resized_img
```

2）归一化

归一化通常将图像的像素值从［0，255］缩到［0，1］或［-1，1］，并减去均值再除以标准差以进行标准化。

```
def normalize_image(image):
    """
    归一化图像的像素值到 [0, 1] 范围。
    """
    return image / 255.0

def standardize_image(image, mean=None, std=None):
    """
    标准化图像的像素值。
    如果mean和std为None，则计算整个图像的均值和标准差。
    """
    if mean is None or std is None:
        mean = np.mean(image)
        std = np.std(image)
    return (image - mean) / std


# PIL打开图像
image_path = "path_to_your_image.jpg"
with Image.open(image_path) as img:
    # 将PIL图像转换为numpy数组
    image_array = np.array(img)

    # 归一化图像
    normalized_image = normalize_image(image_array)

    # 标准化图像
    standardized_image = standardize_image(normalized_image)
```

3）去噪

去噪通常不直接通过公式实现，而是使用各种算法，如高斯滤波、中值滤波或更复杂的去噪技术（如非局部均值去噪）。这里提供一个使用 OpenCV 进行高斯滤波的简单示例。

```
from scipy.ndimage import gaussian_filter
import numpy as np
from PIL import Image

def denoise_image_gaussian(image_array, sigma=1.0):
    """
```

使用高斯滤波器对图像进行去噪。

```
:param image_array: 输入图像的numpy数组。
:param sigma: 高斯滤波器的标准差。
:return: 去噪后的图像数组。
"""

denoised_image = gaussian_filter(image_array, sigma=sigma)
return denoised_image

# PIL打开图像
image_path = "path_to_your_image.jpg"
with Image.open(image_path) as img:
    # 将PIL图像转换为numpy数组
    image_array = np.array(img)

    # 使用高斯滤波去噪
    denoised_image_array = denoise_image_gaussian(image_array)
```

4）数据增强

数据增强是通过随机变换来增加训练数据量的技术。PyTorch 的 transforms 模块提供了多种数据增强方法。

```
from torchvision import transforms
from PIL import Image

# 定义数据增强的变换
transformations = transforms.Compose([
    transforms.RandomHorizontalFlip(),   # 随机水平翻转
    transforms.RandomVerticalFlip(),      # 随机垂直翻转
    transforms.RandomRotation(30),        # 随机旋转，最大30度
    transforms.RandomResizedCrop(224),    # 随机裁剪并重新缩放至224x224
    transforms.ColorJitter(brightness=0.2, contrast=0.2, saturation=0.2),
    transforms.ToTensor()   # 将PIL图像或NumPy ndarray转换为Tensor
])

# 假设有一个图像路径
image_path = "path_to_your_image.jpg"

# 应用数据增强变换
with Image.open(image_path) as img:
    augmented_image = transformations(img)
```

2. 特征提取

传统方法：在过去，人们使用手工设计的特征提取器（如 SIFT、SURF、HOG 等）来从图像中提取有用的特征。然而这些方法需要领域知识和大量的实验来调整参数。

深度学习：现代图像分类任务大多采用深度学习方法，特别是卷积神经网络（CNN）。CNN能够自动从原始图像中学习层次化的特征表示，无须手动设计特征提取器。

3. 模型设计与训练

模型设计：设计或选择一个合适的CNN架构，如AlexNet、VGG、ResNet等。这些模型包含多个卷积层、池化层、全连接层等，用于提取图像特征并进行分类。

模型训练：使用预处理后的训练数据集对模型进行训练。在训练过程中，通过前向传播计算模型输出与真实标签之间的误差，然后通过反向传播算法更新模型权重，以最小化误差。此过程通常涉及多次迭代（称为epoch），直到模型在验证集上的性能不再显著提升。

4. 评估与优化

评估：使用测试集（与训练集和验证集独立的图像）来评估模型的性能。常见的评估指标包括准确率、精确率、召回率和F1分数等。

优化：根据评估结果对模型进行调优，可能包括调整网络架构、优化超参数（如学习率、批量大小、正则化系数等）、使用更复杂的正则化技术（如Dropout、Batch Normalization）或尝试不同的优化算法等。

5. 分类预测

使用训练好的模型对新输入的图像进行分类预测。模型会输出每个类别的概率或置信度，然后可以选择概率最高的类别作为最终预测结果。

6. 部署与应用

将训练好的模型部署到实际应用中，如智能监控系统、农业自动化、自动驾驶等领域，以实现对图像的智能解读和分类。

在实际应用中，图像分类的广泛应用场景进一步凸显了其重要性。例如，在电子商务领域，图像分类技术能够自动识别商品图片，提升搜索和推荐的准确性；在医疗影像分析中，该技术可以辅助医生进行病变检测，提高诊断效率；在自动驾驶系统中，通过分类道路场景中的行人、车辆、交通标志等，实现安全的导航与避障；此外，在安防监控、生物识别、环境监测等众多领域，图像分类技术也发挥着至关重要的作用。简而言之，图像分类是构建智能视觉系统的重要基石，它通过解析图像的语义信息，实现了对图像内容的精确归类，为各种复杂的视觉任务提供了坚实的基础。

11.3.2 目标检测

目标检测任务，作为计算机视觉领域的一项关键技术，其核心挑战在于对复杂多变的图像环境进行深度剖析，以实现对图像中所有潜在目标对象的精准定位与类别识别。这一过程不仅要求系统具备高度的图像理解能力，还需在实时性、准确性及健壮性之间取得良好平衡。

具体而言，目标检测任务首先需要对输入的图像进行全面的预处理，包括但不限于图像的尺寸调整、色彩空间转换、噪声抑制等，以确保后续处理步骤的顺利进行。随后，利用先进的算法和模型，如基于深度学习的卷积神经网络（CNN）及其变体（如 Faster R-CNN、YOLO、SSD 等），对图像进行特征提取与分析。这些模型能够自动学习图像中的层次化特征表示，从低级的边缘、纹理信息到高级的语义概念，为目标的检测与识别提供丰富的信息基础。

在检测阶段，目标检测算法会遍历整个图像，利用滑动窗口、候选区域生成（如 RPN）或特征金字塔等策略，在多个尺度上搜索潜在的目标对象。对于每个候选区域，算法会进一步分析其特征，并基于学习到的分类器判断其是否属于某个特定类别。同时，通过边界框回归技术，算法会优化每个检测到的目标的边框位置，以确保其能够紧密且准确地围绕目标对象。

在标注阶段，每个被检测到的目标对象都会被赋予一个明确的边框，该边框精确地标识了目标在图像中的位置与大小。此外，在边框的附近或指定的信息区域，算法还会标注出相应的类别标签，以指明该目标对象的具体类别。这些标签通常采用文本形式，清晰易读，便于用户或后续处理流程快速识别与理解。

目标检测任务的复杂性在于其需要同时处理多个目标对象的检测与识别问题，且这些目标可能出现在图像的任何位置、具有不同的尺寸、形状和姿态。此外，图像中的光照变化、遮挡、背景杂波等因素也可能对检测性能产生不利影响。因此，目标检测算法需要具备强大的特征提取能力、高效的候选区域生成策略以及准确的分类与回归机制，以应对这些挑战并实现高精度、高效率的检测性能。

如图 11.4 所示，在目标检测任务中，特别是针对绵羊的检测，我们可以利用深度学习技术，特别是卷积神经网络（CNN）来实现。检测图片中的绵羊的过程如下。

1. 数据准备

收集数据集：首先，需要收集大量包含绵羊的图像数据集。这些数据集应该包含不同环境、光照条件、绵羊姿态和大小的图像。

标注数据：使用工具（如 LabelImg、VGG Image Annotator 等）对每张图像中的绵羊进行标注。标注通常包括绘制一个矩形框围绕绵羊，并可能包含绵羊的类别标签（在这个案例中，标签是"sheep"）。

数据预处理：将标注后的数据集进行预处理，包括调整图像大小、归一化像素值、数据增强（如旋转、缩放、翻转等），以提高模型的泛化能力。

图 11.4　目标检测之绵羊

2. 模型选择与设计

选择预训练模型：可以选择一个已经在类似任务（如对象检测）上预训练的 CNN 模型作为起点，如 Faster R-CNN、YOLO、SSD 等。这些模型已经学习了丰富的特征表示，有助于快速适应新的检测任务。

修改模型架构（如果需要）：根据具体任务需求，可能需要对预训练模型的架构进行一些修改，比如调整输出层的类别数（在这个案例中，是 1，即"sheep"类）。

3. 模型训练

设置训练参数：包括学习率、批量大小、迭代次数（epochs）、优化器等。

训练模型：使用标注好的数据集对模型进行训练。在训练过程中，模型会学习从输入图像中提取特征，并预测每个绵羊的位置和类别。

评估与调优：在训练过程中定期评估模型在验证集上的性能，并根据需要进行调优，比如调整学习率、添加正则化项、修改网络结构等。

4. 模型部署与应用

模型部署：将训练好的模型部署到实际的应用场景中，比如智能监控系统、农业自动化等。

实时检测：使用部署的模型对新的图像或视频流进行实时绵羊检测。模型会输出每个检测到的绵羊的矩形框位置和类别标签。

5. 针对图片的具体实现

当模型被正确训练和部署后，它将能够自动识别出图片中的三只绵羊。模型会分析输入图像，提取关键特征，然后利用这些特征来预测绵羊的位置和类别。在这个例子中，模型会输出三个矩形框，每个框都准确地围绕着一只绵羊，并在框内或旁边标注"sheep"。

需要注意的是，实际的实现过程可能会更加复杂，涉及更多的细节和调优步骤。此外，模型的性能还受到数据集质量、模型架构、训练参数等多种因素的影响。

整个检测过程展现了算法在复杂背景下的强大识别能力，能够有效区分前景与背景，并准确捕捉目标对象的特征。同时，该算法还表现出了良好的鲁棒性，能够在没有人物干扰的情况下，专注于识别图像中的动物目标。

如图 11.5 所示，具体实现过程通常包括以下几个关键步骤：数据准备、模型选择、模型训练、评估与调优，以及最终的模型部署与应用。该户外场景图像被细致地扫描并识别出了两个主要目标对象。首先，位于图像前景的是一只大型犬类动物，根据其外观特征，很可能是边境牧羊犬。这只狗以其黑色和棕色相间的健康毛色吸引了注意，它稳稳地坐在黄色的门廊上，朝向镜头，展现出一种优雅和自信的姿态。算法准确地在狗周围绘制了一个边界框，并在图像上方以文字"dog"明确标注了这一目标类别。针对目标检测任务的一个具体实现过程概述如下。

1）数据准备

收集数据集：首先需要收集包含目标类别（如自行车、狗、卡车等）的多样化图像数据集。这些数据集应该覆盖不同的背景、光照条件、目标姿态和遮挡情况。

标注数据：使用图像标注工具（如 LabelImg、VIA 等）对每张图像中的目标进行标注。标注通常包括绘制矩形框（或更复杂的形状，如多边形）来定位目标，并标注目标的类别标签。在图 11.5 中，已经有三个矩形框分别标注了"bicycle""dog"和"truck"，但请注意"truck"的标注可能是一个错误，因为图片中并没有明显的卡车。

数据预处理：对标注后的数据集进行预处理，包括调整图像大小、归一化像素值、数据增强（如旋转、缩放、裁剪、翻转等）以提高模型的泛化能力。

2）模型选择

选择预训练模型：选择一个已经在类似任务上表现良好的预训练目标检测模型，如YOLO 系列（YOLOv3、YOLOv4、YOLOv5）、Faster R-CNN、SSD 等。这些模型已经具备了一定的特征提取能力，可以加速训练过程并提高检测精度。

调整模型架构（可选）：根据具体任务需求，可能需要对预训练模型的架构进行微调，比如调整输出层的类别数（在本例中，应为3：自行车、狗、其他可能的目标类别），或者优化特征提取层等。

图 11.5　目标检测之狗、自行车、卡车

3）模型训练

设置训练参数：包括学习率、批量大小、迭代次数（epochs）、优化器、损失函数等。

训练模型：使用标注好的数据集对模型进行训练。在训练过程中，模型会学习如何从输入图像中提取特征，并预测每个目标的位置和类别。

评估与调优：在训练过程中定期评估模型在验证集上的性能，如精确度、召回率、F1分数、平均精度（mAP）等。根据评估结果调整模型参数、训练策略或进行更深入的模型调优。

4）评估与优化

使用测试集评估模型的最终性能，确保模型具有良好的泛化能力。

如果模型性能不理想，可能需要返回前面的步骤进行更多的数据增强、模型架构调整或超参数优化。

5）模型部署与应用

将训练好的模型部署到实际的应用场景中，如智能监控、自动驾驶、机器人视觉等。使用部署的模型对新的图像或视频流进行实时目标检测。

注意：在图片中，"truck"的标注可能是一个错误，因为图片中并没有出现卡车。在训练过程中，应确保标注的准确性，以避免误导模型。

目标检测模型的性能受到多种因素的影响，包括数据集的质量、模型架构的选择、训练策略的优化等。因此，在实际应用中可能需要多次迭代和调优才能达到理想的检测效果。

综上所述，目标检测作为计算机视觉领域的核心技术之一，其核心价值在于能够精确无误地识别并定位图像中的各类目标对象。这一过程不仅为图像分析提供了丰富的结构化信息，更为后续诸如场景重建、行为模式识别以及智能化人机交互等高级视觉任务奠定了坚实而稳固的基础。随着技术的不断演进与创新，目标检测将继续深化其在计算机视觉领域的地位，推动整个领域向更加智能化、自动化的方向发展。

11.3.3 语义分割

语义分割，作为计算机视觉领域的一项核心技术，其重要性不言而喻，它不仅仅是对图像进行简单的像素级分类，更是实现图像深度理解与高级分析的关键步骤。这一任务的核心挑战在于，它要求算法能够细致入微地解析图像内容，将复杂的视觉场景拆解为多个具有明确语义意义的区域，每个区域都对应着预定义类别中的一个。这种拆解不仅仅是颜色或纹理的区分，更重要的是要理解并识别出图像中的具体对象及其相互关系，从而实现对图像内容的深层次理解。

在执行语义分割时，算法需要首先提取图像中的丰富特征，这些特征可能包括颜色、纹理、形状、边缘以及更高级的语义信息等。随后，利用深度学习等先进技术，特别是卷积神经网络（CNN）及其变体，对这些特征进行高效的学习和整合，以构建出能够准确区分不同对象的模型。这些模型通过大量的标注数据进行训练，学习如何识别图像中的每一个像素点，并将其归类到相应的语义类别中。

值得注意的是，语义分割的精度要求极高，因为它不仅需要正确识别出图像中的对象，还需要精确地勾勒出对象的边界。这意味着算法需要具备对图像细节的敏锐洞察力，能够处理图像中的微小变化和不确定性，以确保分割结果的准确性和可靠性。因此，语义分割算法的设计和实现往往涉及复杂的网络结构、精细的参数调优以及高效的优化策略。

此外，语义分割技术的应用范围极为广泛，涵盖了自动驾驶、医学影像分析、卫星图像处理、虚拟现实等多个领域。在自动驾驶领域，语义分割可以帮助车辆准确识别道路、车辆、行人等关键元素，从而做出更加安全的驾驶决策；在医学影像分析中，语义分割则能够辅助医生更加精确地识别病灶区域，提高诊断的准确性和效率。这些应用实例充分展示了语义分割技术的重要性和价值。

如图 11.6 的所示，在语义分割中，我们可以将图像划分为几个主要的语义区域：羊、草地、天空和云朵。

图 11.6　语义分割

羊：图像中最为显著且易于识别的对象是三只羊，它们各自构成一个独立的语义区域。这些羊被精确地分割出来，形成三个连贯的区域，分别对应着最左侧的小羊羔和中间并排站立的两只成年羊。它们的轮廓被清晰地界定，尤其是小羊羔的细小身体和中间成年羊较大的体型，均被准确地区分。羊的棕色皮毛和白色胸部区域在分割过程中也得到了有效的区分，展现了语义分割对颜色和纹理的敏感捕捉能力。

草地：作为图像的背景之一，草地占据了画面的大部分区域。草地被分割为一个连续的绿色区域，其鲜亮的色彩与羊的棕色皮毛形成了鲜明的对比，使得羊的轮廓更加突出。草地的细节如草丛的起伏和纹理在分割过程中得到了保留，增加了图像的真实感和立体感。

天空：位于图像的上部，天空被分割为一个广阔的蓝色区域。尽管天空中只有少量的云朵，但它们在分割过程中也被单独识别并划分出来，形成了天空中的点状或条状白色区域。这种对云朵的精细分割展示了语义分割算法对图像中微小细节的处理能力。

云朵：作为天空中的点缀元素，云朵被分割为若干个小而独立的白色区域。这些区域与天空的蓝色背景形成了明显的界限，进一步丰富了图像的层次感和视觉效果。

这张图片的语义分割描述文字如下：图像被精准地分割为 4 个主要语义区域，包括三只形态各异的羊（一只小羊羔和两只成年羊）、广阔的绿色草地、晴朗的蓝色天空以及点缀其间的少量云朵。每个区域都被清晰地界定并保留了其独特的色彩和纹理特征，共同构成了一幅生动和谐的田园风光画面。

综上所述，语义分割是计算机视觉领域中的一项极具挑战性的任务，它要求算法能够深入理解图像内容，实现像素级的精准分类和边界划分。随着深度学习等技术的不断发展，语义分割的性能和应用范围将得到进一步提升和拓展，为更多领域带来创新和变革。

实例分割任务，作为计算机视觉领域中的一项高级技术，它与语义分割紧密相连但又具有显著的区别。它巧妙地融合了目标检测与语义分割的精髓，旨在实现对图像中每一个独立对象的精确识别与细致描绘。

1. 目标检测的基础

首先，实例分割建立在目标检测的基础之上。目标检测的任务是在图像中定位并识别出所有感兴趣的对象（如人、车、动物等），同时给出每个对象的边界框（bounding box），即对象的大致位置和范围。这一过程依赖于先进的卷积神经网络（CNN）和深度学习算法，能够处理复杂的图像内容，准确区分前景与背景，并识别出不同类别的对象。

2. 实例分割的深入

接下来，实例分割进一步深入到像素级别，对每一个检测到的对象进行精细的分割。这与语义分割相似，语义分割也是对每个像素进行分类，以区分不同的语义类别（如道路、建筑、树木等）。然而，语义分割在处理同一类别的多个对象时，无法区分它们之间的个体差异，即将所有同类别对象视为一个整体。

3. 实例分割的独特性

实例分割的独特之处在于它能够区分同一类别中不同的实例。例如，在一张包含多只狗的图像中，语义分割只能将所有狗的区域标记为"狗"，而无法区分每一只狗的具体范围。而实例分割则能够精确地识别出每一只狗，并为它们分别绘制出边界，即使它们属于同一类别。这要求算法不仅要具备识别对象类别的能力，还要能够区分同一类别中不同对象的个体特征。

4. 技术实现与挑战

实现实例分割通常需要结合多种技术，包括目标检测算法（如 Faster R-CNN、YOLO等）和像素级别的分割方法（如 Mask R-CNN 中的 Mask 分支）。这些算法需要处理大量的数据和复杂的计算，以准确捕捉图像中的细节和变化。同时，实例分割还面临着诸多挑战，如遮挡、光照变化、视角变化等，这些都可能导致对象识别和分割的困难。

5. 应用前景

尽管面临诸多挑战，但实例分割在多个领域展现出了广阔的应用前景。在自动驾驶领域，它可以帮助车辆更准确地识别道路上的行人和车辆，提高行驶安全性；在医疗影像分析中，它可以辅助医生更精确地诊断病情；在增强现实（AR）和虚拟现实（VR）领域，它可以实现更加逼真的场景构建和交互体验。随着技术的不断进步和完善，实例分割将在更多领域发挥重要作用。

如图 11.7 所示，在实例分割的技术视角下，这张图片展示了算法对于复杂场景中多个同类别但不同实例对象的精准处理能力。实例分割技术不仅要求识别出图像中的目标类别（如本例中的"sheep"），还需要进一步区分同一类别下的不同个体，并为每个个体生成精细的像素级掩模（mask）。

图 11.7　实例分割

在这张图片中，三只不同颜色的绵羊——橙色、蓝色和粉色，各自成为了独立的实例分割对象。算法首先通过目标检测模块定位到每个绵羊的位置，并预测出它们的边界框，这些边界框上带有"sheep"标签，验证了算法对类别识别的准确性。

随后，实例分割的核心部分——像素级分割模块开始发挥作用。该模块利用深度学习模型（如 Mask R-CNN 等）对边界框内的区域进行精细分析，将绵羊的每一根毛、每一块皮肤都与背景中的草地、蓝天和云朵区分开来。通过为每只绵羊生成独特的像素级掩模，算法实现了对每个绵羊实例的完整、无重叠的分割。

这种像素级的分割精度，不仅要求算法具备强大的特征提取和分类能力，还需要对图像中的细节进行高度的敏感捕捉。在本例中，三只绵羊的颜色、形态以及它们与周围环境的交互（如吃草的动作）都被细致地刻画出来，展现了实例分割技术在处理复杂场景中的卓越性能。

最终，这张图片的实例分割结果不仅准确地识别出了三只绵羊的个体身份，还通过精细的像素级分割展示了它们与周围环境的清晰界限，为图像理解、场景分析等领域的研究提供了有力的技术支持。在实例分割的结果中，即使是形状相似的羊，如果它们是图像中的不同实例，也会被分别识别和标记出来，而语义分割则不会做出这样的区分。

因此，语义分割关注的是图像中"是什么"的问题，即将像素归类到不同的类别中；而实例分割则更进一步，它解决的是"是什么，以及是哪一个"的问题，即在分类的基础上还要对同类别的不同实例进行区分。从图像分类到目标检测，再到语义分割和实例分割，任务逐渐从粗粒度到细粒度，实现难度递增，展现了计算机视觉技术的深化与精细化发展。

11.3.4 图像生成

图像生成技术，作为人工智能与计算机视觉领域中的璀璨明珠，正以前所未有的速度革新着我们的视觉体验与创意边界。简而言之，这一技术允许开发者与研究者以算法和模型为笔，绘制出既蕴含丰富特定内容又逼真模拟现实世界的图像作品。它超越了传统图像处理的范畴，不仅仅是对现有图像的简单编辑或转换，而是从零开始，无中生有地创造出全新的视觉盛宴。

图像生成技术的核心精髓，在于深度挖掘并模拟自然界中图像形成的复杂过程。这一过程涉及对光线、色彩、纹理、形状乃至更高层次语义信息的精准把握与重构。为了实现这一目标，科研人员设计并发展了多种前沿方法，其中最具代表性的包括变分自编码器（VAE）、生成对抗网络（GAN）以及流模型（flow-based models）。

1. 变分自编码器

作为深度生成模型的一种，VAE 通过编码器将输入图像映射到潜在空间中的一个点，再利用解码器从这个潜在点中重构出原始图像或其变体。其关键在于潜在空间的设计，它允许模型在保持图像主要特征的同时，对细节进行创造性的调整，从而生成多样化的图像样本。VAE 的生成过程平滑且可控，适用于需要捕捉数据内在分布并进行有效采样的场景。

2. 生成对抗网络

GAN 无疑是当前图像生成领域最为耀眼的明星。它由两部分组成：生成器（generator）和判别器（discriminator），两者通过零和博弈的方式不断竞争优化。生成器负责创造尽可能真实的图像，而判别器则负责鉴别图像是否来自真实数据集。这种对抗训练机制促使生成器不断提高其生成图像的质量，直至足以欺骗判别器，最终生成高度逼真、难以分辨真伪的图像。如图 11.8 所示，通过 GAN 不断训练下的手写数字图像，不仅保持了数字的基本形态，还展现了多样化的书写风格和背景细节，生动诠释了 GAN 在图像生成领域的强大能力。

3. 流模型

与前两者不同，流模型侧重于通过一系列可逆的变换直接学习数据的潜在分布。它们通常基于概率论和信息论的原理，构建了一个从简单噪声到复杂图像的映射过程。流模型的优势在于其潜在空间与数据空间之间的直接、可逆映射，使得图像生成与采样过程更加高效且易于控制。这一特性使得流模型在高质量图像生成、语音合成等领域展现出巨大潜力。

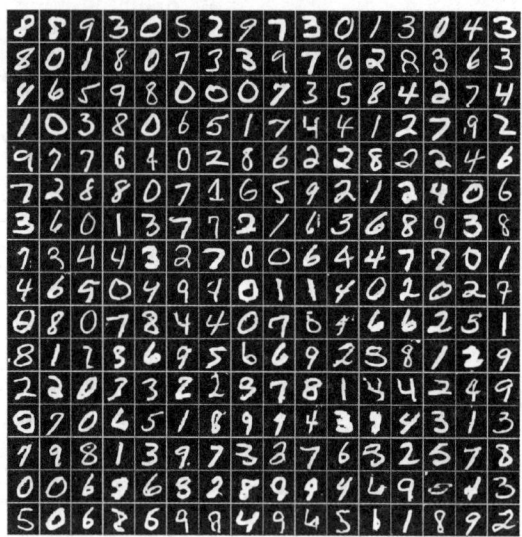

图 11.8　利用 GAN 不断训练下的手写数字图像

在图像生成技术的广阔领域中，生成对抗网络（GAN）以其独特的对抗训练机制，在生成高质量、逼真手写数字图像方面展现出了非凡的能力。通过不断迭代和优化，GAN 能够捕捉到手写数字图像中的复杂特征，包括笔画的粗细、数字的倾斜角度以及不同数字之间的细微差异。

利用生成对抗网络（generative adversarial networks，GAN）来不断训练生成手写数字图像（如 MNIST 数据集）的具体流程可以概括如下。

1）数据准备

收集数据集：使用手写数字数据集，如 MNIST。MNIST 是一个包含了大量手写数字图片的数据集，每张图片大小为 28x28 像素，且已被归一化到 0~1 的灰度值范围内。

数据预处理：将数据集分为训练集和测试集（如果需要的话）。在 GAN 的训练中，主要使用训练集。

2）定义 GAN 架构

生成器：设计一个能够接收随机噪声（如高斯噪声）作为输入，并输出与手写数字图像相似图片的神经网络。生成器的目标是欺骗判别器，使其认为生成的图片是真实的。

判别器：设计一个能够接收图像（无论是真实的还是生成的）作为输入，并输出一个判断该图像是真实还是生成的概率的神经网络。判别器的目标是准确区分真实图像和生成图像。

3）选择训练算法

交替训练：GAN 的训练是通过交替更新生成器和判别器的参数来完成的。在每次迭代中，首先固定生成器的参数，训练判别器以更好地区分真实图像和生成图像；然后固定判别器的参数，训练生成器以生成更逼真的图像来欺骗判别器。

4）设定训练参数

学习率：设置生成器和判别器的学习率，这决定了参数更新的步长。

迭代次数：设定训练的总迭代次数或训练直到达到某种性能标准。

批量大小：每次迭代中用于更新参数的图像数量。

5）训练 GAN

初始化生成器和判别器的参数。

在每次迭代中先训练判别器：

（1）从训练集中随机选择一批真实图像。

（2）从生成器的随机噪声输入中生成一批假图像。

（3）将真实图像和假图像都送入判别器，并计算损失（通常是真实图像被判为真实的概率与 1 的差距，加上假图像被判为真实的概率）。

（4）使用反向传播算法更新判别器的参数。

再训练生成器：

（1）生成一批假图像。

（2）将这些假图像送入判别器，并计算损失（通常是假图像被判为真实的概率的负值，因为生成器的目标是最大化这个概率）。

（3）使用反向传播算法更新生成器的参数。

（4）重复上述步骤，直到达到预设的迭代次数或满足其他停止条件。

6）评估 GAN

定性评估：可视化生成器生成的图像，观察它们是否看起来像是真实的手写数字。

定量评估：使用测试集上的指标（如 inception score、frechet inception distance 等，尽管这些通常用于更复杂的图像生成任务）来评估生成图像的质量。然而，对于 MNIST 这样的简单数据集，简单的视觉评估可能就足够了。

7）应用与改进

将训练好的 GAN 用于生成新的手写数字图像，或用于其他需要生成类似图像的任务。尝试不同的网络架构、损失函数、训练策略等，以改善生成图像的质量和多样性。

注意：GAN 的训练过程往往是不稳定的，可能会遇到模式崩溃（mode collapse）等问题，即生成器只生成几种固定的图像。因此，在训练过程中需要仔细监控生成图像的变化，并适时调整训练参数和策略。

综上所述，图像生成技术以其独特的魅力和广泛的应用前景，正引领着人工智能领域的一场视觉革命。随着算法的不断优化和计算能力的提升，我们有理由相信，未来的图像生成将更加智能化、个性化，为我们的生活带来前所未有的视觉享受与创作可能。

微视频
11-3：计
算机视觉
应用领域

11.4 计算机视觉的应用领域

11.4.1 自动驾驶

在自动驾驶汽车的案例中，计算机视觉技术确实扮演着至关重要的角色，它通过分析和理解图像或视频数据，为车辆提供环境感知和决策支持，从而实现行驶路线规划、障碍物检测和避让、交通信号识别等功能。以下是一个详细的自动驾驶的案例。

【案例背景】

一辆自动驾驶汽车在城市道路上行驶，需要应对复杂的交通环境，包括交叉路口、行人、其他车辆以及多变的交通信号灯。

1. 图像采集

设备：车辆上安装了多个高清摄像头，分别位于车前、车侧和车后，用于捕捉 360 度范围内的实时图像。

数据：摄像头不断采集道路、行人、车辆、交通信号灯等周围环境的图像数据。

2. 图像预处理

去噪：对采集到的图像进行去噪处理，去除因环境光线、天气等因素造成的噪声。

尺寸调整：将图像调整到适合处理的尺寸，以提高处理速度和效率。

颜色空间转换：将图像从 RGB 颜色空间转换到更适合颜色提取的 HSV 颜色空间，便于后续的颜色识别。

3. 环境感知

道路和车道线识别：利用计算机视觉算法（如边缘检测、霍夫变换等）识别道路边缘和车道线，为车辆提供行驶路径的参考。

障碍物检测：通过图像分割和目标检测技术（如 YOLO、Faster R-CNN 等），识别道路上的行人、其他车辆、路障等障碍物，并计算其距离和速度。

交通信号识别：利用颜色空间转换、形态学处理和分类器（如 CNN、SVM 等）识别交通信号灯的颜色（红灯、绿灯、黄灯），并根据信号做出相应决策。

4. 路径规划

实时路况分析：结合 GPS 数据和地图信息，分析前方道路的拥堵情况、施工情况等，预测可能的行驶障碍。

最优路径选择：基于实时路况和障碍物信息，计算机视觉与路径规划算法结合，选择最优的行驶路径。

决策制定：根据环境感知和路径规划的结果，制定车辆的行驶决策，如加速、减速、转向、避让等。

5. 避障与决策执行

避障决策：当检测到前方有障碍物时，计算机视觉系统会根据障碍物的类型、距离和速度，计算避障路径，并发出避障指令。

决策执行：车辆的控制系统接收避障指令，通过调整油门、刹车和转向等，实现车辆的避障操作。

6. 实时反馈与调整

持续监测：计算机视觉系统持续监测周围环境的变化，包括新出现的障碍物、交通信号灯状态的变化等。

动态调整：根据实时监测的结果，动态调整行驶路径和避障策略，确保车辆的安全行驶。

综上所述，计算机视觉技术在自动驾驶汽车的视觉过程中发挥着至关重要的作用，通过图像采集、预处理、环境感知、路径规划、避障与决策执行等步骤，实现了车辆的自主行驶。随着技术的不断进步，计算机视觉在自动驾驶领域的应用将会更加广泛和深入。

11.4.2　工业制造

在工业制造领域，计算机视觉技术为自动化生产流程带来了革命性的变化，显著提高了生产效率与产品质量。以下是一个基于计算机视觉技术在工业制造中用于零件识别和装配的详细案例过程。

【案例背景】

某汽车制造厂需要自动化生产线上的机器人能够准确识别并装配多种精密零部件，这些零部件形状各异、颜色相近，且对装配精度要求极高。传统的人工识别与装配不仅效率低下，且易出错，因此引入了计算机视觉系统来优化这一过程。

1. 视觉系统组成

1）硬件部分

高分辨率工业相机：安装在机器人手臂或固定位置，用于捕捉生产线上的零部件图像。

光源系统：确保拍摄环境光线均匀，减少阴影和反光，提高图像质量。

图像处理器：实时处理相机捕捉到的图像数据。

2）软件部分

图像预处理模块：对原始图像进行去噪、增强对比度、二值化等处理，提高图像分析效果。

特征提取与匹配模块：使用机器学习算法（如 SIFT、SURF）或深度学习模型（如卷积神经网络 CNN）提取零部件的特征，并与预设的零件模板进行匹配。

决策与控制模块：根据特征匹配结果，判断零部件的类型、姿态及位置，向机器人发送控制指令。

2. 视觉识别与装配过程

1）图像采集

工业相机连续或按需拍摄生产线上的零部件图像。

2）图像预处理

对采集到的图像进行预处理，去除噪声、增强图像边缘等，以便于后续的特征提取。

3）特征提取与识别

使用深度学习模型对预处理后的图像进行特征提取，识别出零部件的具体类型。

通过与预存的零件模板进行比对，确定零部件的唯一标识和关键特征（如形状、尺寸、位置标记等）。

4）姿态估计与定位

利用机器视觉算法分析零部件在图像中的位置、角度和姿态。

根据这些信息，计算出零部件在三维空间中的精确位置和方向。

5）机器人控制

将计算得到的零部件位置和姿态信息转换为机器人的运动指令。

机器人根据指令移动到指定位置，调整手臂姿态，准确抓取零部件。

6）装配与检测

机器人将零部件搬运至指定装配位置，进行精确的装配操作。

装配完成后，可再次利用视觉系统进行检测，确认装配质量，如位置精度、紧固程度等。

7）反馈与优化

将装配结果反馈给控制系统，统计成功率和错误率。

根据反馈信息持续优化视觉识别算法和机器人控制策略，提高整体系统的稳定性和效率。

通过引入计算机视觉技术，该汽车制造厂不仅实现了零部件的自动化识别和精确装配，还大大提高了生产线的灵活性和响应速度。此外，减少了人为错误，提升了产品质量，为企业的智能化转型和可持续发展奠定了坚实基础。

11.4.3　医疗诊断

在医疗诊断领域，计算机视觉技术的应用日益广泛，特别是在影像分析、疾病诊断和治疗监测等方面。以下是一个详细的医疗诊断的案例。

【案例背景】

一名患者因疑似肺部肿瘤症状前往医院就诊，医生决定通过计算机断层扫描（CT）来进一步诊断。

1. 影像采集

设备：患者接受 CT 扫描，CT 机生成高分辨率的肺部图像数据。

数据：CT 图像数据包含多个层面的肺部结构信息，展示肺部的详细情况。

2. 影像预处理

去噪与平滑：应用滤波算法（如高斯滤波）对 CT 图像进行去噪处理，减少图像噪声，提高图像质量。

增强对比度：通过直方图均衡化或对比度增强技术，改善图像的视觉效果，使病变区域更加明显。

3. 病灶检测与分割

病灶检测：利用计算机视觉算法（如深度学习模型）自动检测 CT 图像中的异常区域，如疑似肿瘤。

病灶分割：采用图像分割技术（如基于深度学习的方法），将疑似肿瘤区域从周围正常组织中精确分割出来。

4. 特征提取与分类

特征提取：从分割出的病灶区域中提取关键特征，如形状、大小、纹理等。

分类与诊断：将提取的特征输入到分类器（如卷积神经网络 CNN）中，进行自动分类和诊断，判断是否为肿瘤及其性质（良性或恶性）。

5. 辅助诊断报告

报告生成：根据计算机视觉系统的诊断结果，生成详细的辅助诊断报告，包括病灶的位置、大小、形态、分类等信息。

医生复核：医生审阅辅助诊断报告，结合临床经验和患者病史，做出最终诊断。

6. 治疗监测与评估

治疗监测：在治疗过程中，定期对患者进行 CT 复查，利用计算机视觉技术监测病灶的变化情况。

疗效评估：通过对比治疗前后 CT 图像的差异，评估治疗效果，及时调整治疗方案。

综上所述，计算机视觉技术在医疗诊断领域的应用极大地提高了诊断的准确性和效率。通过自动化、智能化的影像分析和处理，为医生提供了更可靠的诊断依据，有助于实现疾病的早期发现和精准治疗。

11.4.4　安防监控

在安防监控领域，计算机视觉技术的应用极大地提升了监控系统的智能化水平，使得安防工作更加高效、精准。以下是一个详细的安防监控的案例。

【案例背景】

某城市中心商业区近期发生多起盗窃案件，为了加强安全防范，该区域部署了基于计算机视觉技术的智能监控系统。

1. 监控设备安装与部署

设备选择：选用高清摄像头、红外夜视摄像头等，确保全天候、全方位的监控覆盖。

位置布局：根据商业区的布局和人流特点，合理安装摄像头，确保重要区域（如出入口、贵重商品区）无死角监控。

2. 实时监控与录像存储

实时监控：系统通过监控设备对商业区进行实时拍摄，并将画面传输至监控中心。

录像存储：所有监控画面均进行高清录像存储，以便后续分析和回放。

3. 人脸识别与身份验证

人脸采集：前端摄像头实时抓拍人脸图像，并传输至后端智能平台。

人脸识别：利用人脸识别算法对采集到的人脸图像进行比对分析，与数据库中的已知人员信息进行匹配。

身份验证：对于识别出的可疑人员，系统立即发出警报，并通知安保人员前往现场核实身份。

4. 行为分析与异常检测

行为识别：系统通过计算机视觉技术对监控画面中的人物行为进行分析，识别出异常行为（如徘徊、奔跑、攀爬等）。

异常检测：当检测到异常行为时，系统立即触发警报，并自动追踪该人员的移动轨迹。

预警通知：将异常行为信息推送至监控中心和安保人员的移动设备，以便及时响应和处理。

5. 犯罪侦查与证据收集

目标锁定：在发生盗窃等犯罪事件时，系统通过人脸识别和行为分析快速锁定犯罪嫌疑人。

轨迹追踪：利用监控视频和人脸识别技术，追踪犯罪嫌疑人的行动轨迹，为警方提供侦查线索。

证据收集：系统自动保存相关监控视频和截图作为证据，协助警方进行案件侦破。

6. 数据分析与决策支持

数据分析：系统对历史监控数据进行深度挖掘和分析，识别出犯罪高发时段和区域。

决策支持：根据分析结果，为商业区管理者和警方提供安防策略建议，优化监控布局和巡逻路线。

综上所述，计算机视觉技术在安防监控领域的应用极大地提升了监控系统的智能化水平，使得安防工作更加高效、精准。通过实时监控、人脸识别、行为分析等功能，有效预防了犯罪事件的发生，并为犯罪侦查提供了有力支持。

11.4.5　农业领域

在农业领域，计算机视觉技术的应用极大地推动了农业现代化进程，提高了农作物的种植、管理和收获效率。以下是一个详细的农业领域的案例，聚焦于作物识别和病害检测。

【案例背景】

某大型农场为了提高作物管理效率，减少病害对产量的影响，引入了一套基于计算机视觉技术的智能农业管理系统。该系统能够自动对作物进行识别，并实时监测作物健康状况，及时发现并预警病害问题。

1. 数据采集与预处理

无人机/地面车辆采集：使用无人机或地面移动车辆搭载高清相机，在农田上空或地面进行巡航拍摄，采集作物的图像或视频数据。

图像预处理：对采集到的图像进行去噪、增强、裁剪和缩放等预处理操作，以提高后续处理的效率和准确性。

2. 作物识别

特征提取：利用深度学习算法（如卷积神经网络 CNN）对预处理后的图像进行特征提取，识别出图像中的作物种类。

模型训练：使用标注好的作物图像数据集对深度学习模型进行训练，使模型能够准确识别不同种类的作物。

实时识别：将训练好的模型部署到农业管理系统中，实时对采集到的图像进行作物识别。

3. 病害检测

病害特征分析：根据作物种类和常见病害类型，分析病害在图像中的表现特征，如病斑形状、颜色、纹理等。

病害识别算法：开发或选择适用于特定病害的识别算法，结合深度学习或传统图像处理技术，对图像中的病害进行识别。

实时监测：将病害识别算法集成到农业管理系统中，对作物进行实时监测，一旦发现病害迹象，立即触发预警机制。

4. 预警与决策支持

预警通知：当系统检测到作物病害时，立即通过短信、邮件或 APP 推送等方式通知农场管理人员。

病害定位：在预警通知中附上病害发生的具体位置信息（如地块编号、坐标等），便于管理人员快速定位和处理。

决策支持：根据病害类型和程度，提供相应的防治建议或治疗方案，帮助管理人员制定有效的应对措施。

5. 数据分析与优化

数据收集：定期收集病害发生、防治效果等相关数据，建立病害数据库。

数据分析：对收集到的数据进行统计分析，识别病害发生的规律和趋势，为未来的病害防治提供数据支持。

模型优化：根据数据分析结果和实际应用反馈，不断优化作物识别和病害检测模型，提高识别准确率和系统性能。

综上所述，计算机视觉技术在农业领域的应用为作物管理和病害检测带来了显著优势。通过数据采集、作物识别、病害检测和预警决策等步骤，该系统能够有效提高农业生产的智能化水平，减少病虫害对作物产量的影响，为农业现代化贡献力量。

11.4.6 游戏和娱乐

在计算机视觉技术日益成熟的今天，游戏和娱乐领域正经历着前所未有的变革。以下是一个详细案例，展示了计算机视觉如何在游戏和娱乐过程中实现运动追踪、手势识别以及面部表情识别的综合应用。

【案例背景】

一款名为"幻梦之境"的虚拟现实（VR）游戏，利用先进的计算机视觉技术为玩家提供沉浸式、互动式的游戏体验。玩家通过佩戴 VR 头显和体感设备，可以在游戏中自由移动、使用手势控制游戏角色，并通过面部表情影响游戏剧情。

1. 设备准备与初始化

VR 头显与体感设备：玩家佩戴 VR 头显，确保头显与游戏主机或计算机正确连接。同时，体感设备（如动作捕捉服、手套或控制器）准备就绪，用于捕捉玩家的身体运动和手势。

环境设置：游戏启动后，通过 VR 头显的摄像头或外置摄像头对游戏环境进行初步扫描，确保空间定位准确，为后续的追踪和识别奠定基础。

2. 运动追踪

身体运动捕捉：体感设备实时捕捉玩家的身体运动数据，包括头部、四肢的位置和姿态。这些数据无线传输至游戏主机或计算机。

运动映射：游戏引擎将捕捉到的运动数据映射到游戏角色上，实现玩家与游戏角色的同步运动。玩家在现实中的每一个动作都会在游戏角色中得到精准复现。

3. 手势识别

手势数据采集：体感设备中的手套或控制器中的内置传感器，能够捕捉玩家的手指运动和手势变化。

手势识别算法：游戏采用深度学习算法或预定义的手势模板，对采集到的手势数据进行处理和分析，识别出特定的手势指令（如握拳、挥手、指向等）。

指令执行：将识别出的手势指令转换为游戏内的操作命令，如释放魔法、切换武器、打开宝箱等。

4. 面部表情识别

面部捕捉：VR 头显上的摄像头捕捉玩家的面部表情，包括眼睛、嘴巴、眉毛等部位的细微变化。

表情识别算法：游戏采用先进的面部表情识别算法，对捕捉到的面部图像进行处理和分析，识别出玩家的情绪状态（如高兴、惊讶、愤怒等）。

情感交互：将识别出的情感状态反馈到游戏中，影响游戏剧情的发展、NPC（非玩家角色）的反应以及游戏氛围的营造。例如，玩家的笑容可能让 NPC 更加友好，而愤怒的表情则可能触发战斗事件。

5. 沉浸式体验

环境渲染：游戏引擎根据玩家的位置和视角实时渲染游戏场景，确保玩家能够感受到身临其境的视觉效果。

音效与触觉反馈：结合高质量的音效和触觉反馈设备（如振动手柄），为玩家提供更加丰富的感官体验。

互动剧情：通过运动追踪、手势识别和面部表情识别的综合应用，游戏能够生成高度个性化的剧情发展路径，让每位玩家都能享受到独一无二的游戏体验。

综上所述，"幻梦之境"这款 VR 游戏通过计算机视觉技术的综合应用，为玩家带来了前所未有的沉浸式、互动式游戏体验。随着技术的不断进步和应用的深入拓展，计算机视觉将在游戏和娱乐领域发挥更加重要的作用。

☐ 11.5 本章小结

计算机视觉（computer vision）是一门研究如何使机器"看"并理解周围世界的学科。它利用图像和视频数据，通过算法和模型提取、分析和理解有用信息。计算机视觉技术广泛应用于自动驾驶、医疗诊断、安防监控等领域，是人工智能领域的重要分支，极大地推动了智能化社会的发展。通过本章的学习，大家需要掌握以下内容。

（1）计算机视觉，其根源深深植根于 1966 年麻省理工学院人工智能实验室的"夏季视觉探索计划"，这一勇敢的尝试如同火种，点燃了计算机视觉长达半个多世纪的光辉旅程。

（2）计算机视觉的发展历经 4 个阶段：起源于 20 世纪 50 年代初，经历 Minsky 与

Papert 的严厉批判及计算机性能与数据资源限制的低谷，20 世纪 80 年代迎来复兴，至 21 世纪初进入爆发式发展热潮，展现了技术进步的曲折历程与辉煌成就。

（3）计算机视觉的关键技术主要包含图像分类、目标检测、语义分割、图像生成等。

（4）计算机视觉技术在自动驾驶、工业制造、医疗诊断、安防监控、增强现实、垃圾分类、农业及游戏娱乐等多个领域发挥着举足轻重的作用。它不仅显著提升了效率与精确度，还极大地丰富了人们的日常生活体验。

随着技术的不断革新与突破，计算机视觉有望在更广泛的领域内展现其前所未有的潜力与价值。在智能制造、智慧城市、智慧医疗等前沿领域，计算机视觉将进一步提升生产效率、优化城市管理、增强医疗诊断的精准度。同时，它还将为教育、娱乐、艺术等行业带来革新性的变化，丰富人们的日常生活体验，提升社会整体福祉。有理由相信，计算机视觉将在未来的人类社会发展中扮演更加重要的角色，贡献更多的智慧与力量。

本章习题

一、单选题

1. 计算机视觉的起源可以追溯到哪一年？（　　）

A.1956 年　　　　　　　　　　　　　B.1966 年

C.1976 年　　　　　　　　　　　　　D.1986 年

2. 以下哪项不是计算机视觉的主要任务？（　　）

A. 图像分类　　　　　　　　　　　　B. 语音识别

C. 目标检测　　　　　　　　　　　　D. 语义分割

3. 在计算机视觉中，哪个任务涉及对图像中每个像素进行分类？（　　）

A. 图像分类　　　　　　　　　　　　B. 目标检测

C. 语义分割　　　　　　　　　　　　D. 图像生成

二、判断题

1. 计算机视觉的主要任务是让计算机能够像人类一样观察和理解图像。　　（　　）

2. 计算机视觉只关注图像的纹理信息，而不关注颜色信息。　　　　　　（　　）

3. 卷积神经网络（CNN）是计算机视觉领域中最常用的神经网络模型之一。（　　）

4. 识别图像中的物体不需要使用深度学习技术。　　　　　　　　　　　（　　）

5. 主成分分析（PCA）是一种用于特征提取的计算机视觉算法。　　　　（　　）

6. 计算机视觉中的图像分割任务是将图像划分为若干个具有相似特征的区域。（　　）

7. 在计算机视觉中，特征提取和特征选择是同一个概念。　　　　　　（　　）

8. 支持向量机（SVM）在计算机视觉领域的分类任务中已不再使用。　　（　　）

9. 计算机视觉的应用领域仅限于图像识别和目标检测。　　　　　　　（　　）

10. 深度学习技术在计算机视觉领域的发展已经趋于饱和。　　　　　　（　　）

三、填空题

1. 计算机视觉的最终目标是使计算机能够像人一样通过_____观察和理解世界。

2. 计算机视觉研究的核心是建立能够从图像或多维数据中获取_____的人工智能系统。

3. 在自动驾驶领域，计算机视觉技术主要用于_____和障碍物检测。

四、简答题

1. 简述计算机视觉的主要任务之一———目标检测。

2. 简述计算机视觉在医疗诊断中的应用。

第 12 章 人工智能生成技术及应用

随着人工智能技术的不断发展，我们进入了信息爆炸的时代。信息量庞大，但也难免产生了信息过载的问题。为了解决这一问题，人工智能生成技术应运而生。人工智能生成技术通常依赖于机器学习、自然语言处理和计算机视觉等技术，通过训练模型来模拟人类的思维和创造力，生成自然流畅的内容，按照模态划分有文本生成、语音生成、图像生成、视频生成，以及跨模态生成等。

教学课件：
第 12 章
人工智能
生成技术
及应用

12.1 人工智能生成技术概述

12.1.1 人工智能生成技术定义

微视频
12-1：人
工智能生
成技术概
述

人工智能生成技术（artificial intelligence generative content，AIGC）是指利用人工智能算法自动生成各种形式的内容的技术。它是人工智能的一个分支，是基于算法、模型、规则生成文本、图片、声音、视频、代码等内容的技术。这种技术能够针对用户需求，依托事先训练好的多模态基础大模型等，利用用户输入的相关资料，生成具有一定逻辑性和连贯性的内容。与传统人工智能不同，人工智能生成技术不仅能够对输入数据进行处理，更能学习和模拟事物内在规律，自主创造出新的内容。

人工智能生成技术的发展是一个不断演进的过程，随着计算能力的提升、算法的改进以及数据的丰富，这些技术正变得越来越强大和多样化。以下是人工智能生成技术发展的一些关键阶段。

1957 年，莱杰伦·希勒（Lejaren Hiller）和伦纳德·艾萨克森（Leonard Isaacson）通过将计算机程序中的控制变量改为音符，完成了历史上第一部由计算机创作的音乐作品——弦乐四重奏《依利亚克组曲（Illiac Suite）》。

2007 年，纽约大学人工智能研究员罗斯·古德温（Ross Goodwin）装配的人工智能系统通过对公路旅行中的所见所闻进行记录和感知，撰写出世界上第一部完全由人工智能创作的小说 1 The Road。2012 年，微软公开展示了一个全自动同声传译系统，通过深度神经网络（DNN）可以自动将英文演讲者的内容通过语音识别、语言翻译、语音合成等技术生成中文语音。

2014 年，生成对抗网络（GAN）被提出，开启了生成模型的新时代。2015 年，迁移学习成为热门话题，允许模型在特定任务上进行微调，提高了训练效率。尤其在 2022 年，算法获得井喷式发展，底层技术的突破也使得 AIGC 商业落地成为可能。

随着技术的发展，多模态学习和跨模态生成成为可能，即模型能够处理和生成多种类型的数据（如文本、图像、音频）。大型模型如 ChatGTP 的出现，以及微服务架构的兴起，使得模型能够更加灵活地应用于不同的场景。

12.1.2　AIGC 的特征

现阶段国内 AIGC 多以单模型应用的形式出现，主要分为文本生成、图像生成、视频生成、音频生成，其中文本生成成为其他内容生成的基础。特征如图 12.1 所示。

图 12.1　AIGC 的特征

1. 文本生成

文本生成（AI text generation），人工智能文本生成是使用人工智能算法和模型来生成模仿人类书写内容的文本。它涉及在现有文本的大型数据集上训练机器学习模型，以生成在风格、语气和内容上与输入数据相似的新文本。

2. 图像生成

图像生成（AI image generation），人工智能可用于生成非人类艺术家作品的图像。这种类型的图像被称为"人工智能生成的图像"。人工智能图像可以是现实的或抽象的，也可以传达特定的主题或信息（注意：这里区别于搜索，搜索是别人传上来，检索图片；这里是提示词生成，即使相同提示词生成的也不一样，具有随机性，是独一无二的）。

3. 语音生成

语音生成（AI audio generation），AIGC 的音频生成技术可以分为两类，分别是文本到语音合成和语音克隆。文本到语音合成需要输入文本并输出特定说话者的语音，主要用于机器人和语音播报任务。到目前为止，文本转语音任务已经相对成熟，语音质量已达到自然标准，未来将向更具情感的语音合成和小样本语音学习方向发展；语音克隆以给定的目标语音作为输入，然后将输入语音或文本转换为目标说话人的语音。此类任务用于智能配音等类似场景，合成特定说话人的语音。

4. 视频生成

视频生成（AI video generation），AIGC 已被用于视频剪辑处理以生成预告片和宣传视频。又可以细分为：文生视频、图生视频、视频生成视频。工作流程类似于图像生成，视频的每一帧都以帧级别进行处理，然后利用 AI 算法检测视频片段。

AIGC 生成引人入胜且高效的宣传视频的能力是通过结合不同的 AI 算法实现的。凭借其先进的功能和日益普及，AIGC 可能会继续革新视频内容的创建和营销方式。

12.1.3 AIGC 的工作原理

通过单个大规模数据的学习训练，令 AI 具备了多个不同领域的知识，只需要对模型进行适当的调整修正，就能完成真实场景的任务。AIGC 的工作原理可以分为以下几个步骤。

1. 收集数据

AIGC 需要大量的数据来学习和理解人类创作的内容。这些数据可以包括书籍、文章、图片、音频和视频等各种形式的媒体。

2. 模型训练

基于收集的数据，AIGC 利用深度学习模型进行训练。这些模型通常是神经网络，它们通过学习文本、图像或音频的模式和语法规则来生成新内容。

3. 内容生成

一旦模型训练好，它就可以开始生成内容。用户可以输入一些基本的信息或要求，然后 AIGC 会根据这些信息生成相应的内容。这可以是新闻文章、小说、音乐、绘画等各种类型的作品。

4. 反馈和改进

AIGC 通常会根据用户的反馈，改进生成的内容，这有助于模型不断学习并提高生成质量。

12.1.4 AIGC 的关键技术

AIGC 技术在内容创作领域的应用将越来越广泛，有望成为未来内容产业的重要推动力，实现 AIGC 更加智能化、实用化的三大要素是：数据、算力、算法。AIGC 技术的成功实施需要综合考虑这些关键要素，并在技术发展和应用过程中不断优化和完善。

1. 数据

AIGC 技术需要大量的数据来进行训练和生成。这些数据可以是文本、图像、音频、视频等多种形式。数据的质量和多样性对 AIGC 技术的性能和生成质量有重要影响。AIGC 的核心基础包括存储（集中式数据库、分布式数据库、云原生数据库、向量数据库）、来源（用户数据、公开域数据、私有域数据）、形态（结构化数据、非结构化数据）、处理（筛选、标注、处理、增强）等。

2. 算力

AIGC 技术需要强大的计算能力来训练和运行模型。随着硬件技术的发展，如 GPU、TPU 等计算设备的普及，为大规模训练和实时生成提供了可能。算力为 AIGC 提供基础算力的平台，包括半导体芯片（CPU、GPU、DPU、TPU、NPU）、服务器、大模型算力集群、基于 IaaS 搭建分布式训练环境、自建数据中心部署。

3. 算法

AIGC 的核心在于算法和模型的设计。这包括深度学习模型、生成模型、多模态学习模型等。通过模型设计、模型训练、模型推理、模型部署步骤，完成从机器学习平台、模型训练平台到自动建模平台的构建，实现对实际业务的支撑与覆盖。同时这些模型能够从数据中学习到复杂的模式和特征，并生成新的内容。

12.1.5 AIGC 的分类

AIGC 可以根据生成内容、生成技术、生成目的和生成方式进行分类，其中生成技术影响着 AIGC 的方方面面。AIGC 的分类如图 12.2 所示。

1. 根据内容分类

我们可以根据生成内容类型对 AIGC 进行分类，具体包括文字、图像、音频和视频等多种形式。

AIGC 能够生成各种类型的文字内容，包括文章、新闻报道、故事、对话等。它可以根据给定的主题或写作风格生成与之相符的文字，并且能够模拟不同的语言风格和写作声音。

AIGC 可以根据文字描述或简单的指示生成图像内容。它能够生成照片、插图、图表、地图等各种类型的图像，并且可以根据用户需求调整颜色、构思和版式。

AIGC 能够生成各种类型的音频内容，包括语音、音乐、声效等。它可以根据指定的语言和情感，生成具有特定语言风格或音乐风格的音频内容。例如，它可以根据文本生成一段具有特定语调的语音。

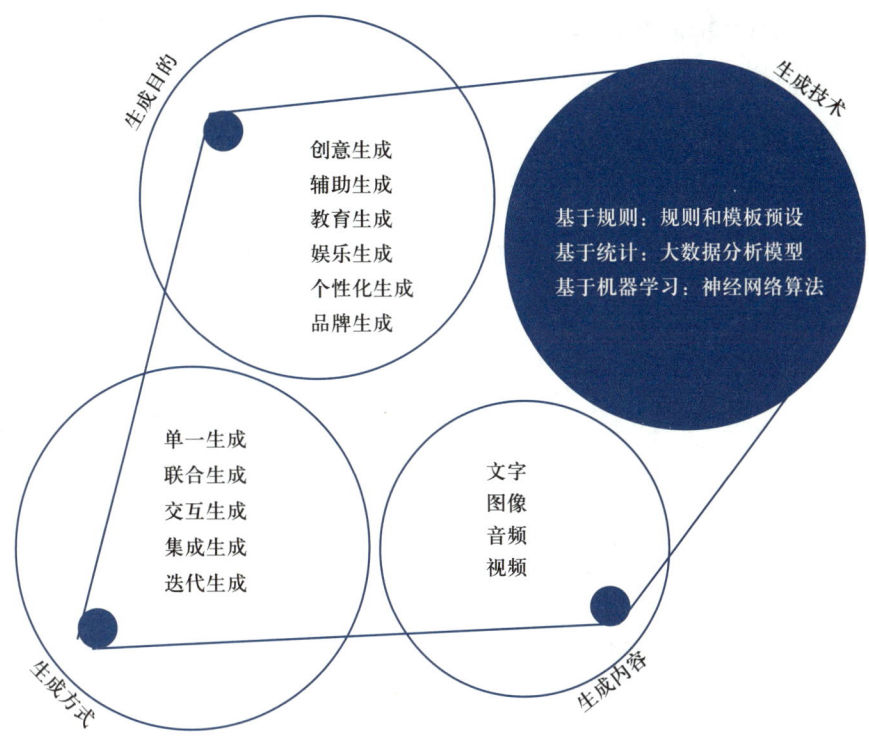

图 12.2　AIGC 的分类

AIGC 可以生成各种类型的视频内容，包括短片、动画、广告等。它可以将生成的图像、音频和动画效果组合在一起，生成视频片段；也可以根据脚本或指示，控制视频的主题、情节和节奏。

AIGC 生成内容是多样化和灵活的，它可以根据用户的需求和输入指示生成各种形式的内容。它的应用领域非常广泛，包括文学创作、广告设计、教育培训等。需要注意的是，AIGC 生成的内容基于模型的预测和学习，可能存在一定的主观性和创造性。

2. 按照生成技术分类

根据生成技术的不同，AIGC 可分为如下几类。

1）基于规则的生成技术

基于规则的生成技术使用事先定义的规则和模板来生成内容。规则包括语法、语义和逻辑等方面的规定，它可以确保生成的内容符合特定的要求。例如，在基于规则的文本生成中，首先定义特定句式、词汇选择和句子结构等规则，然后根据这些规则，利用统计模型和概率分布来生成内容。它还可以通过分析大量的训练数据，学习数据中的模式和规律，然后根据这些统计信息生成新内容。例如，基于统计技术的语言模型可以根据单词或短语的出现频率，预测下一个单词，从而生成连贯的句子。

2）基于机器学习的生成技术

基于机器学习的生成技术使用机器学习算法和模型来生成内容。它通过对大量数据进行学习和训练，建立模型的表示能力，然后使用该模型生成新内容。例如，基于深度学习的生成模型，如循环神经网络（recurrent neural network，RNN）和生成对抗网络（generative adversarial network，GAN），可以学习生成文本、图像和音频等多种类型的内容。

基于强化学习的生成技术，使用强化学习算法和框架来生成内容。它将生成内容视为一个决策过程，通过与环境的交互学习生成策略，并不断调整生成过程中的决策和行为，以获得更好的生成效果。例如，在基于强化学习的图像生成中，可以通过不断调整生成器网络的参数，使生成的图像更加逼真和符合要求。

这些生成技术可以单独应用，也可以组合使用，以获得更好的生成效果。不同的生成技术在生成内容的质量、效率和灵活性等方面有所差异，适用于不同的应用场景。因此，用户在选择和应用 AIGC 时，需要根据具体情况考虑生成技术的类别及特点，以确保生成内容的质量和适用性。

3. 根据生成目的分类

根据生成目的的不同，可对 AIGC 进行分类。例如，在营销领域中，AIGC 可以生成广告文案、产品说明书等，以满足不同的营销目的；在新闻领域中，AIGC 可以生成新闻报道、新闻评论等以拓展传统媒体的报道范围；在科技领域中，AIGC 可以生成科技文章、研究论文等，以推动技术进步；在教育领域中，AIGC 可以生成教育材料、测试题等，以提高教学效率。据此进一步细分，可将 AIGC 分为创意生成、辅助生成、教育生成、娱乐生成、个性化生成和品牌生成。

在创意生成方面，这种类型的 AIGC 旨在产生具有创意性和独特性的内容。它可以生成艺术作品、诗歌、音乐等具有创意性的内容，旨在启发和激发人们的创造力和想象力。

在辅助生成方面，这种类型的 AIGC 旨在帮助人们完成特定任务或提供帮助。它可以生成各种形式的参考资料、报告、文档等，以满足用户对信息的需求。例如，它可以根据用户提出的问题，生成相关的研究报告或技术文档。

在教育生成方面，这种类型的 AIGC 可以生成教学材料、教科书、练习题等，以帮助学生学习和理解各种学科知识。它还可以根据学生的个性化需求，生成定制化的学习内容和辅助教材。

在娱乐生成方面，这种类型的 AIGC 旨在提供娱乐和娱乐内容。它可以生成电影剧本、游戏情节、角色对话等，以支持电影、游戏和虚拟现实等娱乐产业的创作和开发。它还可以生成幽默段子、趣味小说等，为用户带来娱乐和轻松的体验。

在个性化生成方面，这种类型的 AIGC 旨在根据用户的个性化需求和喜好生成定制化内容。它可以完成个性化推荐、定制化产品设计、个人风格化写作等任务，以满足用户的个性化需求。

在品牌生成方面，这种类型的 AIGC 旨在帮助品牌和企业进行内容营销和宣传。它可以生成品牌故事、广告语、社交媒体内容等，以提升品牌形象和推广产品或服务。

这些分类仅为示例，实际上 AIGC 还可以进一步根据具体需求和应用场景进行功能扩展。不同的生成目的需要不同的生成技术和算法来实现，以确保生成内容符合预期目标并具有相应的质量和效果。在应用 AIGC 时，用户需要根据具体的生成目的和目标选择适当的分类，并进行相应的调整和优化。

4. 根据生成方式不同分类

根据生成方式的不同，可将 AIGC 分为单一生成、联合生成、交互生成、集成生成和迭代生成。不同的生成方式有着不同的优势和限制，用户应根据具体情况进行选择。

单一生成是指 AIGC 专注于生成一种类型的内容。例如，专门生成文本的 AIGC，专门生成图像、音频或视频的 AIGC，它们会根据指令或模型训练、生成相关的内容。

联合生成是指 AIGC 能够同时生成多种类型的内容，并将它们组合在一起形成综合的结果。例如，AIGC 可以生成一篇文章，并为文章生成配图和相关的音频，从而形成完整的多媒体内容。

交互生成是指 AIGC 能够与用户进行交互，并根据用户的输入和反馈调整和完善生成的内容。通过与用户交互，AIGC 可以更好地理解用户的需求和偏好，以生成更符合用户期望的内容。

集成生成是指 AIGC 能够整合多个不同的模型和算法来生成内容。不同的模型负责不同的任务或内容类型，通过集成它们的生成结果，可以获得更复杂和多样化的内容。例如，AIGC 可以同时利用文本生成模型、图像生成模型和音频生成模型来生成一段带有配图和音频的故事。

迭代生成是指 AIGC 可以根据之前生成的内容进行迭代和改进。它可以通过评估和反馈机制来不断优化生成结果，并根据反馈信息进行调整和学习，以获得更高质量和更符合用户期望的内容。

按生成方式分类是为了描述 AIGC 生成内容的不同方式和策略。在实际应用中，用户可以根据具体需求和场景选择合适的生成方式，以获得最佳的生成结果。此外，用户可以根据具体需求对这些生成方式进行组合和调整，以满足复杂和多样化的生成要求。

AIGC 可以根据不同的分类方式进行分组，不同类别的 AIGC 并不是互相独立的，用户可以依据不同的应用场景和目的进行选择，以提高生成效果，实现更好的应用效果。在未来，随着人工智能技术的不断发展和创新，AIGC 将在各种领域得到更广泛的应用。

12.2 人工智能生成技术大模型

12.2.1 语言大模型

1. GPT 模型

AIGC 技术中，常用于文本生成的模型是 GPT 模型。GPT 模型全称为 generative pre-trained transformer，是一种基于 Transformer 架构的预训练语言模型，它通过学习大量的文本数据来生成新的文本内容。

GPT 模型的发展经历了多个版本，从最初的 GPT-1 到最新的 GPT-4，每个版本都在技术上进行了迭代和改进，使得模型能够生成更加自然、流畅的文本。GPT 模型的成功应用之一是 ChatGPT，它能够根据用户的输入，生成连贯、有逻辑的文本响应，从而实现了与人类对话的智能化。GPT 模型的成功得益于其采用自注意力机制和深度学习技术，这些技术使得模型能够捕捉到文本中的语言模式和结构，进而生成新的、相似的文本。此外，GPT 模型还通过大量的训练数据来学习语言的分布特征，这使得它能够生成与给定文本风格和语境相匹配的新文本，从而实现了文本生成的自然性和真实性。

GPT 是一种基于单向 Transformer 解码器的预训练语言模型，它通过在大规模语料库上的无监督学习来捕捉语言的统计规律，从而具备强大的文本生成能力。

在 GPT 模型中，字母 G、P、T 各自有其特定的含义。

（1）G（generative）：generative 意味着这个模型是生成式的。与判别式模型不同，生成式模型试图捕捉数据的分布，并能够生成新的、看似真实的数据样本。

（2）P（pre-trained）：pre-trained 表示 GPT 模型在大量的无监督文本数据上进行了预训练，使模型学习到文本中的语言结构和语义信息。

（3）T（transformer）：transformer 是 GPT 模型的核心架构。transformer 是一种基于自注意力机制的神经网络架构，包括编码器和解码器两部分。

2. Transformer 模型

Transformer 模型在多模态数据处理中同样扮演着重要角色，其能够高效、准确地处理

包含不同类型（如图像、文本、音频、视频等）的多模态数据。Transformer 工作过程主要
包含四部分：向量化（embedding）、注意力机制（attention）、多层感知机（MLPs）和模
型输出（unembedding），如图 12.3 所示。

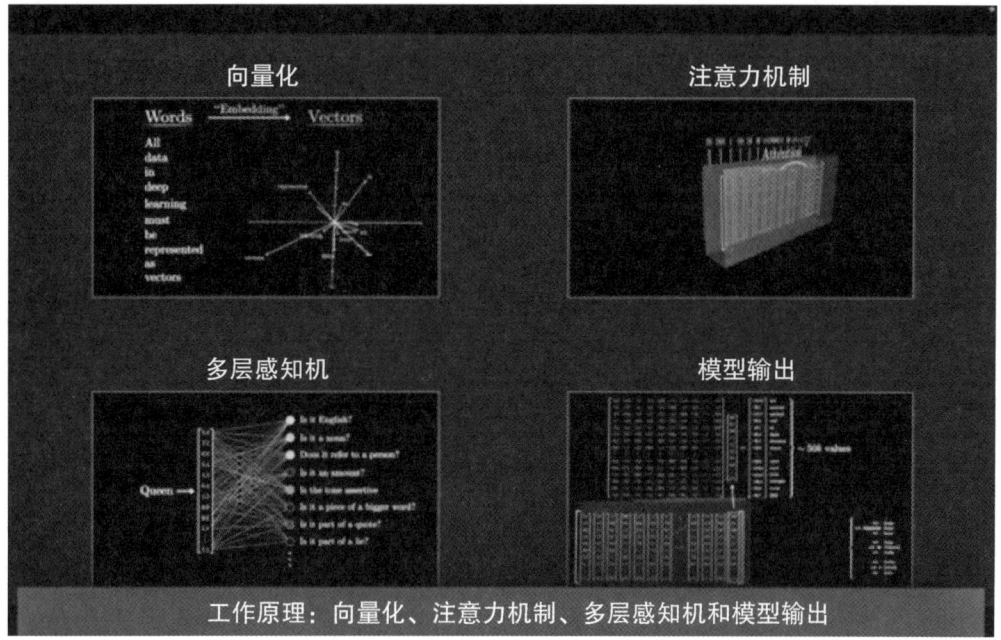

图 12.3　Transformer 的工作原理

3. Transformer 模型的工作过程

Transformer 模型的工作过程可以分为以下几个主要步骤。

（1）输入序列经过词嵌入和位置编码处理。

（2）编码器处理输入序列，捕获序列中的全局依赖关系。

（3）解码器逐步生成输出序列，每一步都依赖于前一步的输出和编码器的输出。

（4）最终输出序列通过线性层和 Softmax 处理，得到概率分布。

12.2.2　多模态语言大模型

多模态大型语言模型（multimodal large language models，MLLM）的出现是建立在大
型语言模型（large language models，LLM）和大型视觉模型（large vision models，LVM）
领域不断突破的基础上的。随着 LLM 在语言理解和推理能力上的逐步增强，指令微调、上
下文学习和思维链工具的应用愈加广泛。然而，尽管 LLM 在处理语言任务时表现出色，但
在感知和理解图像等视觉信息方面仍然存在明显的短板。与此同时，LVM 在视觉任务（如

图像分割和目标检测）上取得了显著进展，通过语言指令已能够引导模型执行这些任务，但推理能力仍有待提升。

所谓的多模态大模型就是一种能够理解和处理多种类型的机器学习模型，而类型也被叫作模态，包括文本、图片、音频、视频等。这种模型可以融合多种不同模态的信息，执行更复杂和智能的任务；如视觉问答（AI 面试官）、图文生成、语音识别与合成等。

多模态大模型要远比单模态模型要复杂，主要体现在以下几个方面。

（1）数据对齐：确保不同模态的数据在时间和内容上的一致性。

（2）数据融合：将多模态数据整合在一起，以充分利用各模态的信息。

（3）统一标识：构建一个统一的表示空间，使得不同模态的数据能够互相理解和结合。

12.3 人工智能生成技术应用

12.3.1 文本生成

AIGC 中的文本生成技术是指利用人工智能算法自动生成文本内容的技术。这种技术可以应用于多种场景，如自动写作、生成新闻报道、创作诗歌、故事、对话等。AIGC 文本生成应用多样，为各行业提供了创新的文本创作解决方案。

在新闻撰写方面，AIGC 技术能够迅速生成接近人类记者水平的新闻初稿，尤其在体育新闻、金融新闻等结构化写作场景下表现出色。此外，该技术还被应用于剧本创作，如科幻电影剧本和游戏剧情的生成，展现出其强大的创意和个性化能力。

在营销文案领域，AIGC 技术同样发挥着重要作用。通过输入关键词或指导语，AIGC 工具能够生成符合要求的营销文案，为营销人员提供便捷高效的创作支持。

文本生成目前主流的模型如下。

（1）文心一言：由百度推出的支持多模态输出的 AI 大模型，能够进行文学创作、商业文案创作、数理逻辑推算、中文理解、多模态生成等。

（2）ChatGPT：由 OpenAI 推出基于 GPT 系列模型的聊天应用，当前已推出 GPT-4 模型，基于 GPT-4 模型的 ChatGPT 可以分析图片并进行文本、图片交互。

下面以文心一言为例，介绍文本生成的具体操作。

打开百度文心一言网址，会出现以下界面，如图 12.4 所示。

图 12.4　文心一言操作界面

在提示词中输入"请为我生成一篇文章，主题是人工智能的发展"，文心一言就会输出相应主题的文本，效果如图 12.5 所示。

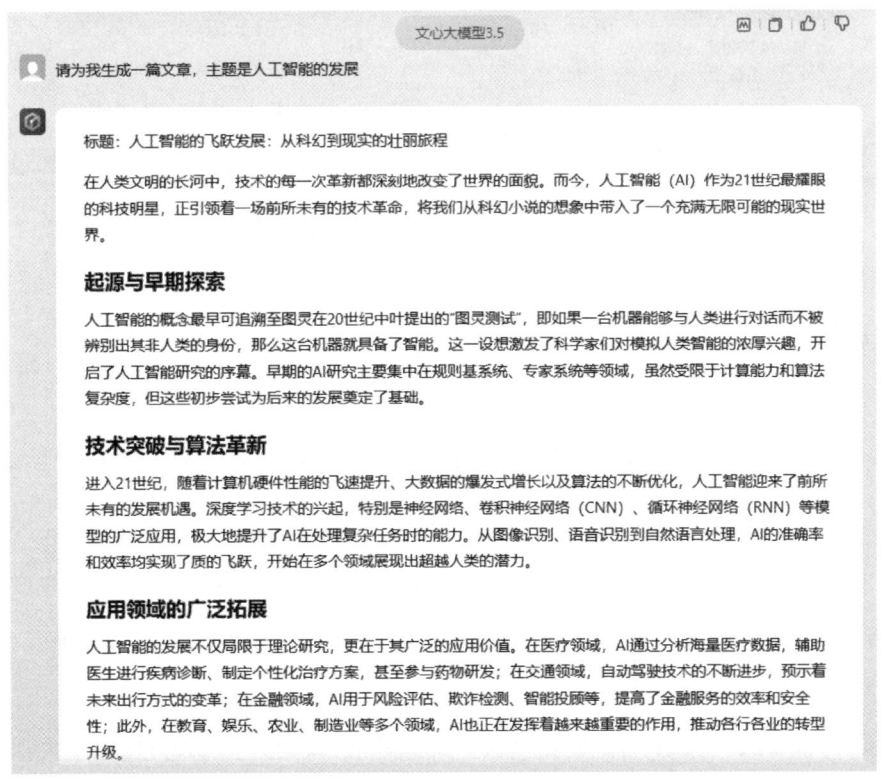

图 12.5　文本生成效果图

文心一言支持多种格式的输出结果，包括纯文本、Markdown 格式文本、代码块和表格。例如，用户只需要在提示词中说明"请以 Markdown 格式文本输出"，文心一言就会输出 Markdown 格式文本，如图 12.6 所示。

图 12.6　Markdown 格式文本生成效果图

12.3.2　图像生成

图片生成目前常用的模型如下。

（1）DALL–E2：由 OpenAI 推出的一种基于自适应多模态编码器的生成模型，它能将多模态输入信息（如文本、图片等）融合，自动生成高质量的图像。

（2）Midjourney：一款于 2022 年 3 月面世的 AI 绘画工具，能基于自然语言生成图片，可选择不同画家的艺术风格，还能识别特定镜头或摄影术语。此工具生成的画作在美术比赛中曾获一等奖。

（3）文心一格：由百度推出的 AI 艺术和创意辅助平台。可以根据文本描述、风格选择，自动生成画作。

2022 年 8 月 19 日,中国图像图形大会(CCIG 2022)在成都召开,AI 艺术和创意辅助平台文心一格在会上正式发布,这是百度依托飞桨、文心大模型的技术创新推出的首款 AI 绘画产品。文心一格是基于文心大模型的文生图系统实现的产品化创新。

文心一格支持中文输入指令,操作简单,对绘画基础要求较低,是入门级别的 AI 绘画平台。如果用户对画面的要求很高,则需要多次调试指令并寻找更适合的绘画方案。

用户在指令区输入自己的绘画创意,选择自己需要的画面类型或采用默认选项"智能推荐",然后设置比例及一次生成的图片数量,即可快速生成自己需要的绘画作品。

下面以文心一格为例,介绍图片生成的具体操作。

打开百度文心一格网址,进入文心一格的操作界面,如图 12.7 所示。

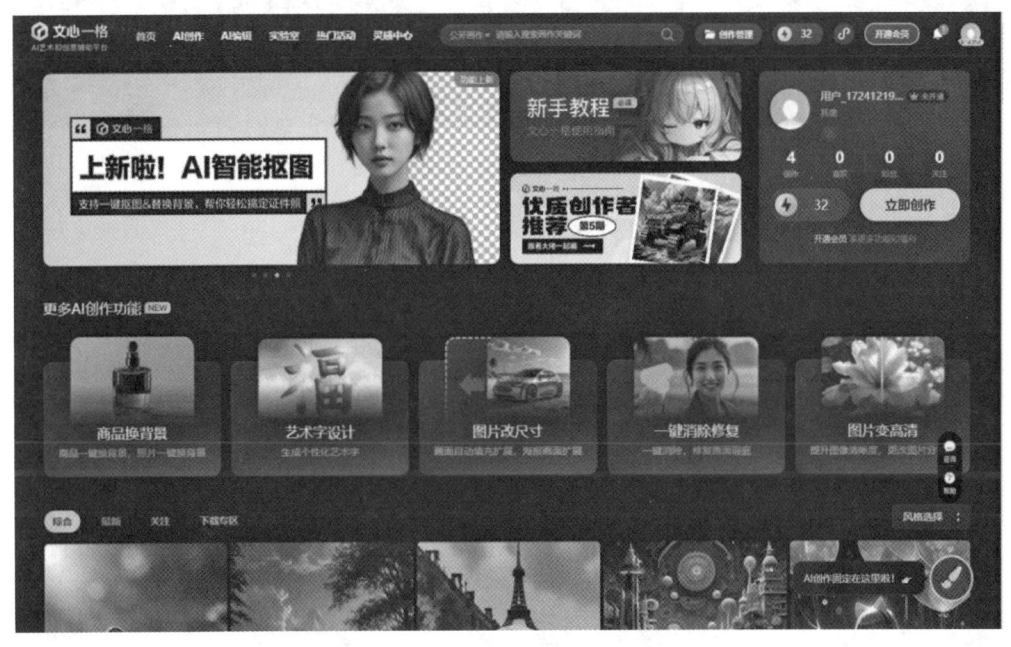

图 12.7 文心一格操作界面

为了实现图片生成,单击左上角的"AI 创作",即可进入图片生成操作界面,如图 12.8 所示。

以画一个漂亮清透的水母为例,我们要尽可能精准地描述脑海中的画面,然后将这个指令发送给文心一格,最终得到 4 张效果良好的水母图,如图 12.9 所示。

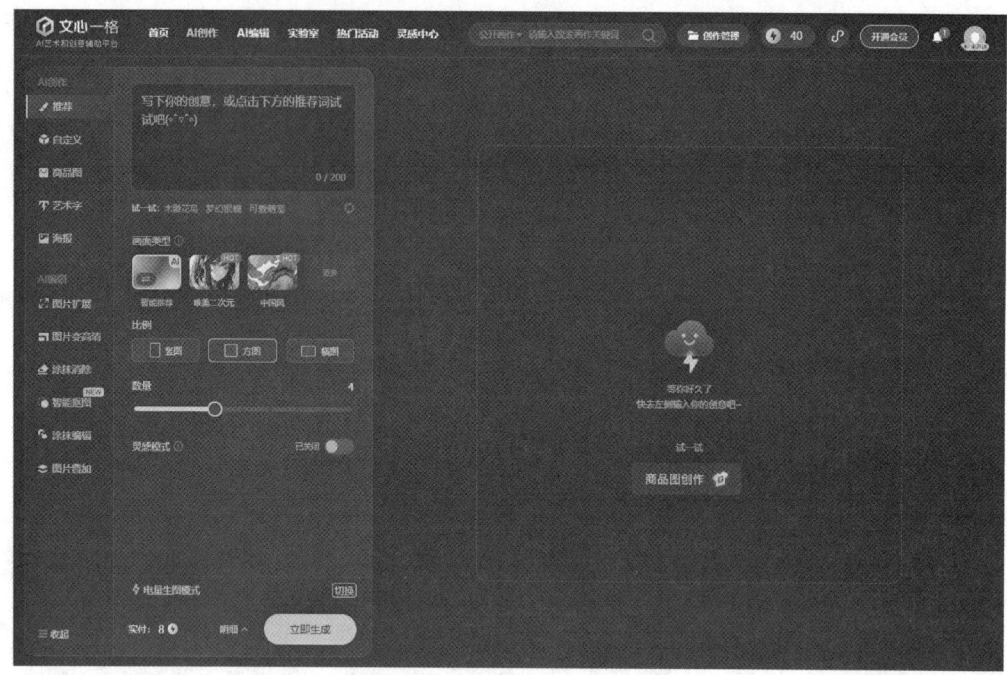

图 12.8　AI 图片生成操作界面

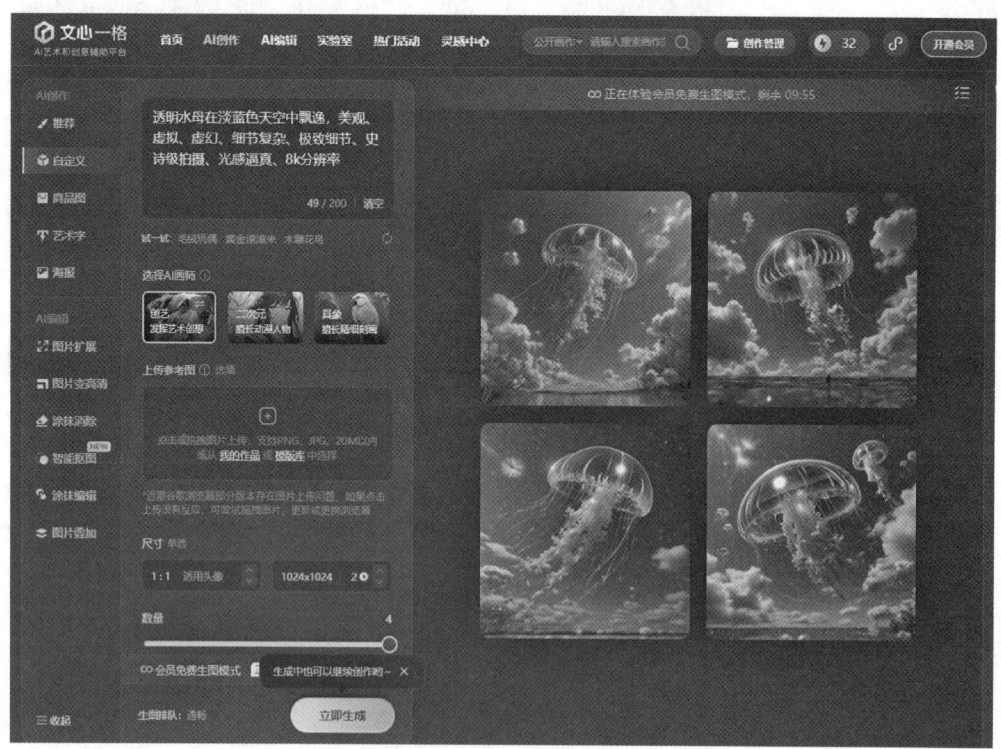

图 12.9　水母生成效果图

12.3.3　视频生成

视频生成目前常用的模型如下。

（1）Deepfake：这是一个基于 GAN 技术的 AI 视频生成平台，可以实现换脸、声音转换、表情模仿等功能。用户只需要上传一张图片或者一段视频作为参考，就可以自动生成视频。

（2）Make-A-Video：由 Meta 公司推出的可以把文本转化为视频的 AI 系统。它可以根据几个词或几行文本，创造出充满鲜艳色彩、人物和风景的独一无二的视频。

（3）剪映：剪映是一款功能强大且全面的视频剪辑软件，为用户提供了多种强大的功能，包括 AI 视频生成、脚本编写、特效处理、配乐和字幕匹配等。

下面结合文心一言进行前期文字准备，重点介绍应用剪映的 AI 视频生成过程。

1. 客户端的安装

要使用剪映的 AI 视频生成功能，需要先在官方网站下载并安装剪映客户端，具体步骤如下。

（1）进入剪映官网，单击首页中心的"立即下载"按钮，下载剪映客户端安装程序，如图 12.10 所示。

图 12.10　剪映官网

（2）在计算机本地文件中找到第一步下载的安装程序，双击运行安装程序，在安装程序界面中选中"同意剪映专业版的用户许可协议及隐私政策"复选框，单击"立即安装"按钮，进行客户端安装，如图 12.11 所示。

图 12.11　剪映安装界面

提示：如果需要更改软件安装的位置，单击"安装路径"按钮，在弹出的界面中设置安装位置后，再单击"立即安装"按钮即可。

（3）剪映客户端安装成功后，显示界面将自动跳转，等待软件进行系统环境检测。系统环境检测自动进行，无须额外操作，检测完成后，出现检测结果，如图 12.12 所示。

单击"确定"按钮后，会进入剪映操作界面，如图 12.13 所示。

2. 抖音账号注册及登录

（1）打开浏览器，进入抖音官网，如图 12.14 所示。

（2）在首页中，单击首页右上角的"登录"按钮，进入账号登录页面。在登录页面选择"验证码登录"选项，填写手机号并获取验证码，填写验证码后选中"同意用户协议和隐私政策"复选框，单击"登录 / 注册"按钮，系统将自动注册抖音账户，如图 12.15 所示。

图 12.12   检测结果界面

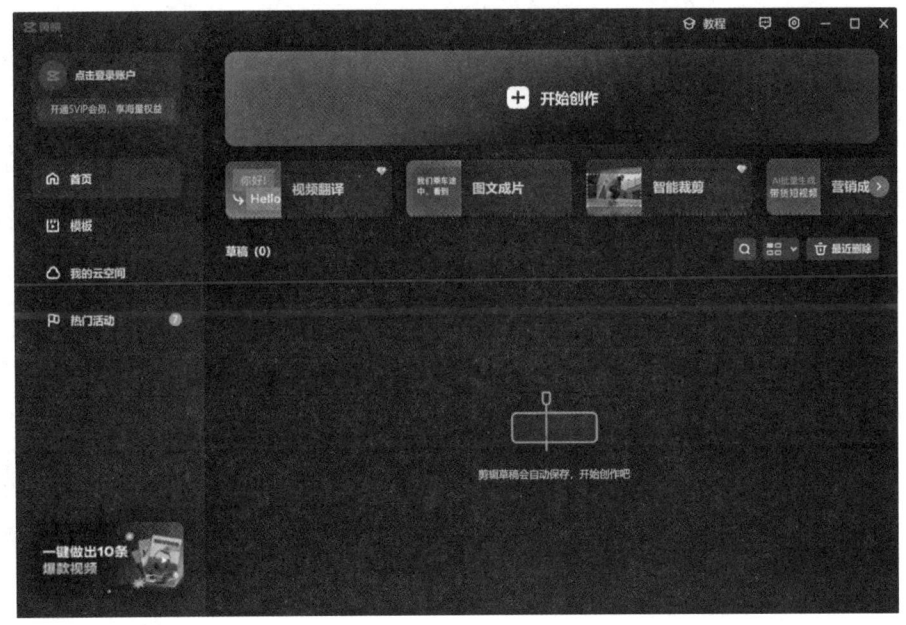

图 12.13   剪映操作界面

（3）返回前文已打开的剪映软件，单击"点击登录账户"按钮，进行账户登录操作，在对话框中选择"通过抖音登录"，选中"已阅读并同意剪映用户协议和剪映隐私政策"复选框，如图 12.16 所示。

图 12.14　抖音官网

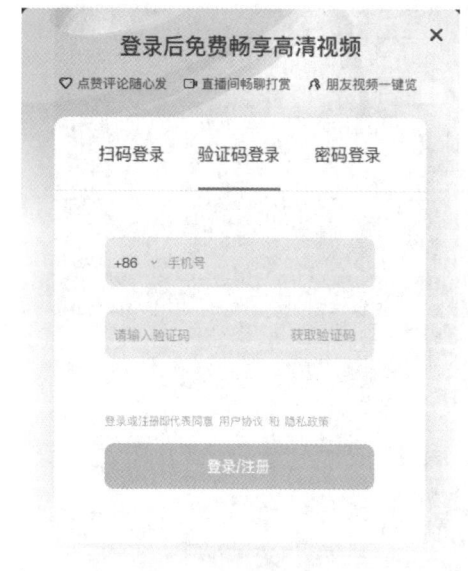

图 12.15　抖音账号注册

图 12.16　登录选项界面

操作完成后，跳转到抖音授权登录页面，如图 12.17 所示。

如果已有抖音账号且已安装抖音手机版，可以直接打开抖音 App 扫码登录，如果没有抖音账号，单击"验证码授权"登录，如图 12.18 所示。

在验证码授权选项卡中，输入手机号后单击"获取验证码"，输入验证码，勾选"已阅读并同意用户协议与隐私政策"复选框即可登录。登录界面如图 12.19 所示。

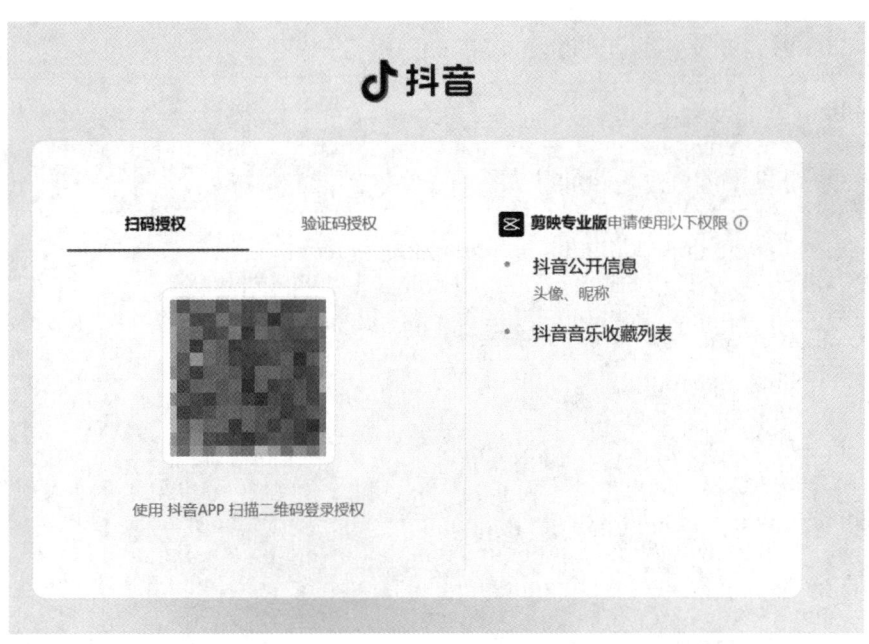

图 12.17　抖音授权登录界面

图 12.18　验证码授权登录界面

3. 文案与素材准备

前文中已成功登录剪映客户端，接下来将以对话形式，运用文心一言进行文案与素材准备。

假设我们以旅游日记为主题进行 AI 视频的制作。在文心一言提示词部分输入：请撰写一篇旅游日记。文本生成如图 12.20 所示。

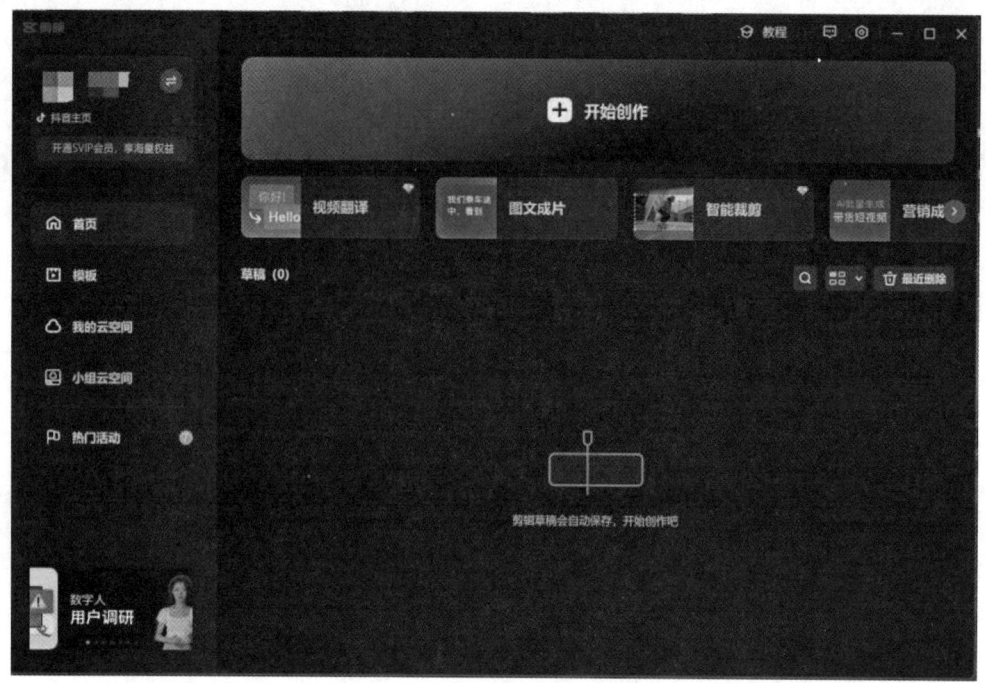

图 12.19　剪映登录成功界面

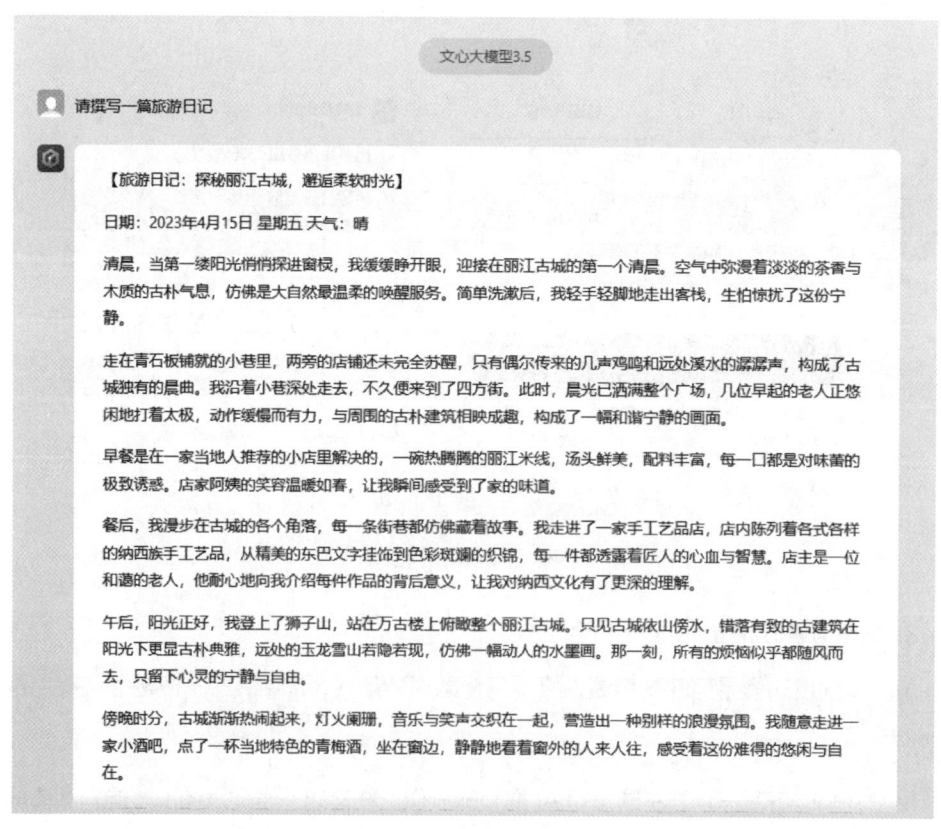

图 12.20　生成文本界面

4. 视频的生成与调整

（1）打开剪映软件，单击软件首页的"图文成片"按钮，进入文案输入界面，如图 12.21 所示。

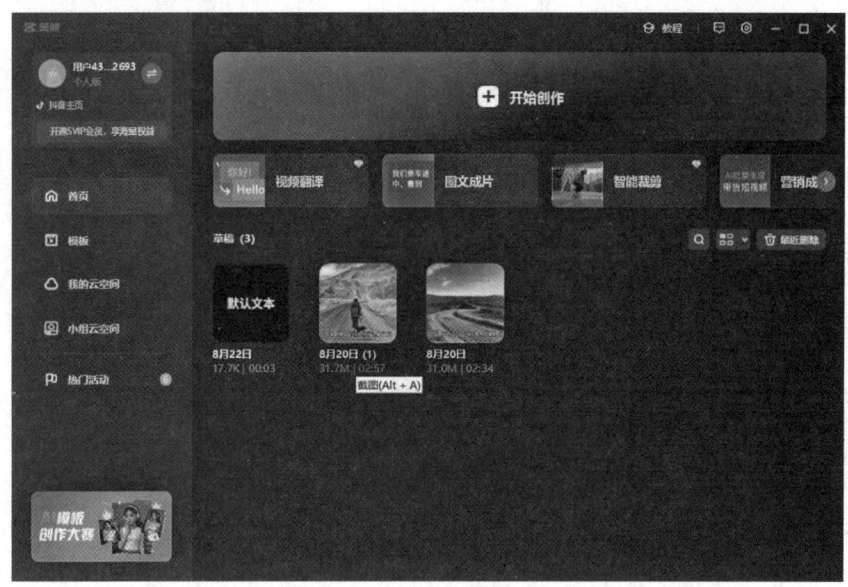

图 12.21　文案输入界面

（2）如果已有文案，在"图文成片"界面中可以单击"自由编辑文案"选项，如图 12.22 所示。

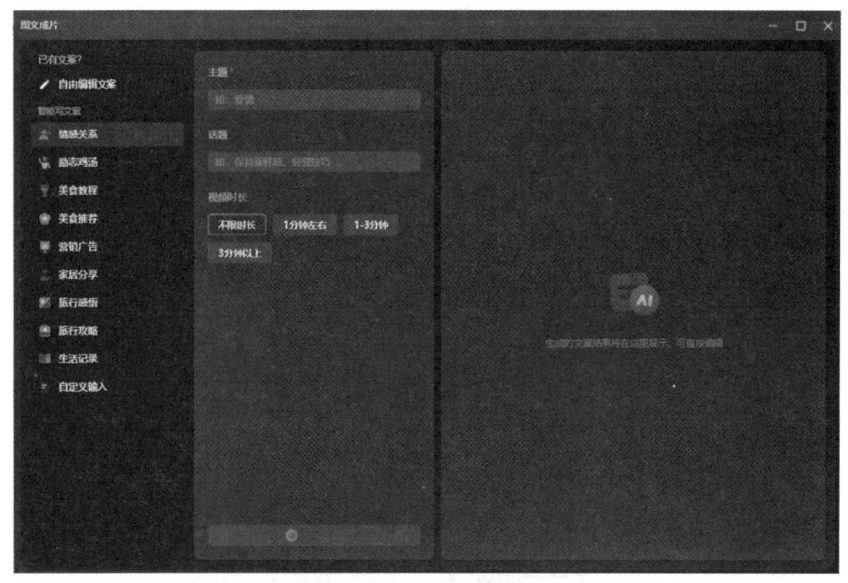

图 12.22　文案输入界面

（3）在出现的界面中，将文心一言中生成的文字复制粘贴到文本框中，选择喜欢的"朗读音色"参数，如"亲切女声"，如图 12.23 所示。

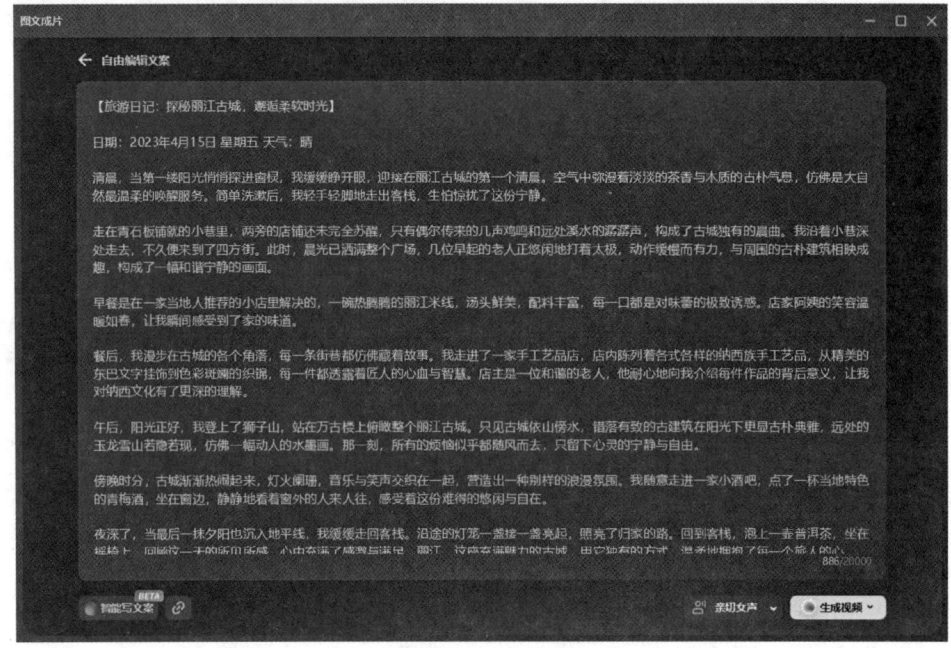

图 12.23　文案输入界面

选择"朗读音色"参数时，为了避免导出视频需要开通会员，建议选择免费不带钻石的选项，例如：小姐姐、译制片男或者亲切女声等，如图 12.24 所示。

图 12.24　朗读音色参数选项

参数选择完成后，单击"生成视频"按钮，在弹出的选项中选择"智能匹配素材"选项，完成视频的生成，如图 12.25 所示。

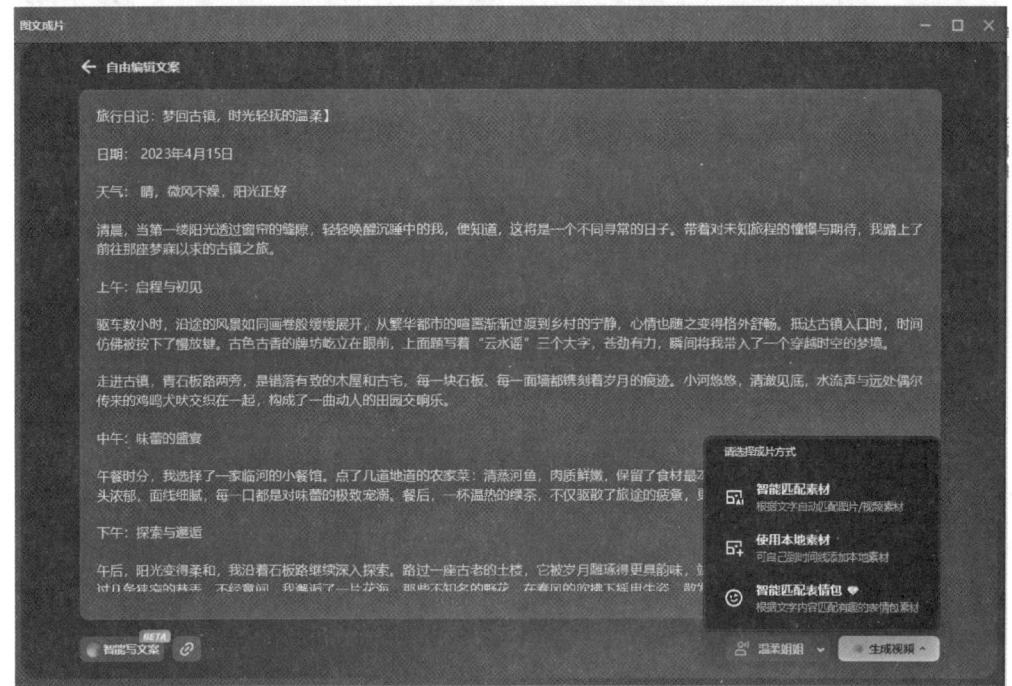

图 12.25　文案输入界面

（4）视频自动生成完成后，跳转进入预览及编辑界面，如图 12.26 所示。

图 12.26　视频编辑界面

（5）单击"播放"按钮▶，进行视频的播放及预览，部分视频播放界面如图12.27所示。

图 12.27　视频播放界面

（6）在视频编辑界面中，可以分别对字幕、画面及音频进行调整，操作区域如图12.28所示。

（7）各项参数设置完成后，再次预览视频，达到满意的效果后，单击软件右上角的"导出"按钮，在弹出的窗口中再次单击"导出"按钮，完成的视频导出，如图12.29所示。

图 12.28　视频编辑界面

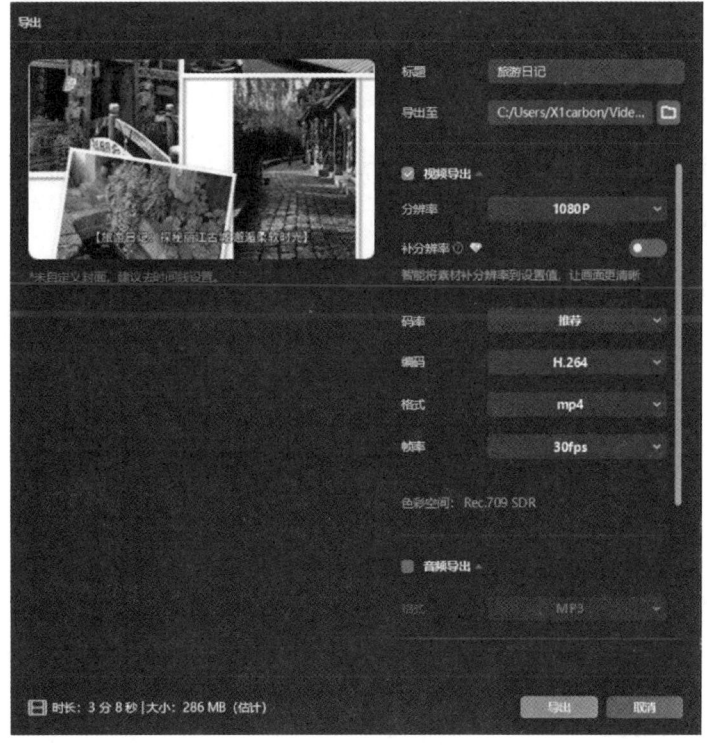

图 12.29　视频导出

12.3.4　语音生成

常用的语音生成模型包括 SenseVoice 和 CosyVoice，它们分别由阿里通义实验室开发，并作为 FunAudioLLM 项目的一部分开源。

（1）SenseVoice：专注于高精度多语言语音识别、情感辨识和音频事件检测，支持超过 50 种语言的识别，其效果优于 Whisper 模型，特别是在中文和粤语上的表现提升了 50% 以上。此外，它还支持多种常见人机交互事件的检测，如音乐、掌声、笑声、哭声、咳嗽、喷嚏等，通过多方面的测试取得了最佳表现（SOTA）。

（2）CosyVoice：专注于自然语音生成，支持多语言、音色和情感控制，特别在中英日韩和粤 5 种语言的生成方面表现优异。它能够在仅需要 3~10 秒的原始音频的情况下生成模拟音色，包括韵律、情感等细节，并且支持跨语种语音生成。此外，CosyVoice 还支持以富文本或自然语言的形式对生成语音的情感、韵律进行细粒度的控制，使得音频在情感表现力上得到明显提升。

在未来的发展中，我们需要持续关注 AIGC 技术的进步和应用，同时也需要重视伦理和法律等方面的问题。只有在合理、负责任的前提下，AIGC 才能更好地为人类创作者和用户提供创作和体验的支持，推动内容生成领域的发展和进步。

12.4　本章小结

本章介绍了人工智能生成技术的基本原理、应用以及未来的发展趋势。通过本章的学习，需要掌握以下内容。

（1）AIGC 是一种基于人工智能技术的内容生成方法，它利用机器学习和自然语言处理等技术，能够生成各种形式的内容，包括文本、图像、音频和视频等。AIGC 的基本原理是通过训练大量的数据和模型，使其能够自动学习和模仿人类创作者的创作风格和思维方式。

（2）GPT 模型是一种基于 Transformer 架构的预训练语言模型，它通过学习大量的文本数据来生成新的文本内容。

（3）多模态大模型是一种能够理解和处理多种类型的机器学习模型。

（4）AIGC 在许多领域具有广泛的应用前景。它可以用于新闻报道、广告创意、教育内容、艺术创作等多个领域。AIGC 能够提供高效、定制化的内容生成服务，为创作者和用户提供更多的创作工具和资源。

（5）尽管 AIGC 技术在内容生成方面取得了很大的进展，但人类创作者的重要性不可忽视。AIGC 并非要取代人类创作者，而是与人类创作者进行协作与合作。人类创作者具有独特的创造力和情感体验，可以为内容赋予更深层次的意义和情感。AIGC 可以作为创作者的助手和工具，为其提供创意的启发和辅助，从而提高创作效率和创新能力。

本章习题

一、单选题

1. AIGC 称为（　　　）。

A. 人工智能生成技术　　　　　　　B. 自动化图形用户界面

C. 区块链加密货币　　　　　　　　D. 虚拟现实体验

2. AIGC 技术主要依赖于（　　　）技术的发展。

A. 区块链　　　　　B. 物联网　　　　　C. 5G 通信　　　　　D. 深度学习

3. 以下（　　　）领域不是 AIGC 的典型应用场景。

A. 新闻报道撰写　　　　　　　　　B. 艺术作品创作

C. 自动驾驶汽车　　　　　　　　　D. 电商产品描述

4. 以下哪个步骤不是 AIGC 内容创作流程中的必要环节?（　　　）

A. 需求分析　　　　　　　　　　　B. 模型选择与训练

C. 内容生成与筛选　　　　　　　　D. 后期人工润色与校对（如果工具已高度智能化）

5. AIGC 技术中,（　　　）模型常用于文本生成。

A. GAN（生成对抗网络）　　　　　B. Transformer

C. CNN（卷积神经网络）　　　　　D. RNN（循环神经网络）

二、填空题

1. AIGC 的关键技术包含＿＿＿＿＿＿、＿＿＿＿＿＿和＿＿＿＿＿＿。

2. 目前，国内 AIGC 多以单模型应用的形式出现，主要分为文本生成、＿＿＿＿＿＿＿、音频生成和＿＿＿＿＿＿＿。

3. AIGC 中的文本生成技术是指利用＿＿＿＿＿＿＿自动生成文本内容的技术。

三、简答题

1. AIGC 的工作原理可以分为以下哪几个步骤?

2. 图片生成目前常用的模型有哪些?

四、简答题

请列举三个以上常用的 AIGC 工具，并简述其主要功能和特点。

参考文献

［1］教育部高等学校大学计算机课程教学指导委员会 . 新时代大学计算机基础课程教学基本要求［M］. 北京：高等教育出版社，2023.

［2］谭浩强 . C 程序设计［M］. 北京：清华大学出版社，2017.

［3］李志强，等 . 大学计算机基础（微课版）［M］. 北京：人民邮电出版社，2020.

［4］刘添华，刘宇阳，等 . 大学计算机——计算思维视角［M］. 北京：清华大学出版社，2024.

［5］余明辉，等 . 信息技术与人工智能基础［M］. 北京：人民邮电出版社，2023.

［6］周勇，等 . 计算思维与人工智能基础［M］. 北京：人民邮电出版社，2024.

［7］肖建于，等 . 大学计算机基础（Windows 10 +Office 2016）［M］. 北京：人民邮电出版社，2023.

［8］李建，王芳 . 虚拟现实技术基础及应用［M］. 2 版 . 北京：机械工业出版社，2022.

［9］王万良 . 人工智能导论［M］. 北京：高等教育出版社，2020.

［10］廉师友 . 人工智能导论［M］. 北京：清华大学出版社，2022.

［11］曹洁，孙玉胜，张志锋，等 . Python 机器学习原理与实践（微课版）［M］. 北京：清华大学出版社，2022.

［12］E.R. 戴维斯 . 自然语言处理入门［M］. 袁春，刘婧，译 . 北京：人民邮电出版社，2019.

［13］邱锡鹏 . 神经网络与深度学习［M］. 北京：机械工业出版社，2020.

［14］斋藤康毅 . 深度学习入门［M］. 陆宇杰，译 . 北京：人民邮电出版社，2018.

［15］章毓晋 . 计算机视觉教程［M］. 北京：人民邮电出版社，2021.

［16］王锦凯，宋锡瑾 . 计算机视觉技术应用研究综述［J］. 计算机时代，2022，（10）：1-4+8.

［17］曾志超，王楠，陈韵巧，等 .AI 办公应用实战一本通：用 AIGC 工具成倍提升工作效率［M］. 北京：人民邮电出版社，2023.

［18］何伟著 . 生成式人工智能：AIGC 与多模态技术应用实践指南［M］. 北京：中国科学技术出版社，2024.

［19］ 韩泽耀，袁兰，郑妙韵 .AIGC 从入门到实战：ChatGPT+Midjourney+Stable Diffusion+ 行业应用［M］. 北京：人民邮电出版社，2023.

［20］王珊 . 数据库系统概论［M］.6 版 . 北京：高等教育出版社，2023.

［21］陈志泊 . 数据库原理及应用教程（微课版）［M］. 北京：人民邮电出版社，2024.

［22］付强 . 数据库开发实战［M］. 北京：清华大学出版社，2023.

［23］王伟，刘垚 . 数据科学与工程导论［M］. 上海：华东师范大学出版社，2021.

［24］李冬梅，严蔚敏，吴伟民 . 数据结构（C 语言版）［M］.2 版 . 北京：人民邮电出版社，2022.

［25］林子雨 . 大数据导论——数据思维，数据能力和数据伦理（通识课版）［M］. 北京：高等教育出版社，2024.